高等院校光电类专业系列规划教材

光谱技术及应用

袁 波 杨 青 主编

ZHEJIANG UNIVERSITY PRESS
浙江大学出版社

图书在版编目(CIP)数据

光谱技术及应用 / 袁波,杨青主编. —杭州：浙
江大学出版社,2019.12(2025.7重印)
ISBN 978-7-308-19723-6

Ⅰ.①光…　Ⅱ.①袁…②杨…　Ⅲ.①光电子技术—
高等学校—教材　Ⅳ.①TN2

中国版本图书馆 CIP 数据核字(2019)第 257221 号

光谱技术及应用

袁　波　杨　青　主编

责任编辑　王　波
责任校对　沈巧华
封面设计　续设计
出版发行　浙江大学出版社
　　　　　(杭州市天目山路 148 号　邮政编码 310007)
　　　　　(网址:http://www.zjupress.com)
排　　版　浙江时代出版服务有限公司
印　　刷　杭州高腾印务有限公司
开　　本　787mm×1092mm　1/16
印　　张　16.5
字　　数　402 千
版 印 次　2019 年 12 月第 1 版　2025 年 7 月第 5 次印刷
书　　号　ISBN 978-7-308-19723-6
定　　价　48.00 元

浙江大学出版社市场运营中心联系方式　(0571)88925591;http://zjdxcbs.tmall.com

高等院校光电类专业系列规划教材编委会

顾　问

庄松林　上海理工大学教授,中国工程院院士,国际光学工程学会和美国光学学会资深会员,中国仪器仪表学会名誉理事长,中国光学学会第七届理事会理事,上海理工大学光电信息与计算机工程学院院长

主任委员

刘　旭　浙江大学教授,国家高等学校教学名师,全国模范教师,长江特聘教授,中国光学学会秘书长,浙江省特级专家,浙江大学现代光学仪器国家重点实验室主任,教育部高等学校电子信息类专业教学指导委员会副主任委员,教育部高等学校光电信息科学与工程专业教学指导分委员会主任委员

副主任委员

郁道银　天津大学教授,教育部高等学校光电信息科学与工程专业教学指导分委员会原主任委员,中国光学学会第七届理事会常务理事,国家级教学名师

张雨东　中国科学院研究员,中国科学院成都分院院长,中国科学院光电技术研究所学术委员会主任,中国科学院"百人计划"入选者

宋菲君　中国科学院研究员、博士生导师,大恒新纪元科技股份有限公司原副总裁,中国光学学会第五届理事会常务理事

委　员（按姓氏笔画排序）

王　健　研究员,浙江大学兼职教授,聚光科技股份有限公司创始人

王晓萍　浙江大学教授，教育部工程教育认证专家，中国光学工程学会海洋光学专业委员会委员，浙江省光学学会第七届理事会理事

毛　磊　高级工程师，香港永新光电实业有限公司副总经理，宁波永新光学股份有限公司总经理

付跃刚　长春理工大学教授，长春理工大学光电信息学院院长，教育部高等学校光电信息科学与工程专业教学指导分委员会副主任委员

白廷柱　北京理工大学光电学院光电信息科学与工程专业责任教授，中国光学学会光学教育专业委员会常务委员，中国兵工学会夜视技术专业委员会委员，《红外技术》编委

刘卫国　西安工业大学教授，党委书记，教育部薄膜与光学制造技术重点实验室主任

刘向东　浙江大学教授，教育部高等学校光电信息科学与工程专业教学指导分委员会秘书长，中国光学学会光学教育专业委员会主任委员，浙江省光学学会理事长，浙江大学光电科学与工程学院院长

杨坤涛　华中科技大学教授，教育部高等学校原电子信息与电气学科教学指导委员会委员

何平安　武汉大学教授，武汉大学电子信息学院光电信息工程系主任

陈延如　南京理工大学电子工程与光电技术学院教授、博士生导师

陈家璧　上海理工大学教授，国际光学工程学会会员，中国光学学会第七届理事会理事

曹益平　四川大学二级教授，四川省光学重点实验室主任，四川大学光电专业实验室主任，教育部高等学校光电信息科学与工程专业教学指导分委员会委员

谢发利　教授级高级工程师，福建福晶科技股份有限公司副董事长

蔡怀宇　天津大学教授，教育部高等学校光电信息科学与工程专业教学指导分委员会副主任委员，中国光学学会光学教育专业委员会副主任，教育部工程教育认证专家，天津市教学名师

谭峭峰　清华大学精密仪器系长聘副教授，中国光学学会光学教育专业委员会常务委员

序

　　现代社会科技、经济进步的重要推动力之一是信息科学与技术学科的发展。光学工程学科是依托光与电磁波基本理论和光电技术,面向信息科学基本问题与工程应用的一门学科,是信息科学与技术一个重要的分支学科。自1952年浙江大学建立国内高校第一个光学仪器专业以来,我国光学工程学科的本科人才培养已经历了半个多世纪的发展,本科专业体系逐渐完善。为顺应光学工程学科和光电信息产业的不断发展,国内许多高校设立了光学工程本科相关专业,并在教育部教学指导委员会的重视和指导下,专业人才培养质量稳步提高。

　　但是目前在本科专业建设方面,还存在着专业特色不突出、学生光学工程能力培养欠缺、优秀教材系列化程度不足等问题。为此浙江大学光电系和浙江大学出版社发起并联合多所高校、企业编著了一套"高等院校光电类专业系列规划教材",既包括了光学工程教育体系的主要内容,又整合了光电技术领域的专业技能,突出实践环节,充分体现光学工程学科的数理特征、行业特征以及国内外光学工程研究与产业发展的最新成果和动态,增强了学科发展与社会需求的协同性。

　　"高等院校光电类专业系列规划教材"不仅得到了教育部高等院校光电信息科学与工程专业教学指导分委员会、中国光学学会、浙江大学、长春理工大学、西安工业大学等单位的大力支持,邀请了专业知名学者、优秀工程技术专家参与,教指委专家审定,同时还吸取了多届校友和在校学生的宝贵意见和建议,是结合国际教学前沿、国内精品教学成果、企业实践应用的高水平教材,不仅有助于系统学习与掌握光学工程的理论知识,也与时俱进地顺应了光电信息产业对光学工程学科的人才培养要求,必将对培养适应产业技术进步的高素质人才起到积极的推动作用,为我国高校光学工程教育的发展和学科建设注入新的活力。

中国工程院院士

前　言

本书的由来

2009 年,我们首次在浙江大学光电系开设光谱类课程,打算从光谱原理、仪器、测量、分析、应用等方面对光谱技术进行全方位介绍,但当时经过调研没有找到一本符合我们教学设计的现成教材,所以我们课程组动手编写了课程讲义《光谱技术及应用》,本书就是由这个讲义逐步地补充、完善、修改而成的。

我们课程从开设到现在已经有 10 年了,每年有约 100 名学生(本科生加研究生)修读,该讲义也被使用了 10 年。在这期间,课程组根据教学效果和学生反馈对讲义内容和章节安排做了相应调整,而学生在使用中也帮助我们发现和纠正了讲义中的一些错误。在本书编写期间,多位专家对讲义(特别是目录结构)给出了很好的建议,课程组基于这些建议对讲义章节做了重大调整,形成了本书的章节基础。

本书的特色

本书相对全面地介绍了光谱技术:不仅包括光谱原理,而且涉及光谱仪器、光谱测量和光谱分析;不仅包括常规的吸收和发射光谱技术,而且包括激光光谱技术和成像光谱技术。所以,相关专业领域的学生、专业人士一般均能从本书中找到自己感兴趣的知识。

本书相对偏重于实际应用,没有仅仅停留在理论的讲解上,更多地结合了应用,告诉读者如何实践。除此之外,本书也关注了一些光谱学(主要是激光光谱技术)上的前沿技术。

本书的内容

本书首先概括性地介绍了光谱原理和光谱仪器系统,然后依次阐述了各种具体的光谱技术。

第 1 章 绪论,介绍几个光谱学上的基本概念,回顾了光谱学发展史。

第 2 章 光谱原理,从原子、分子结构和光与物质相互作用两个方面阐述光谱产生的基本原理,分析了几种光谱线宽的产生机理。

第 3 章 光谱仪器概述,阐述了光谱仪器中的光源、色散组件、探测器等,重点分析了各种色散组件的原理和特点,此外讨论了光谱仪器中常用的光谱分析方法。

第 4 章 吸收光谱技术,概述了吸收光谱的基本概念,依次介绍了紫外-可见、红外、近红外吸收光谱,包括它们的特点、测量、光谱解析和应用举例。

第 5 章 发射光谱技术,概述了发射光谱的基本概念,依次介绍了原子发射光谱、荧光光谱、拉曼光谱,包括它们的特点、测量、光谱分析和应用举例。

第 6 章 激光光谱技术,概述了激光光谱技术的特点,依次介绍了高灵敏度、高分辨率、时间分辨等激光光谱技术,介绍了光梳、激光冷却原子、压缩态光场、微纳激光器等激光光谱的前沿技术。

第 7 章 成像光谱技术,介绍了成像光谱系统、成像光谱的数据处理及其应用举例。

本书适合的读者群

目前,光谱技术不仅是科学研究上的一种重要工具,而且在食品、石油、化工、生物医学、环境监测等诸多领域也得到了广泛应用,所以相关专业的学生和专业人士了解和掌握光谱技术是很有必要的。而本书相对全面、系统地介绍了光谱技术,它适合作为光学、物理、化学、生物医学、材料等专业的本科生和研究生的学习教材,也可供用到光谱技术的工业、农业、医学等领域的专业技术人员学习参考。

致谢

感谢对本书提出意见和建议的各位专家前辈以及学生,没有你们本书不会完善到目前出版的状态。

感谢先前课程组老师 S. Gabriel 对本书的大力支持,S. Gabriel 虽然没有参加本书的编写,但曾经给本书提出了很好的建议。

编　者

2019 年 8 月

目　　录

第1章

绪 论

学习目标

1 熟悉光谱学的基本概念:光谱学、光谱、光谱区域、光谱系统;

2 初步了解如何获取光谱;

3 了解光谱学发展的简单历史;

4 初步了解光谱技术的应用。

1.1 光谱学的基本概念

1.1.1 光谱学和光谱

光谱学(spectroscopy)是通过物质与不同频率(或波长)的电磁波之间的相互作用来研究其性质的一种方法。它是研究组成物质的微观粒子(原子或分子)的一种重要手段。但是,在光的作用下并不是直接观察到微观粒子这个"躯体",而是观察到它的"灵魂",即光与不同自由度的微观粒子之间的相互作用,反映的是微观粒子的运动状态。这种相互作用会给出不同的"像",它随光的频率和微观粒子而变化,这就是光谱(spectrum)。

光谱学是一种通用的基础科学研究方法,它可以用于提取所需要的诸如电子能级、分子振动态和转动态、粒子结构和对称性、跃迁概率等信息,这些信息对于物理学、化学、生物医学、天文学和环境科学等领域的微观粒子研究极其重要;光谱学也是一种实用的应用工具,它可以用于环境监测、工业检验、临床医学、对地观测等诸多领域。

那么究竟什么是光谱? 如何表示光谱?

光谱是按频率由小到大(或由大到小)的顺序排列的电磁辐射强度图案,它反映了一个物理系统的能级结构状况。通常可以用一维曲线表示光谱,纵坐标是辐射强度(I)、吸光度$\left[-\lg\left(\dfrac{I}{I_0}\right)\right]$或透射率$\left(\dfrac{I}{I_0}\right)$,横坐标可以是频率(frequency, ν)、波数(wavenumber, $\bar{\nu}$)、波长(wavelength, λ)或能量(energy, ΔE),典型的光谱图如图 1-1 所示。在光谱图上通常会出现多个峰,每个独立的峰一般由微观粒子在两能级之间的跃迁形成,是电磁波与物质相互作用的结果,其中峰的位置(ν_1)、峰的半宽度($\Delta\nu_1$)和峰的强度(I_1)都是用于定性和定量分析的有用特征。当然,实际的光谱由于谱线展宽、峰重叠等因素的影响会显得更为复杂。

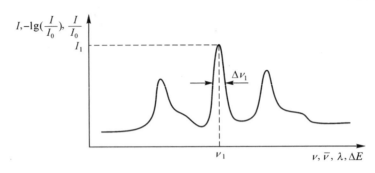

图 1-1　典型的光谱图

如图 1-2 所示,按照频率由大到小的顺序,可以将电磁波分为 γ 射线、X 射线、紫外光、可见光、红外光、微波和无线电波几个区域,它们来源于不同类型的能级间跃迁,反映了电磁波与物质的不同的相互作用结果。一般来说,γ 射线由原子核能级之间的跃迁引起,X 射线由内层电子能级之间的跃迁引起,紫外光和可见光由外层电子能级之间的跃迁引起,近、中红外光由分子振动能级之间的跃迁引起,远红外光和微波由分子转动能级之间的跃迁引起,无线电波主要由电子自旋和核磁共振能级之间的跃迁引起。在后面的章节中提及的光谱区域主要包括紫外光、可见光和红外光 3 个区域。

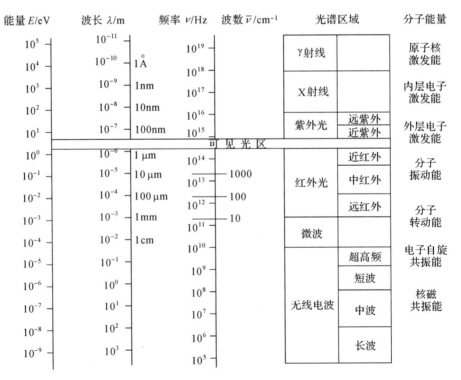

图 1-2　电磁波能量与光谱区域

在光谱的表达中,光谱横坐标的选择会因光谱区域而异。比如,通常在无线电波区使用 MHz 或 cm^{-1},在红外光区使用 μm 或 cm^{-1},在紫外光区和可见光区使用 nm 或 Å(10nm),而在 X 射线区使用 keV。事实上,不同光谱横坐标之间是可以相互转换的,频率、波数、波长和能量之间存在如下简单的换算关系:

$$\begin{cases} \lambda = c/\nu \\ \bar{\nu} = 1/\lambda = \nu/c \\ \Delta E = h\nu \end{cases} \tag{1.1}$$

其中,h 为普朗克(Planck)常量,$h = 6.62607 \times 10^{-34}$ J·s;c 为真空中的光速,$c = 2.99792 \times 10^{8}$ m·s^{-1}。从式(1.1)的换算关系中可以看出:

(1)波数和能量均与频率成正比,如果取频率单位为 Hz、波数单位为 cm^{-1}、能量单位为 eV(1J ≈ 6.24150 × 10^{18} eV),那么它们之间的转换因子如表 1-1 所示。

表 1-1　不同光谱单位之间的转换因子

单　位	Hz	cm^{-1}	eV
1Hz	1	3.33565 × 10^{-11}	4.13566 × 10^{-15}
1cm^{-1}	2.99792 × 10^{10}	1	1.23984 × 10^{-4}
1eV	2.41799 × 10^{14}	8.06556 × 10^{3}	1

(2)波长与频率成反比,如果频率等间隔分布,则对应的波长间隔将随频率的增加而减小,这提醒我们将横坐标在波长和频率间进行转换时可能引起光谱形状的变化。

利用上面的换算关系并结合图 1-2,可以进一步认识到:内层电子能级间隔约 10^{3} eV 量级,而外层电子能级间隔约 10eV 量级;分子转动能级间隔约 10^{-3} eV(约 10cm^{-1})量级,而分子振动能级间隔约 10^{-1} eV 量级。根据这些能够对不同光谱区域的能量量级做一个初步的判断。

1.1.2　光谱测量

光谱是光与物质相互作用的一种表现形式,这种相互作用会影响光,也会影响物质。光谱测量通常包括两个过程——激发和探测。通过一定的措施(如电磁辐射、高温燃烧、化学反应等)激发样品,然后探测通过样品后的特征光信号,如图 1-3 所示。

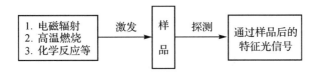

图 1-3　光谱测量的基本思路

根据所测量的特征光信号的形式,可以把光谱分为发射光谱和吸收光谱。

发射光谱测量的是激发导致的从样品中发射出来的特征光信号。通过激发使样品分子或原子处于高能级,然后在向低能级跃迁的过程中向外发射光信号,如荧光光谱、磷光光谱、拉曼光谱等均属于发射光谱。通常,发射光谱中特征光的出射方向会偏离原入射光方向,而且特征光中会包含除入射光外的新的频率(或波长),如图1-4(a)所示。

　　吸收光谱测量的是外部光通过样品后被样品改变过的光信号,它测量的是不同频率(或波长)下光的吸收,样品的能级结构决定了它只能对特定频率(或波长)处的光产生较强的吸收。通常,吸收光谱不会产生除入射光以外的新的频率(或波长),其纵坐标可用透射率I/I_0或吸光度$-\lg(I/I_0)$表示,如图1-4(b)所示。

(a) 发射光谱   (b) 吸收光谱

图1-4　发射光谱和吸收光谱的测量

　　一般情况下,光谱检测系统包括三个部分:光源、色散组件和探测器。光源用于激发样品,探测器用于记录特征光信号,而色散单元是光谱检测系统中的核心部件,它的主要功能是把复色光分解为单色光以便于按频率(或波长)顺序对光信号进行记录。实际的光谱检测系统可能还需要专门的样品池或样品室,以用于装盛样品、定量分析或防止外部环境对光谱测量产生影响。

　　事实上在光谱测量时,除了样品本身会受外部扰动影响外,光谱检测系统的光源和探测器也会受到外部扰动的影响,所以我们都是在有外部扰动的情况下测量光谱,换句话说,光谱中总是包含外部扰动信息。但是,这种扰动并不总是有害的,在已知扰动的情况下所测得的光谱包含待测样品更为完整的信息。

　　光谱检测系统的基本结构可以用图1-5进行描述。关于光谱检测系统,在后面的章节中将会详细阐述。

图1-5　光谱检测系统的基本结构

1.2　光谱学的发展历史

　　光谱学是一门从实验发展起来的科学技术,它的发展历史可以追溯到1666年[1],英国物理学家牛顿(I. Newton)利用棱镜将太阳光分解为从红到紫的彩色光带,并且再利用一个倒置的棱镜将彩色光带合成白光,从而得出结论:白光由不同颜色(波长)的光组合而成。

　　此后100多年间,许多人重复做了牛顿的这个有趣的实验,但是均没有新的进展。直到 1802 年,英国物理学家渥拉斯顿(W. H. Wollaston)采用了不同的实验装置重复牛顿当年做的实验,即让太阳光先通过一个狭缝再经棱镜分光,结果发现彩色光带并不是连续的,其中存在几条暗线,他当时认为这些暗线是各种颜色之间的"天然分界线"。而在 1814 年,德国物理学家夫琅和费(J. Fraunhofer)又做了类似的实验,结果发现暗线不止几条,而是满目皆是(总共有 700 多条),后人把这些暗线称为"夫琅和费暗线",而夫琅和费用字母 A~H 对其中 8 条较黑的暗线进行了命名。值得一提的是,夫琅和费随后在将食盐放到酒精灯上燃烧时偶然观察到了钠黄线,后来证明钠黄线与太阳光谱中 D 暗线的位置是一致的,可惜的是夫琅和费当时并没有意识到这一点,直到 1849 年法国物理学家佛科(J. F. L. Foucault)通过实验验证了太阳光谱中的 D 暗线与钠黄线之间的联系。

1859 年,德国人基尔霍夫(G. R. Kirchhoff)和本生(R. W. Bunsen)制成了世界上第一台光谱仪,并用自己创建的光谱分析法发现了当时未知的元素铯(Cs)和铷(Rb),正是他们发展起了实用光谱学。

从 19 世纪中叶起,对氢原子光谱的研究一直是光谱学领域的重要课题。1853 年,瑞典人埃斯特朗(A. J. Ångström)探测到氢原子的最强谱线。1885 年,瑞士数学家巴尔末(J. J. Balmer)得出一个经验公式,通过它计算得到的氢原子谱线与实验结果符合得很好,并且利用它预测到了新的氢原子谱线线系。1889 年,瑞典物理学家里德堡(J. R. Rydberg)观察到碱金属原子的线状光谱系,并发现它们也满足一个与氢原子类似的经验公式。尽管利用经验公式能够对原子谱线进行预测,但是还是没有从物理上对谱线的成因做出解释,直到 1913 年丹麦物理学家玻尔(N. Bohr)提出了玻尔原子模型,认为原子只能稳定地处于某些不连续的能量状态中,这样才对氢原子谱线的成因做出了明确解释。虽然,玻尔原子模型中已经包含了"量子化"的概念,但使用的仍然是经典理论,它无法对复杂的多电子原子进行解释,而真正令人满意地解释光谱线要归因于 20 世纪发展起来的量子力学。

随着光谱仪器分辨率的提高,人们从光谱实验中观察到的新现象越来越多。1896 年,荷兰物理学家塞曼(P. Zeeman)发现把发光的原子置于强度很高的磁场中,原先的单根谱线会分裂成多根,这就是著名的塞曼效应。随后荷兰物理学家洛伦兹(H. A. Lorentz)对该现象进行了解释,他们也因此共享了 1902 年的诺贝尔物理学奖。1913 年,德国物理学家斯塔克(J. Stark)用电场代替磁场重复了塞曼做的实验,结果发现谱线也会发生分裂,斯塔克也因此荣获了 1919 年的诺贝尔物理学奖。在利用高分辨率的光谱仪测量谱线时,人们进一步发现即使没有外加磁场或电场影响也会出现谱线分裂情况,即用低分辨率光谱仪观察到的每根谱线其实并不是单根谱线,而是谱线群,这些实验现象说明原子的内部运动并不像玻尔模型那样简单。1925 年,荷兰莱登(Leyden)大学的两位博士生乌伦贝克(G. E. Uhlenbeck)和古兹密特(S. A. Goudsmit)提出了电子自旋假说,并且用它解释了碱金属原子光谱的测量结果,这一假说为狄拉克量子力学提供了自旋的理论基础,从而也说明电子在绕原子核运动的同时,也在做自旋运动。后来人们进一步发现除了电子自旋外,原子核也在做自旋运动,由此会带来谱线的进一步分裂。

20 世纪 40—50 年代,光谱理论已经趋于完善,光谱技术也逐步地从科学实验范畴转移到了广泛的分析应用上,它开始在化学、材料、环境、生物医学等领域充当了分析工具的角色,应用的需要对光谱仪器性能提出了更高的要求,也推动了光谱技术的迅速发展。与其他应用技术的发展类似,相关领域技术的进步为光谱技术的发展注入了新鲜血液,比如:更大更好的刻线光栅有效地提高了光谱分辨率,而多通道探测器和像增强器的使用提高了光谱的探测速度和灵敏度。除此之外,其他领域技术的引入导致了一些新颖的光谱探测技术的出现,这里不得不提的是计算机技术和激光技术。傅里叶变换光谱技术就是在计算机与干涉仪相结合的基础上产生的,它不同于传统的光谱技术,并不直接测量光谱,而是通过测量干涉信号"计算"光谱。激光给光谱测量带来了革命性的变化,基于激光的饱和吸收光谱、多光子光谱等技术的光谱分辨率可以轻易地超越传统光谱技术的分辨率极限,消除多普勒效应的影响,达到亚多普勒的分辨能力;泵浦-探测技术可以对能级寿命进行精确测量;超短激光脉冲的产生使得时间分辨光谱探测成为可能。

光谱学经历了实验观察、理论构建、推广应用等发展过程,其发展史是辉煌的,从 20 世纪到现在,光谱相关领域荣获诺贝尔奖的科学家为数众多,具体见附录 1。现在光谱技术已经成为其他诸多领域中的一种必不可少的分析技术。

1.3　光谱技术的应用

光谱技术究竟有什么用呢？概括地说,光谱技术的用途主要有鉴别物质、测量物质含量和精密测量。

构成物质的原子或分子会发射或吸收大量的特征谱线,而不同原子或分子的特征谱线是不一样的,这样利用光谱就能区分不同的物质。更进一步,光谱能够详细地研究原子或分子结构,比如基态和激发态下的电子结构等,所以光谱技术是研究物质世界的一种重要手段。在原子物理上,氢原子能级结构的确定依靠的是光谱技术;在化学上,元素周期表中的大部分元素都是利用光谱发现的;在生物学上,利用光谱能够研究蛋白质大分子的空间构型;在日常生活中,利用光谱可以进行宝石鉴定、食品有害物质检测、水果成分检测等。

光谱也能够用于物质含量的精确测量。当年本生往本生灯上撒一丁点盐就能清楚地观察到钠黄线,而这一丁点盐中的含钠量大概只有三百万分之一,那时候人们就意识到了光谱强大的定量分析能力。事实上,利用物质的发射光谱可以轻易地测量百万分之一(ppm,parts per million)的物质含量,而现在的光谱技术的测量极限远优于百万分之一。利用光谱的高灵敏度,可以用于水、食品、水果等物质中微量元素的检测,其检测精度不逊于一般的化学方法,但是检测速度上却比化学方法快很多。

光谱除了上述两方面的应用外,还有一些其他的应用,它们一般是某些因素会导致光谱变化,通过光谱测量检测这些因素。比如:在天文学上,利用光谱的红移或蓝移效应可以检测星体相对于地球的移动速度,利用谱线的多普勒展宽大小可以估计星体的表面温度;在化学上,利用飞秒光谱可以探测化学反应过程。

1.4　本书概要

首先,本书概括性地阐述了光谱学的基本原理和光谱仪器系统。第 2 章主要从原子和分子结构、光谱产生以及光谱线轮廓三个方面介绍光谱的基本原理,第 3 章主要从光源、色散组件、探测器等几个方面介绍光谱仪器系统。

其次,分吸收光谱和发射光谱两种类型介绍了一些实用的常规光谱技术,每种光谱技术分别从原理和探测两方面阐述了它们各自的特点,并且说明了它们在实际应用中如何操作和使用。第 4 章主要介绍吸收光谱技术,包括紫外-可见吸收光谱、红外光谱、近红外光谱等。第 5 章主要介绍发射光谱技术,包括原子发射光谱、荧光光谱、拉曼光谱等。

再次,区别于常规光谱技术,特别介绍了激光光谱技术,这是本书第 6 章的内容。阐述了激光光谱技术的特点,从改善光谱探测的灵敏度、光谱分辨率和响应速度等 3 个方面分别介绍了具体的激光光谱技术,给出了激光光谱技术的一些前沿进展。

最后,介绍了成像光谱技术,它是光谱技术与成像技术相结合的产物,是光谱技术的进一步发展,这部分内容在本书第 7 章中提及。

小　结

本章阐述了光谱学、光谱、光谱区域等几个基本概念,概述了如何测量光谱及其光谱测量系统,介绍了光谱学的发展历史,说明了光谱技术的实际应用,并给出了本书的总体结构和主要内容。

思考题和习题

1.1　牛顿早在 1666 年就发现了太阳光经棱镜折射后会分解为不同颜色的光,但是直到 100 多年后太阳黑线才被渥拉斯顿发现,试从牛顿当时的实验手段上解释为什么牛顿没有发现太阳黑线?(提示:牛顿的实验是对透过圆孔的太阳光进行色散)

1.2　一台紫外-可见光谱仪的波长范围为 200~1000nm,试分别用波数、频率和能量表示该仪器的光谱测量范围,并就你自己的理解说明为什么紫外-可见光谱使用 nm 作为光谱单位更合适。

1.3　分别找出一个与 γ 射线、X 射线、紫外光、可见光、红外光、微波和无线电波的波长尺寸相当的物体,并说明上述的电磁波分别与什么物理过程相对应。

1.4　试比较发射光谱和吸收光谱。

1.5　据你的理解谈谈太阳光谱中的黑线与元素的发射谱线之间的关系。

第2章

光谱原理

学习目标

1 掌握原子和分子能级形成的基本原理；

2 理解光谱形成的基本原理；

3 学会用能级跃迁理论解释光发射、光吸收和光散射等物理现象；

4 了解几种谱线展宽机制，主要包括自然线宽、多普勒展宽和碰撞展宽。

从 1666 年英国物理学家牛顿利用三棱镜分光观察到太阳光的连续光谱开始到 19 世纪末，光谱学仅仅是作为一门经验科学而存在。直到 1913 年丹麦物理学家玻尔把量子的概念引入到光谱学中，人们才逐渐认识到光谱与物质微观粒子（如：原子、分子等）的结构密切相关，才认识到光谱是研究光（或电磁辐射）与物质相互作用的有力工具。

本章将首先阐述原子和分子的能级结构（简称原子结构和分子结构），然后在此基础上进一步学习光谱产生机制以及谱线展宽机制。需要注意的是，在能级结构的阐述中会用到大量的量子力学理论，但是在这里不准备给出量子力学相关的详细推导，而仅给出由量子力学推导获得的关键性结果，大家可以参看有关原子光谱学和分子光谱学方面的书籍[2−9]补充其中感兴趣的内容。

2.1 原子结构

原子是化学性质不可进一步分解的最小单位，其英文名——atom 是从希腊语（ατομο）转化过来的，意思为"不可切分"。原子的物理结构由一个带正电的、致密的原子核和若干个绕原子核运动的、带负电的电子组成，如图 2-1 所示。接下来的讨论将基于这样一个假设：原子核固定不动，电子在库仑力作用下围绕原子核运动，原子能量主要由电子动能和势能组成，但它会受到电子自旋和核自旋的扰动。大家记住，能级形成与粒子的内部运动相关，因此电子绕核运动、电子自旋、核自旋等运动均对能级有影响，通过后

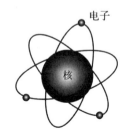

图 2-1　原子结构示意

面的讨论我们将会更深刻地认识到这一点。

下面对原子结构的讨论将从简到繁,从单电子原子到多电子原子,从仅考虑电子绕核运动到综合考虑电子自旋、核自旋等运动以及它们之间的相互耦合。

2.1.1　单电子原子

最简单的原子是单电子原子,它只有一个电子绕核高速运动,氢原子就是这样的原子。此外,类氢离子也可以看成是单电子系统,比如:一价氦离子(He^+),氦原子本身具有 2 个电子,失去 1 个电子形成氦离子后,其核外就只剩 1 个电子了。

单电子原子的电子势能可如下表示:

$$V(r) = -\frac{Ze^2}{4\pi\varepsilon_0 r} \tag{2.1}$$

式中,r 为电子绕原子运动的轨道半径;Z 为原子序数(对氢原子,$Z=1$);e 为基本电荷(即单个电子的电荷量),$e = 1.60218 \times 10^{-19}\,C$;$\varepsilon_0$ 为真空介电常数,$\varepsilon_0 = 8.85419 \times 10^{-12}\,F/m$。

因此,该系统的哈密顿(Hamilton)量为

$$\hat{H} = \frac{\boldsymbol{P}^2}{2m} + V(r) = -\frac{\hbar^2}{2m}\nabla^2 + V(r) \tag{2.2}$$

式中,$\boldsymbol{P}$ 为动量算符;$\hbar$ 为约化普朗克常量,$\hbar = \frac{h}{2\pi}$;m 为电子质量,$m = 9.10953 \times 10^{-31}\,kg$;$\nabla^2$ 为拉普拉斯(Laplace)算子,$\nabla^2 \equiv \frac{\partial^2}{\partial x^2} + \frac{\partial^2}{\partial y^2} + \frac{\partial^2}{\partial z^2}$。于是可以得到薛定谔(Schrödinger)方程为

$$\left[-\frac{\hbar^2}{2m}\nabla^2 + V(r)\right]\psi = E\psi \tag{2.3}$$

式中,ψ 为波函数,E 为系统能量。考虑到电子势能的球对称性,可以用球坐标(如图 2-2 所示)来重写上述薛定谔方程。

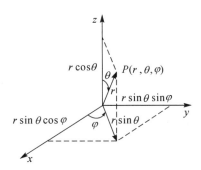

图 2-2　球坐标系

在球坐标系中,拉普拉斯算子可以表示为

$$\nabla^2 = \frac{1}{r^2}\frac{\partial}{\partial r}\left(r^2\frac{\partial}{\partial r}\right) + \frac{1}{r^2\sin\theta}\frac{\partial}{\partial\theta}\left(\sin\theta\frac{\partial}{\partial\theta}\right) + \frac{1}{r^2\sin\theta}\frac{\partial^2}{\partial\varphi^2} \tag{2.4}$$

所以式(2.3)的薛定谔方程在球坐标系中表示为

$$\left\{-\frac{\hbar^2}{2m}\left[\frac{1}{r^2}\frac{\partial}{\partial r}\left(r^2\frac{\partial}{\partial r}\right) + \frac{1}{r^2\sin\theta}\frac{\partial}{\partial\theta}\left(\sin\theta\frac{\partial}{\partial\theta}\right) + \frac{1}{r^2\sin\theta}\frac{\partial^2}{\partial\varphi^2}\right] + V(r)\right\}\psi = E\psi \tag{2.5}$$

对上述方程可以将波函数 ψ 分解为

$$\begin{cases} \psi(r,\theta,\varphi) = R(r) \cdot Y(\theta,\varphi) \\ Y(\theta,\varphi) = \Theta(\theta) \cdot \Phi(\varphi) \end{cases} \tag{2.6}$$

利用分离变量法,可以将式(2.5)的薛定谔方程分离成如下 3 个微分方程:

$$\frac{\mathrm{d}}{\mathrm{d}r}\left(r^2 \frac{\mathrm{d}R}{\mathrm{d}r}\right) + \frac{2mr^2}{\hbar^2}\left[E - V(r)\right]R = l(l+1)R \tag{2.7a}$$

$$-\frac{1}{\sin\theta}\frac{\mathrm{d}}{\mathrm{d}\theta}\left(\sin\theta \frac{\mathrm{d}\Theta}{\mathrm{d}\theta}\right) + \frac{m_l^2}{\sin^2\theta}\Theta = l(l+1)\Theta \tag{2.7b}$$

$$\frac{\mathrm{d}^2\Phi}{\mathrm{d}\varphi^2} + m_l^2\Phi = 0 \tag{2.7c}$$

这里引入的参数 l 和 m_l 是后面会提到的角量子数和磁量子数。在此我们不讨论方程(2.7)如何求解,具体可以参看参考文献[2,3,7,8]。值得注意的是,如果需要方程的解是物理上可以接受的解,参数 l 和 m_l 以及在方程(2.7a)求解过程中引入的系数 n 必须取分立的整数,所以这些参数也被称为"量子数"。下面我们就来讨论这 3 个量子数:n、l 和 m_l。

(1)n 为主量子数。系统能量仅与主量子数相关,而与其他两个量子数无关:

$$E_n = -hc\frac{Z^2}{n^2}Ry \tag{2.8}$$

式中,Ry 为里德堡常数,$Ry = \frac{me^4}{4\pi(4\pi\varepsilon_0)^2c\hbar^3} \approx 1.09737 \times 10^7\,\mathrm{m}^{-1}$。从公式(2.8)中可以看出,原子能量并不是连续的,而是分立存在的,所以也称为能级。原子只能从一个能级跃迁到另外一个能级,从而发射或吸收特定的能量,比如:原子从低能级 n_1 跃迁到高能级 n_2 将吸收能量 $\Delta E = E_{n_1} - E_{n_2} = -hc\left(\frac{1}{n_1^2} - \frac{1}{n_2^2}\right)Z^2Ry$,这样在发射光谱或吸收光谱相应位置就会形成亮线或暗线。每个原子都有自己的特征能级结构,因此利用光谱就能够分辨出不同原子。主量子数 n 与角量子数 l 之间存在如下关系:

$$n = n_r + l + 1 \quad n_r = 0,1,2,\cdots \tag{2.9}$$

(2)l 为角量子数,或轨道量子数。单电子原子的轨道角动量 $\hat{l}$ 仅依赖于角量子数:

$$\hat{l} = \sqrt{l(l+1)}\hbar \tag{2.10}$$

$l = 0,1,2,\cdots$,它与磁量子数 m_l 之间存在如下关系:

$$|m_l| \leqslant l \tag{2.11}$$

角量子数不同,电子的运动轨道也不同,对于不同的电子轨道通常习惯用字母表示:

$$l = 0 \quad 1 \quad 2 \quad 3 \quad 4 \quad 5$$
$$\quad\ \ \mathrm{s} \quad \mathrm{p} \quad \mathrm{d} \quad \mathrm{f} \quad \mathrm{g} \quad \mathrm{h}$$

由式(2.9)可知,对某个确定的主量子数 n 存在 n 个不同的角量子数 l,对不同的角量子数 l 电子的运动轨道有什么差别呢?事实上,玻尔模型中假设的圆形轨道仅是电子运动轨道的其中一种情况,除了圆形轨道外,电子还会在椭圆轨道上运动,如图 2-3 所示。可以证明椭圆轨道的长轴和短轴比为 $\frac{a}{b} = \frac{n}{l+1}$,而在 $l = n-1$ 时椭圆会退化成为圆。

(3)m_l 为磁量子数。轨道角动量在空间某一特定方向的投影 $\hat{l}_z$ 依赖于磁量子数:

$$\hat{l}_z = m_l\hbar \tag{2.12}$$

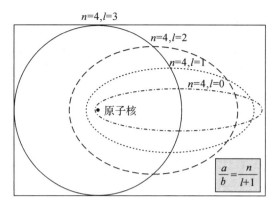

图 2-3　原子的椭圆轨道

这一特定方向可能由外加磁场引起,这也是 m_l 被称为磁量子数的原因。m_l 只能取整数:

$$m_l = 0, \pm 1, \pm 2, \cdots \tag{2.13}$$

通过上面的讨论可以知道,对于单电子原子系统,虽然系统能量仅由主量子数 n 决定,但是仍需使用 n、l 和 m_l 这 3 个量子数才能较完整地描述一个能级状态。利用公式(2.9)、(2.11)和(2.13)容易知道,主量子数 n 对应的能级数目或简并态为

$$f = \sum_{l=0}^{n-1} (2l+1) = n^2 \tag{2.14}$$

如果进一步考虑电子自旋在空间有 2 个取向,即 $s = \pm \dfrac{1}{2}$ (在 2.1.3 节中会进一步阐述),则对应的能级数为式(2.14)的两倍。图 2-4 给出了氢原子的能级结构。

2.1.2　碱金属原子

碱金属原子与氢原子同属于 IA 族,它们包括锂(Li)、钠(Na)、钾(K)、铷(Rb)、铯(Cs)、钫(Fr),其结构特点为:

(1)只有一个电子受原子核的束缚比较松弛,该电子也被称为价电子;

(2)原子核和被紧密束缚在原子核周围的其余电子构成原子实(core),它对价电子的作用类似于带单位正电荷的原子核。

因此,碱金属原子模型为单个价电子在原子实的引力作用下高速运动,如图 2-5 所示。

由此,可以推断碱金属原子的能级结构与单电子原子的能级结构近似,其系统能量可以表示如下:

$$E_{nl} = -hc \frac{Z^2}{n_{\text{eff}}^2} Ry \tag{2.15}$$

式中,n_{eff} 称为等效量子数,$n_{\text{eff}} = n - d$,d 为量子亏损(quantum defect)。

为什么会存在量子亏损? 这是因为价电子在运动过程中有可能会穿过原子实形成"贯穿轨道",此时电子所处势场将偏离库仑势,这种偏离将反映在量子亏损 d 上。对于贯穿轨道有两点值得我们注意:

(1)角量子数 l 越小,越容易形成贯穿轨道,量子亏损越大。由图 2-3 可以知道,角量子

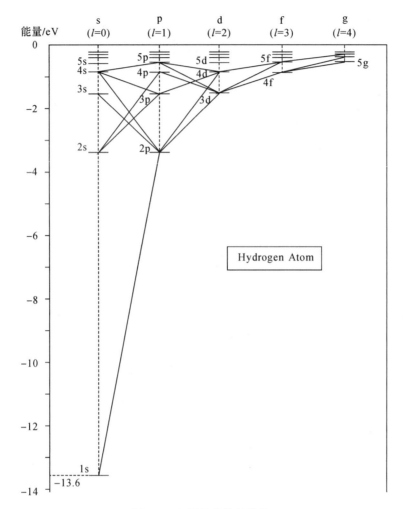

图 2-4   氢原子的能级结构

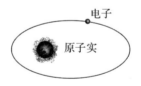

图 2-5   原子实对价电子的引力作用

数 l 越小,椭圆轨道的长短轴比越大,那么电子运动到近心点时就会更加接近原子实,也就更容易穿过原子实。在 l 较大时可以视量子亏损 $d=0$。

(2)当形成贯穿轨道时,价电子运行的椭圆轨迹不再保持不变,而是会发生进动,如图 2-6 所示。

图 2-7 给出了钠(Na)原子的能级结构,与图 2-4 比较可以看出:碱金属原子在同一主量子数 n 下不同角量子数 l 的系统能量是不同的(这个结果从上面讨论的量子亏损与角量子数的关系也容易推论)。

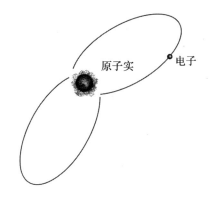

图 2-6　贯穿轨道下椭圆轨迹将发生进动

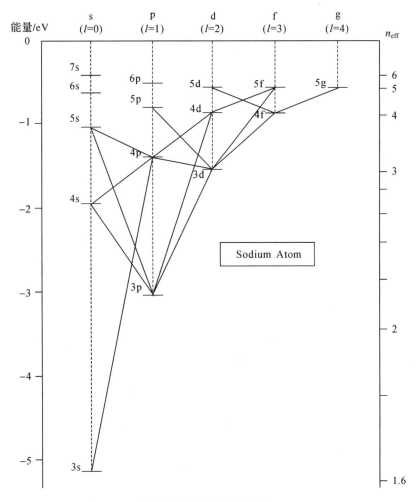

图 2-7　钠原子的能级结构

2.1.3　电子自旋

前面的讨论仅考虑了电子绕核的高速运动(也称轨道运动),实际上在绕核运动的同时,电子也在自旋,如图 2-8 所示。

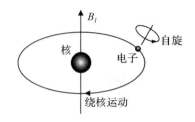

图2-8　电子自旋与轨道运动的耦合

由于电子自身带负电,所以它在自旋时会产生磁场,该磁场和电子轨道运动产生的磁场将相互作用,引起附加的能量,此时的哈密顿量在式(2.2)的基础上将增加一项:

$$\hat{H} = \hat{H}_0 + \hat{H}_{ls} = \frac{\boldsymbol{P}^2}{2m} + V(r) + \frac{\hbar^2}{2m^2c^2}\left[\frac{1}{r}\frac{\mathrm{d}V(r)}{\mathrm{d}r}\right]\boldsymbol{l}\cdot\boldsymbol{s} \tag{2.16}$$

式中,s 和 l 分别为轨道角动量和自旋角动量,它们与自旋磁矩和轨道磁矩的关系为

$$\begin{cases} \boldsymbol{\mu}_s = -2\mu_B\boldsymbol{s} \\ \boldsymbol{\mu}_l = -\mu_B\boldsymbol{l} \end{cases} \tag{2.17}$$

式中,μ_B 为玻尔磁子,$\mu_B = \dfrac{e}{2m}\hbar \approx 9.27408 \times 10^{-24}\mathrm{J}\cdot\mathrm{T}^{-1}$。由于自旋角动量会引入一个新的量子数 s,其取值只能是 $1/2$。

但是,在描述能级状态时并不是直接使用量子数 s,而是引入一个内量子数 j(电子的总角动量 $j = l + s$,取决于 j),由 n、l、j、m_l 一起描述能级。由量子力学对角动量合成的求解可以得到,量子数 j 与 l 和 s 之间存在如下关系:

$$j = l+s, l+s-1, \cdots, |l-s| \tag{2.18}$$

注意:量子数之间类似的关系在后面的角动量耦合中还会出现。

对薛定谔方程求解,可以得到氢原子由于自旋-轨道运动耦合产生的附加能为

$$\Delta E_{nlj} = \frac{Ry\alpha^2 Z^4 hc}{n^3 l(l+1)\left(l+\dfrac{1}{2}\right)} \cdot \frac{j(j+1)-l(l+1)-s(s+1)}{2} \tag{2.19}$$

式中,α 为精细结构参数,$\alpha = \dfrac{e^2}{4\pi\varepsilon_0 \hbar c} \approx \dfrac{1}{137}$。对于碱金属原子可以证明,只需将有效核电荷 $Z^* = Z - \sigma$(σ 称为屏蔽常数)代替核电荷 Z 以及 n_{eff} 代替 n,就可以得到自旋-轨道耦合产生的附加能。

在单电子的情况下,$s = \dfrac{1}{2}$,根据式(2.18)知道 j 的取值最多只能有 2 个,即 $j = l + \dfrac{1}{2}$ 和 $j = l - \dfrac{1}{2}$(注意:由于 j 不能取负值,$l = 0$ 时 j 的取值只有 1 个)。换句话说,自旋-轨道耦合导致相同角量子数 l 的能级分裂为两个,这正是碱金属原子光谱呈现双线结构的原因。

2.1.4　多电子原子

多电子原子的运动情况比单电子原子要复杂得多,不考虑核自旋,在多电子原子体系中存在如下的相互作用形式:

(1)各电子与原子核之间的静电相互作用;

（2）各电子之间的静电相互作用；

（3）电子自旋与轨道之间的磁相互作用。

这些相互作用都将对原子能量产生影响，研究这样一个原子体系的问题是十分复杂的，需要采取一定的简化措施。在此采用有心力场近似：假设原子中的电子是相互独立的，任何一个电子都是在原子核及其他电子所提供的球对称的静电场（有心力场）中运动。这样多电子原子的哈密顿量可以表示为

$$\begin{cases} \hat{H} = \hat{H}_0 + \hat{H}_e + \hat{H}_{ls} \\ \hat{H}_0 = \sum_{i=1}^{N} \hat{h}_i = \sum_{i=1}^{N} \left(-\frac{\hbar^2}{2m} \nabla_i^2 + V(r_i) \right) \\ \hat{H}_e = \sum_{i=1}^{N} \left[-\frac{Ze^2}{4\pi\varepsilon_0 r_i} + \sum_{j>i}^{N} \frac{e^2}{4\pi\varepsilon_0 r_{ij}} - V(r_i) \right] \\ \hat{H}_{ls} = \sum_{i=1}^{N} \frac{\hbar^2}{8\pi\varepsilon_0 m^2 c^2 r_i} \frac{\partial V_i}{\partial r_i} \boldsymbol{l}_i \cdot \boldsymbol{s}_i \end{cases} \quad (2.20)$$

式中，$V(r_i)$ 为有心力场，不再是简单的库仑力场。

在这里我们将着重讨论一下电子自旋与轨道间的磁相互作用引起的能级分裂。有两种方式可以表述多电子情况下的电子自旋-轨道耦合：

（1）$\boldsymbol{LS}$ 耦合，首先将所有电子的自旋角动量和轨道角动量分别耦合成总自旋角动量 $\boldsymbol{S}$ 和总轨道角动量 $\boldsymbol{L}$，然后将 $\boldsymbol{L}$ 和 $\boldsymbol{S}$ 耦合成电子总角动量 $\boldsymbol{J}$；

（2）$\boldsymbol{jj}$ 耦合，首先将每个电子的自旋角动量和轨道角动量耦合成单个电子的总角动量 $\boldsymbol{j}$，然后再将每个电子的 $\boldsymbol{j}$ 耦合成电子总角动量 $\boldsymbol{J}$。

下面将具体讨论一下如何实现 $\boldsymbol{LS}$ 耦合，对于 $\boldsymbol{jj}$ 耦合的情况大家可自行进行分析。

根据上面的描述，$\boldsymbol{LS}$ 耦合的过程可用如下公式表示：

$$\begin{cases} \boldsymbol{L} = \sum_i \boldsymbol{l}_i \\ \boldsymbol{S} = \sum_i \boldsymbol{s}_i \\ \boldsymbol{J} = \boldsymbol{L} + \boldsymbol{S} \end{cases} \quad (2.21)$$

这里的 $\boldsymbol{L}$ 也是量子化的，它只能取整数值。与前面单电子原子中的定义类似，$\boldsymbol{L}$ 量子数与符号表示的对应关系如下（注意，在此使用的是大写字母）：

$$\begin{matrix} L = & 0 & 1 & 2 & 3 & 4 & 5 \\ & S & P & D & F & G & H \end{matrix}$$

假设某原子具有 2 个 p 轨道价电子，那么在 $\boldsymbol{LS}$ 耦合情况下其能级分裂情况如何呢？

首先，根据式（2.21）可以写出该原子的 $\boldsymbol{LS}$ 耦合过程：

$$\begin{cases} \boldsymbol{L} = \boldsymbol{l}_1 + \boldsymbol{l}_2 & |l_1 - l_2| \leqslant L \leqslant l_1 + l_2 \\ \boldsymbol{S} = \boldsymbol{s}_1 + \boldsymbol{s}_2 & |s_1 - s_2| \leqslant S \leqslant s_1 + s_2 \\ \boldsymbol{J} = \boldsymbol{L} + \boldsymbol{S} & |L - S| \leqslant J \leqslant L + S \end{cases} \quad (2.22)$$

由于两个电子均为 p 电子，所以 $l_1 = l_2 = 1$，$s_1 = s_2 = \frac{1}{2}$，此时 $L = 0,1,2$ 分别对应于 S、P、D 轨道，$S = 0,1$，于是：

$$L = 0(S) \quad S = 0 \quad J = 0$$
$$S = 1 \quad J = 1$$
$$L = 1(P) \quad S = 0 \quad J = 1$$
$$S = 1 \quad J = 0,1,2$$
$$L = 2(D) \quad S = 0 \quad J = 2$$
$$S = 1 \quad J = 1,2,3$$

这些能级项可以简单地记录为：$^1S_0$，$^3S_1$；$^1P_1$，$^3P_{0,1,2}$；$^1D_0$，$^3D_{1,2,3}$。注意这种记录方式中数字和字母的具体含义：左上角的数字为 $(2S+1)$，表示重态数；字母为轨道符号；右下角的数字为总角动量量子数 J。可以看出，该原子相同 L 下的能级（除基态 $L=0$ 外）将分裂为单重态和三重态两套能级，这也可以部分解释为什么第二族元素氦（He）、铍（Be）、镁（Mg）、钙（Ca）、锶（Se）、钡（Ba）和镭（Ra）的光谱线中含有单线和三线两套谱线。

2.1.5 核自旋

原子核本身带正电，所以原子核自旋也会产生相应磁矩，从而导致能级的进一步分裂。在此用 I 表示核自旋角动量，并引入相应的核自旋量子数 I。

I 可以是整数或半整数。实验结果表明：核子数（质子数与中子数之和）为偶数的原子，I 为整数（特别的，当质子数和中子数均为偶数时，$I=0$）；核子数为奇数的原子，I 为半整数。

仍以氢原子为例，其原子核仅含有 1 个质子，核磁矩可以表示为

$$\boldsymbol{\mu_I} = g_l \mu_N \boldsymbol{I} = g_l \mu_B \frac{m_e}{m_p} \boldsymbol{I} \tag{2.23}$$

式中，g_l 为原子核的朗德因子（Lande factor），其数量级与 1 相当，但是它可以是正值或负值，需通过实验实际测定；$\mu_N = \mu_B \dfrac{m_e}{m_p}$ 为核磁子；m_p 为质子质量，它约为电子质量 m_e 的 1836 倍。与式（2.17）中的电子自旋和轨道磁矩进行比较容易知道，核磁矩大约为电子磁矩的 1/2000，所以由它所引起的能级分裂比电子磁矩要小很多。通常将由核磁矩引起的能级分裂称为原子能级的超精细结构。

引入总角动量 $\boldsymbol{F} = \boldsymbol{J} + \boldsymbol{I}$，它由电子总角动量和核角动量耦合而成，对应地引入量子数 F，其取值应满足：

$$|J - I| \leqslant F \leqslant J + I \tag{2.24}$$

对于单电子原子，核磁矩与电子相互作用的总能量为

$$\Delta E_F = \frac{a}{2} \big[F(F+1) - I(I+1) - J(J+1) \big] \tag{2.25}$$

式中，a 为分裂系数（或超精细结构常数），$a = \dfrac{g_l}{1836} \dfrac{Ryhc\alpha^3 Z^3}{4\pi\varepsilon_0 n^3 \left(L + \dfrac{1}{2}\right) J(J+1)}$。对于复杂原子，相互作用能与式（2.25）类似，只是其中分裂系数的表达更为复杂些。

在这里我们分析一下汞（Hg）同位素的 $6s^2$ 和 $6s6p$ 能级的超精细结构以及它们之间跃迁所形成的谱线。汞原子的原子序数 $Z=80$，它存在 7 种同位素，其中 ^{198}Hg、^{200}Hg、^{202}Hg、^{204}Hg 的中子数也为偶数，所以核自旋量子数 $I=0$，即不存在超精细结构。^{199}Hg、^{201}Hg 的核

自旋量子数 I 分别为 $\frac{1}{2}$ 和 $\frac{3}{2}$，它们的超精细结构及相应能级跃迁谱线如图 2-9 所示，其中 ^{199}Hg 对应的跃迁谱线分别标以 199A、199B，而 ^{201}Hg 对应的跃迁谱线分别标以 201a、201b、201c。从能级图上大家是否注意到 ^{199}Hg 和 ^{201}Hg 的朗德因子 g_l 的取值分别为正值和负值？

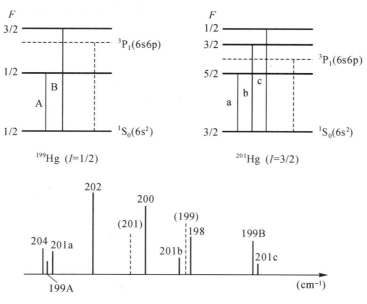

图 2-9　^{199}Hg、^{201}Hg 的超精细结构和相应能级跃迁谱线

2.1.6　外加磁场和电场作用

在外加磁场或电场的作用下，原子能级也会发生分裂，而我们在 2.1.1 节就提出的磁量子数此时就会起作用了。

(1) 磁场作用，塞曼效应。塞曼效应于 1886 年首先被荷兰物理学家塞曼观察到：当把产生光谱的光源置于磁场中时，原来的单根谱线会分裂成几条偏振化的谱线。

外加磁场 $\boldsymbol{B}$ 将对原子总磁矩 $\boldsymbol{\mu}_J (\boldsymbol{\mu}_J = \boldsymbol{\mu}_L + \boldsymbol{\mu}_S)$ 产生作用，其产生的附加能为

$$\Delta E = - \boldsymbol{\mu}_J \cdot \boldsymbol{B} = g m_J \mu_B B \qquad (2.26)$$

式中，$g = 1 + \dfrac{J(J+1) - L(L+1) + S(S+1)}{2J(J+1)}$，$m_J$ 为总磁量子数，B 为磁场强度。可以看出，在磁场作用下，某一 J 能级将产生 $(2J+1)$ 个附加能 ΔE，该能量因 m_J 而异。

当 $S = 0$ 时（即电子自旋角量子数为 0），容易知道 $J = L$，那么 g 因子只能取值为 1，因此此时外加磁场导致的能级分裂为等间隔，我们把该种情况下发生的塞曼效应称为正常塞曼效应。由于能级分裂等间隔，所以能级间跃迁形成的谱线存在简并。比如：氦原子 $(1s3d)^1D_2 \rightarrow (1s2p)^1P_1$ 跃迁形成的谱线，在磁场作用下两能级的分裂间隔均相等，所以最终谱线由 1 条分裂为 3 条，如图 2-10 所示。

与正常塞曼效应不同，当 $S \neq 0$ 时会发生反常塞曼效应，由于能级分裂间隔不一样，跃迁谱线会更复杂。

(2) 电场作用，斯塔克效应。斯塔克效应于 1913 年首先被德国物理学家斯塔克

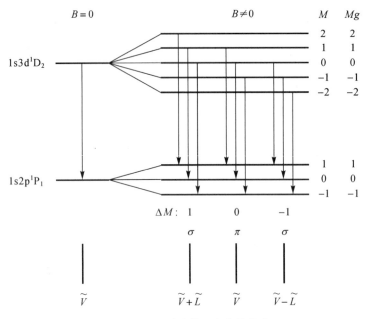

图 2-10   He 原子的正常塞曼效应

(J. Stark)观察到:当原子处于电场中时,它所发射的谱线也呈现偏移或分裂。

如果电场引起的能级分裂大小与电场强度 E 成正比,则称为一次斯塔克效应;如果引起的能级分裂与电场强度平方 E^2 成正比,则称为二次斯塔克效应。

一次斯塔克效应在氢原子中能观察到。氢原子除了 $n=1$ 的基态外均是 l 简并,量子力学可以证明氢原子的平均电矩 $\bar{P}$ 不等于 0,由电磁理论可知,具有平均电矩 $\bar{P}$ 的系统在电场 E 中的附加能量为

$$\Delta E = -\bar{P}E \tag{2.27}$$

而对于其他原子,不存在 l 简并,量子力学可以证明这样的原子将不存在与电场强度 E 成比例的能级分裂,但是它们在电场中的感应电矩 P_{ind} 不等于零:

$$P_{\text{ind}} = \alpha E \tag{2.28}$$

式中,α 为极化率,$\alpha = \alpha_0 + \alpha_2 \dfrac{3m_J^2 - J(J+1)}{J(2J-1)}$,$\alpha_0$ 为标量极化常数,α_2 为张量极化常数。由电磁理论可知,具有感应电矩的系统在电场的附加能为

$$\Delta E = -\int_0^E E \mathrm{d}P_{\text{ind}} = -\frac{1}{2}\left[\alpha_0 + \alpha_2 \frac{3m_J^2 - J(J+1)}{J(2J-1)}\right]E^2 \tag{2.29}$$

这就是二次斯塔克效应。从(2.29)式可以看出:

①当 $J=0$ 或 $\dfrac{1}{2}$ 时,式中 α_2 项的系数将无穷大,此时斯塔克效应将仅与 α_2 相关;

②在电场作用下 J 能级的能级分裂数要少于磁场作用下的能级分裂数,因为互为相反数的一对 m_J,其 m_J^2 值是相同的;

③电场中能级分裂数目由 J 决定,J 为半整数时,能级分裂数为 $J+\dfrac{1}{2}$,J 为整数时,能级分裂数为 $J+1$;

④越是高激发态,其极化率越大,则斯塔克效应越显著。

读者如果想进一步了解原子能级结构在电场作用下的分裂情况,可阅读参考文献[10]。

2.2　分子结构

分子是保持物质化学性质的最小粒子,它由原子构成,一般包含若干个原子核和电子。分子与原子的最大区别在于,原子仅包含包括 1 个原子核,分子则包含 2 个及 2 个以上的原子核,所以分子中的运动形式比原子要复杂很多。接下来,将首先阐述分子模型,然后基于分子模型依次分析分子的电子能级、转动能级和振动能级。

2.2.1　分子模型

为了更好地研究分子的能级结构,首先需要建立一个分子简化模型,图 2-11 是所定义的分子简化模型的示意图。

对该模型具体描述如下:

(1)分子中的原子可以视为质点,它们之间通过"弹簧力"作用维系在各自的平衡位置附近,而这样就形成了分子的空间构型。这里的"弹簧力"作用在化学上也称为化学键或分子键作用,弹簧长度(或核间距)就是键长,弹簧弹性系数就是键力常数。

(2)电子在多中心力场作用下围绕分子空间构型做高速运动,而原子仅在平衡位置附近振动时并不会影响该多中心力场。

(3)由于形成分子空间构型的原子本身具有一定的电性质,分子具有电偶极矩,所以在外场(比如:光)作用时分子会被极化,而且当原子改变相对位置时(比如:振动),分子的电偶极矩和极化率均可能改变。

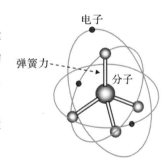

图 2-11　分子模型

事实上,上述的分子模型存在一些与事实不符的地方,但是在实际处理时可以采用一些近似的方法来进行弥补。比如:把原子之间的作用力看成是服从胡克(Hooke)定律的"弹簧力",这种假设实际上是忽略了分子势能函数的 3 阶以上小量,但是仅使用 2 阶分量已经能够使结果非常接近实验了;另外,把原子视为具有一定电性质的质点也并不严格,因为原子包括原子核和电子,但是如果能够把电子和原子核的运动分离开来单独处理,那么这样假设也是合理的。

2.2.2　分子中的运动形式

相比于原子,分子中的运动形式更为复杂,它分为电子运动和核运动两大类。如 2.2.1 节所述电子在多中心力场作用下做高速运动,下面重点讨论一下分子运动。

核运动是指分子空间构型作为一个整体的运动或者分子空间构型的变化,前者包括分子平动和分子转动,后者指分子振动。分子平动是分子作为一个整体沿 X、Y 和 Z 三个方向的运动;分子转动是分子作为一个整体绕某个轴的旋转;分子振动是分子中原子相对位置的改变。图 2-12 显示了两原子分子的平动、转动和振动的基本形式。

平动   转动   振动

图 2-12　分子运动

假设一个分子由 N 个原子构成,那么需要用 $3N$ 个独立坐标来表达该分子的空间构型,因为每一个原子需要用 X、Y、Z 三个坐标来表达它所处的空间位置,我们也称该分子的运动自由度为 $3N$,那么上述三种分子运动形式的运动自由度分别为多少呢?这里要分线型分子和非线型分子两种情况进行考虑,所谓线型分子指它的空间构成呈直线。线型分子和非线型分子的平动自由度均为 3,但是线型分子的转动自由度为 2,它比非线型分子少 1,因为它以直线方向为轴的旋转坐标不存在。由于分子运动自由度均为 $3N$,所以容易知道线型分子和非线型分子的振动自由度分别为 $3N-5$ 和 $3N-6$。分子运动自由度的具体情况如表 2-1 所示。在这里需要指出的是,分子平动对分子能级并没有贡献,所以在后面的讨论中我们将只关注分子转动和分子振动。

表 2-1　分子运动自由度

运动自由度	线型分子	非线型分子
分子平动自由度	3	3
分子转动自由度	2	3
分子振动自由度	$3N-5$	$3N-6$
总自由度	$3N$	$3N$

注:N 为分子中所含原子数目。

由于分子中的运动形式非常复杂,所以要直接对分子模型进行求解是非常困难的。我们只能先对各种运动形式进行分离处理,然后再单独对某种运动形式进行求解。

2.2.3　电子运动与核运动的分离处理

分子的薛定谔方程可写为

$$(\hat{T}_e + \hat{T}_N + V_{ee} + V_{eN} + V_{NN})\Psi = E\Psi \tag{2.30}$$

式中,$\hat{T}_e$ 和 $\hat{T}_N$ 分别是电子和原子核动能算符,V_{ee}、V_{eN} 和 V_{NN} 分别是电子间的库仑排斥能、电子和原子核之间的库仑吸引能和原子核间的库仑排斥能。它们的具体表达如下:

$$\begin{cases} \hat{T}_e = -\dfrac{\hbar^2}{2m}\sum_i \nabla_i^2 \\[2mm] \hat{T}_N = -\dfrac{\hbar^2}{2}\sum_\alpha \dfrac{1}{m_\alpha}\nabla_\alpha^2 \\[2mm] V_{ee} = \sum_i \sum_{j>i} \dfrac{e^2}{4\pi\varepsilon_0 r_{ij}} \\[2mm] V_{eN} = -\sum_\alpha \sum_i \dfrac{Z_\alpha e^2}{4\pi\varepsilon_0 r_{i\alpha}} \\[2mm] V_{NN} = \sum_\alpha \sum_{\beta>\alpha} \dfrac{Z_\alpha Z_\beta e^2}{4\pi\varepsilon_0 r_{\alpha\beta}} \end{cases} \tag{2.31}$$

式中,下标 α 和 β 代表核序号,i 和 j 代表电子序号;Z_α 和 Z_β 是核 α 和 β 的原子序数,r_{ij}、$r_{i\alpha}$ 和 $r_{\alpha\beta}$ 分别是电子与电子、核与电子和核与核之间的间距。

首先利用波恩-奥本海默近似(Born-Oppenheimer approximation)将电子运动与核运动分离开来。波恩-奥本海默近似为:由于电子的质量远小于原子的质量,而它的运动速度远大于原子核的运动速度,所以在研究分子的运动时,可以暂时把核看成不动,忽略原子核的动能,将原子核之间的相对距离看成参数,而不作为动力学变量。

将波函数 Ψ 写为电子波函数 ψ_e 与核波函数 ψ_N 的乘积 $\Psi = \psi_e\psi_N$。根据波恩-奥本海默近似可知,核动能将远小于电子动能,则 $\hat{T}_N$ 可忽略不计;此外,由于核间距基本保持不变,V_{NN} 将视为常量。于是,通过变量分离可以得到电子运动的薛定谔方程为

$$(\hat{T}_e + V_{ee} + V_{eN})\psi_e = (E_e' - V_{NN})\psi_e = E_e\psi_e \tag{2.32}$$

而核运动的薛定谔方程为:

$$(\hat{T}_N + V_{NN})\psi_N = E_N\psi_N \tag{2.33}$$

式(2.33)中的核势能 V_{NN} 将由电子运动方程(2.32)式决定。由此可见,核运动方程(2.33)是在给定的电子态下进行求解的。至此,我们已经可以独立地对电子和核进行分析。

2.2.4　转动和振动的分离处理

需要考虑的核运动包括振动和转动两种方式。如何对振动和转动进行分离处理? 首先需要建立严格的坐标系,如图 2-13 所示,它包括描写质量中心位置的笛卡儿坐标 (X, Y, Z)、描述原点为质量中心的一组转动坐标 (x, y, z) 和在转动坐标系中原子之间相对位置的 $3N-6$ 个简正坐标(注:对非线型分子而言)。

令质点系的质量中心 O 由固定在空间中的矢量 $\mathbf{R}$ 给出;第 α 个质点的位置为由 O 点计起的矢量 $\mathbf{r}_\alpha$ 给出,x_α、y_α、z_α 为矢量 $\mathbf{r}_\alpha$ 在运动坐标系中的分量;质量为 m_α 的第 α 个质点的平衡位置用对运动坐标系是固定的一个矢量 $\mathbf{a}_\alpha$ 描述,并且容易得到振动矢量 $\boldsymbol{\rho}_\alpha = \mathbf{r}_\alpha - \mathbf{a}_\alpha$。假设在任意瞬间转动坐标系的角速度为 $\boldsymbol{\omega}$,质点在转动坐标系中的速度为 $\mathbf{v}_\alpha$($\dot{x}_\alpha$、$\dot{y}_\alpha$、$\dot{z}_\alpha$ 为其在转动坐标系中的分量,字母上面的点表示对时间求导),则第 α 个质点的空间速度为 $\dot{\mathbf{R}} + \boldsymbol{\omega} \times \mathbf{r}_\alpha + \mathbf{v}_\alpha$。于是可以得到整个分子的动能为

$$T = \frac{1}{2}\dot{R}^2\sum_\alpha m_\alpha + \frac{1}{2}\sum_\alpha m_\alpha(\boldsymbol{\omega}\times\mathbf{r}_\alpha)\cdot(\boldsymbol{\omega}\times\mathbf{r}_\alpha)$$
$$+ \frac{1}{2}\sum_\alpha m_\alpha v_\alpha^2 + \dot{\mathbf{R}}\cdot\boldsymbol{\omega}\times\sum_\alpha m_\alpha\mathbf{r}_\alpha + \dot{\mathbf{R}}\cdot\sum_\alpha m_\alpha\mathbf{v}_\alpha$$

$$+ \boldsymbol{\omega} \cdot \sum_\alpha (m_\alpha \boldsymbol{r}_\alpha \times \boldsymbol{v}_\alpha) \tag{2.34}$$

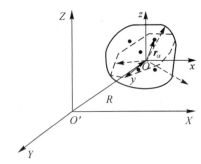

图 2-13　用于描述分子振动和转动的坐标系

利用关系 $\begin{cases} \sum\limits_\alpha m_\alpha \boldsymbol{\rho}_\alpha = \sum\limits_\alpha m_\alpha (\boldsymbol{r}_\alpha - \boldsymbol{a}_\alpha) = 0 \\[2mm] \sum\limits_\alpha m_\alpha \boldsymbol{v}_\alpha = 0 \\[2mm] \sum\limits_\alpha m_\alpha \boldsymbol{a}_\alpha \times \boldsymbol{r}_\alpha = 0 \end{cases}$，可以将式(2.34)化简为

$$T = \frac{1}{2}\dot{R}^2 \sum_\alpha m_\alpha + \frac{1}{2}\sum_\alpha m_\alpha (\boldsymbol{\omega} \times \boldsymbol{r}_\alpha) \cdot (\boldsymbol{\omega} \times \boldsymbol{r}_\alpha)$$
$$+ \frac{1}{2}\sum_\alpha m_\alpha v_\alpha^2 + \boldsymbol{\omega} \cdot \sum_\alpha m_\alpha (\boldsymbol{\rho}_\alpha \times \boldsymbol{v}_\alpha) \tag{2.35}$$

式中,第 1 项是分子的平动能,它对能级没有贡献,所以下面不再考虑;第 2 项是转动能,第 3 项是振动能,第 4 项是转动和振动之间的耦合能,但是该耦合能在微振动的情况下(即振幅 $\boldsymbol{\rho}_\alpha$ 极小时)可以忽略不计。这样式(2.34)中的动能项简化为

$$\hat{T}_N = \hat{T}_r + \hat{T}_v = \frac{1}{2}\sum_\alpha m_\alpha (\boldsymbol{\omega} \times \boldsymbol{r}_\alpha) \cdot (\boldsymbol{\omega} \times \boldsymbol{r}_\alpha) + \frac{1}{2}\sum_\alpha m_\alpha v_\alpha^2 \tag{2.36}$$

令核波函数 ψ_N 为转动波函数 ψ_r 与振动波函数 ψ_v 的乘积,即 $\psi_N = \psi_r \psi_v$,则核运动方程可进一步分离为

$$\begin{cases} (\hat{T}_v + V_{NN})\psi_v = E_v \psi_v \\ \hat{T}_r \psi_r = E_r \psi_r \end{cases} \tag{2.37}$$

至此,我们也可以单独地对分子转动和分子振动进行分析。注意:上面的推导仅给出一些关键步骤,如果需进一步理解,可阅读文献[6]。

根据上面的推导过程可以知道,分子能量最终可以表示为 $E = E_e + E_v + E_r$,并且电子能量、振动能量和转动能量存在关系:$E_e \gg E_v \gg E_r$。由该关系我们不难想象分子的能级结构将如图 2-14 所示,接下来的 2.2.5～2.2.7 节将分别讨论电子能级、分子转动能级和分子振动能级。

2.2.5　电子能级

要想严格求解电子的波函数和能级状态非常困难,一般需要采用近似方法,这里将不讨论如何求解,而仅给出分子的电子能级如何描述。

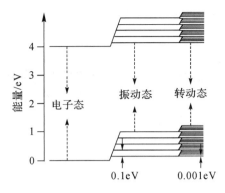

图 2-14　分子典型的能级结构

(1) 单电子情况

与原子类似,也要用角动量来描述电子轨道。分子中的电子是在多中心力场的作用下运动的,其轨道角动量只是在某个方向上的投影才满足量子化条件。以双原子分子为例,电子在 2 个原子核提供的电场中运动,显然该电场沿 2 个原子核中心连线呈轴对称,电子轨道角动量在对称轴上的投影 $\hat{P}_z$ 满足量子化条件:

$$\hat{P}_z = m_l \hbar \qquad m_l = 0, \pm 1, \pm 2, \cdots \tag{2.38}$$

在电场中,电子运动方向反转(即 $m_l \rightarrow -m_l$),电子能量保持不变,换句话说量子数 m_l 存在正负简并。因此,通常引入一个新量子数 λ:

$$\lambda \equiv |m_l| \qquad \lambda = 0, 1, 2, \cdots \tag{2.39}$$

用 λ 描述分子中的电子轨道(也称分子轨道或分子键),分子轨道通常用小写希腊字母表示:

$$\begin{array}{cccccc} \lambda & = & 0 & 1 & 2 & 3 & \cdots \\ & & \sigma & \pi & \delta & \varphi & \cdots \end{array}$$

(2) 多电子情况

存在多个电子时,分子的电子总轨道角动量在对称轴上的投影满足量子化条件:

$$\hat{P}_z = M_L \hbar \qquad M_L = \sum_i m_{li} \tag{2.40}$$

同样引入一个新量子数 Λ:

$$\Lambda \equiv |M_L| \tag{2.41}$$

用 Λ 来描述多电子情况下的分子轨道,此时分子轨道通常用大写希腊字母表示:

$$\begin{array}{cccccc} \Lambda & = & 0 & 1 & 2 & 3 & \cdots \\ & & \Sigma & \Pi & \Delta & \Phi & \cdots \end{array}$$

(3) 考虑电子自旋

引入总自旋角动量 S 和相应量子数 S,类似地它在对称轴上的投影满足量子化要求。总自旋角动量 S 在对称轴上的投影用 $\hat{S}_z$ 表示,相应的量子数为 Σ',Σ' 可取 $-S, -S+1, \cdots, S-1, S$ 共 $2S+1$ 个值。总自旋角动量和轨道角动量的轴向分量之和称为分子的总角动量,我们引入新的量子数 —— 分子总角动量量子数 Ω,分子的总角动量用该量子数可表示为 $\Omega\hbar$,量子数 Ω 为

$$\Omega = |\Lambda + \Sigma'| \tag{2.42}$$

这样分子的电子能级态由量子数 S、Λ 和 Ω 共同表示。可以看出，Λ 相同的能级会分裂为 $2S+1$ 个。

（4）分子电子能级的表示

分子的电子能级通常会用符号 $X^3\Sigma_g^-$ 描述，该符号中字母和数字的具体含义是：

① 最左边的字母，表示基态和激发态，X 表示基态，而 $a,b,c,\cdots$ 表示激发态；

② 大写希腊字母，表示分子轨道，这里是 Σ 轨道，对应于量子数 $\Lambda=0$；

③ 左上角数字，表示重态数，它等于 $2S+1$；

④ 右上角符号，表示波函数经对称面反演后的对称性，"+"号表示对称，"－"号表示反对称；

⑤ 右下角的符号表示波函数经对称中心反演后的对称性，"g"表示对称，"u"表示反对称，该符号仅在同核双原子分子下才进行标记，在双原子分子中，对称波函数下的分子轨道称为成键轨道，反对称波函数下的分子轨道称为反键轨道。

2.2.6　转动能级

下面以简单的双原子分子为例讨论分子的转动能级，首先考虑理想的刚性转子，其次分析更接近实际情况的非刚性转子。

（1）刚性转子

刚性转子由原子核通过无质量刚性杆连接而成，原子核视为体积可忽略不计的质点，而原子核之间的相对位置保持不变，如图 2-15 所示，图中 C 表示刚性转子的质心位置。

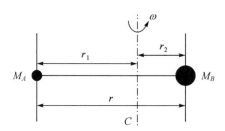

图 2-15　双原子分子的刚性转子模型

上述分子的转动惯量 $I=\mu r^2$，其中 μ 为折合质量，$\mu=\dfrac{M_A M_B}{M_A+M_B}$。由量子力学理论可以写出如下薛定谔方程：

$$-\frac{P^2}{2I}\psi_r=E_r\psi_r \tag{2.43}$$

式中，P 为转动角动量。对该方程求解可以得到分子转动能量为

$$E_r=\frac{\hbar^2}{2I}J(J+1) \tag{2.44}$$

其中 J 为分子转动量子数（$J=0,1,2,3,\cdots$）。引入转动角动量投影 $\hat{P}_Z$ 和其相应量子数 M：

$$\hat{P}_Z=M\hbar \quad M=0,\pm1,\pm2,\cdots,\pm J \tag{2.45}$$

从式（2.44）可以看出，分子转动能量 E_r 是量子化的，它依赖于量子数 J，只能取一些分立值；而从式（2.45）可以看出，对于量子数 J 的能级存在 $2J+1$ 重简并。

由公式(2.44)可以推导出相邻转动能级 J 与 $J-1$ 之间的能量差为

$$\Delta E_{J \to J-1} = \frac{\hbar^2}{I}J \tag{2.46}$$

由于跃迁定律(详见 2.3.4 节)的约束,只有相邻转动能级之间的跃迁是允许的,因此容易推论出相邻转动谱线之间的间隔是相等的,如图 2-16(a)所示。

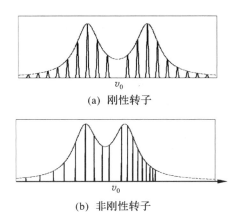

(a) 刚性转子

(b) 非刚性转子

图 2-16　刚性转子和非刚性转子的转动谱线

(2)非刚性转子

由刚性转子模型得到的转动谱线是等间隔分布的,但是实验表明谱线间隔并不严格相等,而是随 J 的增加而减小,如图 2-16(b)所示,由此可见将分子视为刚性转子并不准确。事实上,在 2.2 节开始我们就定义了"原子核之间是通过无质量弹簧连接的",这实际上就是非刚性转子。

接下来我们用弹簧代替刚性杆连接原子核,这样两原子核之间的间距 r 不再保持不变,由于离心力的作用,它通常比平衡位置下的间距 r_e 要长。对于这样的非刚性转子,其薛定谔方程为

$$-\left[\frac{P^2}{2I} + \frac{1}{2}k(r-r_e)^2\right]\psi_r = E_r\psi_r \tag{2.47}$$

其中 k 为键力常数(或弹性系数)。对以上方程求解可得到分子转动能量为

$$E_r = \frac{\hbar^2}{2I}J(J+1) - \frac{\mu\hbar^4}{2kI^3}J^2(J+1)^2 \tag{2.48}$$

从上式中容易推论:相邻分子转动谱线的间隔并不相等,其间隔随 J 的增大而减小。该结论与实验结果是吻合的。

2.2.7　振动能级

与转动能级的讨论类似,我们仍以双原子分子为例讨论分子的振动能级,先后考虑简谐振子和非简谐振子两种情况。

(1)简谐振子

假设两个原子核之间通过无质量的弹簧连接,那么该双原子分子就可以视为简谐振子,这与 2.2.6 节中的非刚性转子模型是一样的。

图 2-17 显示了双原子分子的简谐振动模型,图(a)为在平衡状态时的情况,图(b)和(c)分别为振动拉伸和压缩状态时的情况。

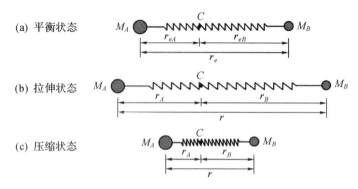

图 2-17　双原子分子的简谐振动模型

为了计算方便,引入坐标 $q = r - r_e$(其中,r 代表当前原子核间距,r_e 为平衡状态下原子核间距),则简谐振子的薛定谔方程可以写为

$$-\left(\frac{P^2}{2\mu} + \frac{1}{2}kq^2\right)\psi_v = -\frac{\hbar^2}{2\mu}\frac{\mathrm{d}}{\mathrm{d}q^2}\psi_v - \frac{1}{2}kq^2\psi_v = E_v\psi_v \tag{2.49}$$

式中,μ 为折合质量,k 为键力常数(或弹性系数)。对式(2.49)进行量子力学求解可以得到振动能量 E_v 为

$$E_v = \hbar\sqrt{\frac{k}{\mu}}\left(v + \frac{1}{2}\right) \quad v = 0,1,2,\cdots \tag{2.50}$$

从式(2.50)中可以看出,简谐振子的振动能级是量子化的,并且相邻振动能级间是等间距的,它取决于量子数 v。

（2）非简谐振子

对于简谐振子,其势能随原子核间距 r 的变化呈抛物线型,但实际分子势能随原子核间距 r 的变化曲线并不是抛物线,而是如图 2-18 中的实线所示。所以当振动导致原子核间距 r 偏离平衡位置下核间距 r_0 太远时,就不能把分子当成简谐振子来对待。

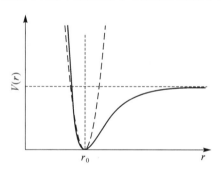

图 2-18　分子势能曲线

我们可以用如下公式描述图 2-18 中的势能曲线:

$$V(r) = D_e\{1 - \exp[-\beta(r - r_e)]\}^2 \tag{2.51}$$

式中,D_e 和 β 为常数,它们取决于具体分子。将式(2.51)表示的势能取代式(2.49)中的

$\frac{1}{2}kq^2$,然后对新的薛定谔方程进行量子力学求解,可以得到非简谐振子的分子振动能量为

$$E_v = \hbar\omega_e\left(v+\frac{1}{2}\right)-\hbar\omega_e\chi_e\left(v+\frac{1}{2}\right)^2 \tag{2.52}$$

式中,$\omega_e = \beta\sqrt{\dfrac{2D_e}{\mu}}$,$\chi_e = \dfrac{\hbar\omega_e}{4D_e}$。从式(2.52)中可以看出:在非简谐振动的情况下,振动能级不再等间隔,能级间隔随量子数 v 的增加而减小。

2.2.8 分子对称性

在 2.2.2 节中,我们分析了分子的运动自由度,从分析结果中可以知道:线型分子的振动自由度为 $3N-5$,而非线型分子的振动自由度为 $3N-6$。关于线型分子和非线型分子的振动自由度的差别,我们可以通过比较 3 原子的水分子(H_2O)和二氧化碳分子(CO_2)获得更直观的认识。

水分子中两个 HO 键之间的夹角约为 $104°45'$,所以它为非线型分子;而二氧化碳分子中两个 CO 键之间的夹角为 $180°$,所以它为线型分子。因此,H_2O 具有 3 个振动自由度,求解后能够得到 3 种简振模式,而 CO_2 具有 4 个振动自由度,求解后能够得到 4 种简振模式,具体如图 2-19 所示。

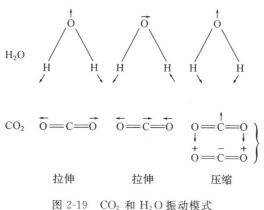

图 2-19 CO_2 和 H_2O 振动模式

注:箭头($\leftarrow\uparrow\rightarrow\downarrow$)表示在平面内

从振动自由度的表达式中可以看出,随着原子数的增加,振动自由度会以更快的速度增加,相应的振动模式也会迅速增加,这样会导致振动能级的计算变得非常复杂。事实上,在分子振动能级的计算中,对于 3 原子分子振动能级的计算往往都是十分困难的。

值得庆幸的是,分子均具有一定的空间对称性,我们可以利用分子的空间对称性来简化分子振动计算,甚至有时候仅仅依靠对称性就能直接推断出分子的振动模式。

分子对称性为:当分子的几何构型通过某种空间位置的变换后保持不变,称该分子对该变换是对称的,这种变换也称为对称操作。对称操作所依据的几何点、轴、面就称为对称元素,它具体包括么元素、对称点、对称面、旋转轴和假旋转轴。分子的对称性分析需要用到群论方面的知识,至于它在分子振动能级的解析中如何使用在此不再赘述,大家如果感兴趣可以参考有关群论和分子光谱方面的书籍[5,6,9]。

2.3　光谱产生

光谱是光与物质相互作用的结果。光在传播过程中与物质发生相互作用时将会发生下面几种可能的效应：

(1)光的强度会由于被物质吸收而减弱；

(2)光会被散射到各个方向,使原传播方向上的光强减弱；

(3)光的波长会改变。

这就是我们所知道的光吸收和光散射现象。由于物质自身的能级结构状况,它会对光产生选择性的吸收或者引起波长的特定变化,从而形成能够反映物质特性的特征光谱,这就是为什么能够利用光谱进行物质鉴别和分析的原因。

前面通过 2.1 和 2.2 节讨论了构成物质的原子和分子的能级结构,接下来首先阐述光的特性,然后分析光谱产生的机制,我们将利用能级结构理论依次对光的发射、吸收和散射现象进行解释。

2.3.1　光的波粒二象性

光是一种电磁波,它具有波粒二象性,在一定情况下会凸显其中某方面的特性。如图 2-20(a)所示,当光束通过与其尺寸相当的狭缝时,会发生偏离原传播方向进入阴影区的现象,即光衍射,这说明光具有波的特性；而图 2-20(b)所示的光反射,就好比一个小球碰到墙壁后反弹起来,说明光具有粒子的特性。

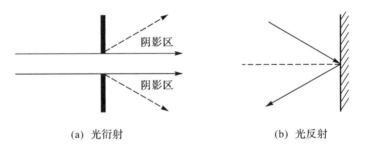

(a) 光衍射　　　　　　　　　　　　　(b) 光反射

图 2-20　光衍射和光反射

光谱的产生更多地与光的粒子性相关,在此首先通过两个经典例子深入地认识一下光的粒子性。

(1)普朗克量子假说

20 世纪 90 年代,有"两朵乌云"笼罩在人类物理学的天空上,其中"一朵乌云"是迈克尔逊-莫雷实验,另"一朵乌云"则是我们下面要讨论的黑体辐射实验。

任何物体只要温度处于绝对零度以上,它就会向外发出辐射,这称为温度辐射,相应地它也会从外界吸收辐射。而黑体则是一种完全的温度辐射体,它比任何非黑体的辐射能力都强,而且它的辐射能力仅与温度有关,与表面材料的性质无关。我们可以用如图 2-21(a)所示的内壁涂黑、开有小孔的空腔来模拟黑体,因为辐射进入空腔后几乎就不太可能逃出空腔了,利用这样的黑体模型人们进行了许多年的实验,实验得到的黑体辐射曲线如图 2-21(b)所示,然而如何解释该曲线呢?

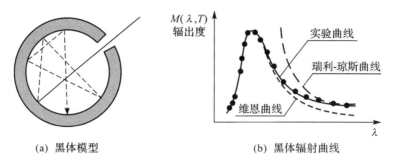

(a) 黑体模型　　　　　　　　　　　　(b) 黑体辐射曲线

图 2-21　黑体模型和黑体辐射曲线

1893 年,德国物理学家维恩(W. Wien)利用经典热力学理论推导出维恩公式:

$$M_0(\lambda, T) = \frac{c_1}{\lambda^5} e^{\frac{-c_2}{\lambda T}} \tag{2.53}$$

其中,$c_1 = 3.70 \times 10^{-16} \text{J} \cdot \text{m}^2/\text{s}$,$c_2 = 1.43 \times 10^{-2} \text{m} \cdot \text{K}$,$T$ 为物体绝对温度,λ 为波长。维恩公式仅在短波区域与实验曲线吻合得较好。1900 年,英国物理学家瑞利(L. J. W. Rayleigh)由经典电磁理论推导出另一个辐射公式,该公式在 1905 年被英国物理学家琼斯(J. H. Jeans)加以改进,得到所谓的瑞利-琼斯公式:

$$M_0(\lambda, T) = \frac{2\pi c k T}{\lambda^4} \tag{2.54}$$

式中,c 为光速,k 为玻尔兹曼常量(Boltzmann constant),$k = 1.38065 \times 10^{-23} \text{J} \cdot \text{K}^{-1}$。该公式在长波区域与实验曲线吻合得较好,但是在短波区域则趋于无穷大,这显然是荒谬的,被后人称为是"紫外灾难"。

针对经典理论结果与实验的不符,1900 年德国物理学家普朗克(M. K. E. L. Planche)大胆地提出了普朗克量子假说:构成物质的分子或原子可视为带电的线性谐振子,它们可以发射或吸收辐射能,但是该能量不是连续而是分立的,它们是最小能量 $h\nu$ 的整数倍,即发射或吸收电磁辐射只能以量子方式进行。在普朗克量子假说的基础上推导出了普朗克黑体辐射公式,而它能够对黑体辐射实验做出完美解释:

$$M_0(\lambda, T) = \frac{2\pi c^2 h}{\lambda^5} \frac{1}{e^{\frac{h\nu}{kT}} - 1} \tag{2.55}$$

式中,h 为普朗克常量。

在此,我们不对普朗克公式进行详细推导,如果要推导还需要用到如下条件:①单位频率体积内的模式数为 $dn = \frac{8\pi\nu^2}{c^3} d\nu^{[11]}$;②谐振子数目在热力学平衡时满足玻尔兹曼分布 $\propto e^{-\frac{h\nu}{kT}}$(其中 ν 为辐射频率);③公式中的辐出度 M 等于能量密度 ρ 乘以 $c/4$。需要指出的是,普朗克公式已经引入了"光量子"概念,人们已经认识到光的粒子性。

(2)光电效应

当光照到某些金属的表面时,金属内部的自由电子会逸出金属表面,这就是光电效应。图 2-22 所示为光电效应的实验装置,光通过石英窗口照射阴极(cathode),光电子从阴极表面逸出,然后在电场加速下向阳极(anode)运动,在闭合的电路中形成光电流。光电效应实验有一些有趣但又令人困惑的实验现象:①存在截止频率,对某一种金属只有当入射光频率 ν 大于某一频率 ν_0 时,电子才能从金属表面逸出;②遏止电势差 $U_a = \dfrac{m v_m^2}{2q}$($v_m$ 为电子运动速度,q 为电子电量),与入射光频率 ν 有线性关系;③发射电子的过程很短,不超过 $10^{-9}\,\mathrm{s}$。这些现象均无法用经典理论解释。

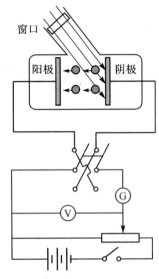

爱因斯坦(Einstein A)在 1905 年提出光量子假说:光束可以看成是由光子构成的粒子流,它在真空中以光速 c 传播,频率为 ν 的光子能量为 $\varepsilon = h\nu$。由此得到爱因斯坦光电效应方程为

$$h\nu = \frac{1}{2} m v_m^2 + W \tag{2.56}$$

式中,W 为逸出功,$\dfrac{1}{2} m v_m^2$ 为电子从金属表面刚逸出时的初动

图 2-22　光电效应的实验装置

能。这样就可以合理地解释光电效应的上述现象:①仅当光频率 $\nu > \dfrac{W}{h}$ 时,电子吸收一个光子才可以克服逸出功逸出;②电子的最大初动能与光频率 ν 呈线性关系,而遏止电动势又与初动能成正比;③电子吸收一个光子就可以逸出,不需要长时间的能量积累。另外,光强 $I = Nh$((N 为光子数目),光强增强相当于单位时间到达单位垂直面积的光子数 N 增多,那么单位时间内逸出的电子数也增多。

(3)光的波粒二象性

黑体辐射和光电效应实验均表明光具有粒子性。事实上,光同时具有波动性和粒子性,这是微观粒子的基本属性,在某些情况下它将突显某一个方面的性质。一般而言,光在传播过程中或在长波区域将突显其波动性,而光在与物质相互作用时或在短波区域将突显其粒子性。

粒子通常应具有质量 m、运动速度 v、动量 p、能量 E 等物理量,而光可以看作是质量 m 为 0、运动速度 $v = c$ 的粒子,根据相对论 $E^2 = p^2 c^2 + m c^2$ 得到其动量 $p = \dfrac{E}{c}$。光作为波则具有频率 ν、波长 $\lambda = c/\nu$ 等物理量。这两方面的物理量可通过公式 $E = h\nu$ 和 $p = h/\lambda$ 互相转换,可以看出,正是普朗克常量 h 联接了光的波动性(λ,ν)和粒子性(E,p)。

下面我们将把光当成粒子,利用能级跃迁理论依次解释光的发射、光的吸收和光的散射等物理现象。

2.3.2　光的发射

当微观粒子(原子或分子)从高能级 E_2 跃迁到低能级 E_1 时将向外发射出光子,光子频率为

$$\nu = \frac{E_2 - E_1}{h} \tag{2.57}$$

这就是发光的物理机制。习惯上,光的发射也被称为光的辐射。

光的辐射可以分为自发辐射和受激辐射两种形式,如图 2-23 所示。

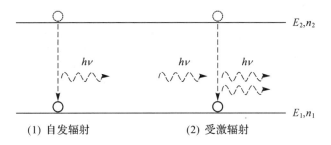

图 2-23　自发辐射和受激辐射

(1)自发辐射:处于高能级的粒子在没有外来光的影响下,自发跃迁到低能级而发出光子的过程。由于各原子的自发辐射过程完全是随机的,所以自发辐射光是非相干的。

(2)受激辐射:处于高能级的粒子在外来光的影响下,跃迁到低能级而发出光子的过程。受激辐射所发出的光子特性与外来光特性相同,所以受激辐射光是相干的。此外,受激辐射产生的光子将再与其他粒子作用,导致更多的受激辐射,产生更多的光子,从而形成受激辐射光放大作用,这样产生的光就是所谓的激光(light amplification by stimulated emission of radiation,laser)。

从受激辐射的基本原理可以看出,要形成激光必须要求粒子数反转,即高能级的粒子数要远高于低能级的粒子数,因为只有这样才有充足的粒子不断地从高能级跃迁至低能级从而产生光放大作用。那么如何实现粒子数反转呢? 首先,需要有个泵浦源,它能够将粒子从低能级抽运到高能级;其次,工作物质最好存在亚稳态能级,因为粒子在亚稳态上滞留的时间会更长些,这样更容易形成粒子数积聚。所以,一般激光系统中的能级跃迁的具体形式如图 2-24 所示,从激发态 E_2 向亚稳态 E_1 的跃迁过程中并不会向外发光,其中能量会转化为热能等形式,而从亚稳态 E_1 向基态 E_0 跃迁的过程中才形成激光。

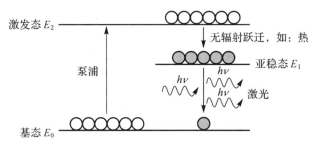

图 2-24　粒子数反转基本原理

此外,在实际的激光系统中还必须要有谐振腔,它的作用是加强某一特定方向和某一特定频率的辐射,而抑制其他方向和频率的辐射,这样激光具有更好的方向性和单色性。

在后面的章节中,如 3.2.2 节和第 6 章"激光光谱学",我们还将对激光特性做进一步讲解。如果想更深入地了解激光原理,大家可参阅参考文献[11]。

2.3.3　光的吸收

光的吸收可分为一般吸收和选择性吸收,前者的光吸收量与波长无关,而后者则会对特定波长的吸收比较明显。在可见光区域,一般吸收不会引起光的颜色发生改变,只是影响其光强,而选择性吸收则会导致颜色发生改变。在光谱中,选择性吸收会提供更多的有用信息。

光的吸收用能级跃迁理论解释就是,当微观粒子从低能级 E_1 跃迁到高能级 E_2 时将吸收对应频率 $\nu = \dfrac{E_2 - E_1}{h}$ 的光子,如图 2-25 所示。具有连续光谱的光源通过具有选择吸收特性的物质后,在连续的发射光谱中,呈现出与发生吸收的频率区域相对应的一些暗线或暗带,这就是吸收光谱。原子或分子都有其特征的能级结构,因此不同的物质具有其特征的吸收光谱,这也是利用吸收光谱能够对物质进行检测和鉴定的原因。

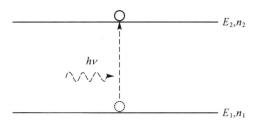

图 2-25　光的吸收

我们也可以从经典物理学的角度来解释为什么粒子会对特定频率的光吸收明显。将光源视为振荡的电磁场,有

$$E(t) = E_0 \cos(\omega t) \tag{2.58}$$

式中,E_0 为振幅,ω 为振荡频率,$\omega = 2\pi\nu$。将物质粒子视为谐振子,则它满足谐振方程:

$$m \frac{\partial Q^2}{\partial^2 t} + kQ = 0 \tag{2.59}$$

其中,m 为粒子质量,k 为弹性系数。当光作用于物质粒子时,相当于外加电磁场作用于谐振子,此时谐振方程应为

$$m \frac{\partial Q^2}{\partial^2 t} + kQ = E_0 \cos(\omega t) \tag{2.60}$$

对上述方程求解得到振幅 Q 为

$$Q = \frac{E_0/m}{\omega_0^2 - \omega^2} \cos(\omega t) \tag{2.61}$$

式中,$\omega_0^2 = \dfrac{k}{m}$。从式(2.61)中可以看出,当 $\omega \to \omega_0$ 时振幅最大,换句话说只有当入射光子能量等于跃迁能级能量差时才能最有效地被吸收。

2.3.4　跃迁定律

在 2.3.2 和 2.3.3 节中分析两能级之间的跃迁过程时并没有给出任何限制条件,只是认为只要粒子的两个能级存在,那么在这两个能级之间的跃迁就允许。但事实并非如此,我们通常会碰到这样的困惑,所能观察到的光谱线数总是比两两能级之间的组合模式要少很多,其原因就在于有些能级之间的跃迁是不允许的。那么两能级之间是否存在跃迁,或者跃迁的可能性有多大取决于什么呢? 答案就是跃迁率,它是某一能级上的粒子在单位时间内跃迁到另一能级的概率。

考虑从能级 i 跃迁到能级 f 的情况。将粒子看作是 1 个振荡的电偶极子,它在单位时间内向外辐射的平均能量 P 为

$$P = \frac{4\pi^3 \nu^4}{3\varepsilon_0 c^3} |\boldsymbol{p}_0|^2 \tag{2.62}$$

式中,$\boldsymbol{p}_0$ 为电偶极矩。在量子系统中,能量是以光子为单位进行发射和吸收的,所以从能级 i 到能级 f 发生非极化辐射的跃迁率可以用单位时间内发生跃迁的光子数来表示:

$$\lambda_{if} = \frac{P}{h\nu} = \frac{4\pi^3 \nu^3}{3\varepsilon_0 hc^3} |\boldsymbol{p}_0|^2 = \frac{16\pi^3 \nu^3}{3\varepsilon_0 hc^3} |\boldsymbol{p}_{if}|^2 \tag{2.63}$$

式中,$\boldsymbol{p}_{if}$ 为电偶极矩跃迁矩,$\boldsymbol{p}_{if} = -e \int \psi_i^* r \psi_f \mathrm{d}v$,$\psi_i^*$ 和 ψ_f 分别为 i 能级和 f 能级的波函数共轭和波函数。跃迁率越大,发生跃迁后的辐射强度越强;如果跃迁率为 0,则说明从能级 i 到能级 f 的跃迁是禁止的,显然只有引起电偶极矩变化的跃迁才是允许的,这就是跃迁定律。

例题:原子能级的跃迁定则(不考虑电子自旋和核自旋)。

原子的电偶极矩 $\boldsymbol{p}_{if} = -e \int \psi_{nlm_l}^* r \psi_{n'l'm_l'} \mathrm{d}v$,在球坐标系统中包含了对 r、θ 和 φ 的积分,只有当 3 个积分都不为零时电偶极矩才不为零:

①可以证明只要 n 和 n' 是整数,那么对 r 的积分就不为零。

②只有当 $\Delta l = l' - l = \pm 1$ 时,对 θ 的积分才不为零。

③当 $\Delta m = m_l' - m_l = 0$ 时,z 方向上的电偶极矩不为零;当 $\Delta m = m_l' - m_l = \pm 1$ 时,xy 平面上的电偶极矩不为零。

由此可以得到原子能级的跃迁定则为

$$\begin{cases} \Delta l = l' - l = \pm 1 \\ \Delta m = m_l' - m_l = 0, \pm 1 \end{cases} \tag{2.64}$$

2.3.5　光的散射

光束在介质中传播时,部分光线偏离原方向传播的现象称为光的散射。从分子理论来看,光波射入介质后,将激起介质中的电子做受迫振动,从而发散出相干次波。只要分子密度是均匀的,次波相干叠加的结果为,只剩下遵从几何光学规律的沿原方向传播的光线,其余方向的振动完全抵消;若介质是不均匀的,它就会破坏次波的干涉相消,从而引起光的散射。

根据散射颗粒的大小,散射可以分为米氏散射(Mie scattering)和瑞利散射(Rayleigh scattering)。米氏散射的散射颗粒较大,光在含有烟、雾、灰尘的大气以及胶体和乳浊液中传播时通常会发生米氏散射,米氏散射的散射强度不随波长而显著变化,天空中的云朵呈现白色就是米氏散射的结果。瑞利散射的散射颗粒较小,大小为波长量级,其散射强度与波长 λ 的 4 次方成反比,晴朗的天空呈现蓝色就是瑞利散射的结果。通常认为,当 $ka >$

0.3(其中 $k = \dfrac{2\pi}{\lambda}$，$a$ 为粒子直径)时发生米氏散射，否则发生瑞利散射，如图 2-26 所示。

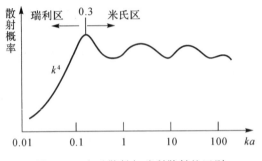

图 2-26 米氏散射与瑞利散射的区别

  米氏散射和瑞利散射均属于弹性散射，因为在散射过程中并不会引起光子能量发生改变，它们仅仅是把光散开到不同的方向。非弹性散射则会引起光子能量发生改变，拉曼散射(Raman scattering)就是典型的非弹性散射。

  拉曼散射的具体现象是在入射光频率 ω_0 两侧还有频率为 $\omega_0 \pm \omega_1$，$\omega_0 \pm \omega_2$，… 散射线存在。与入射光频率 ω_0 相同的散射线称为瑞利线，低于入射光频率 ω_0 的散射线称为斯托克斯线(Stokes line)，高于入射光频率 ω_0 的散射线称为反斯托克斯线(Anti-Stokes line)。拉曼散射现象在 1928 年首先被印度科学家拉曼(C. V. Raman)在实验中观察到，他也因此获得 1930 年诺贝尔物理学奖，现在拉曼光谱已经成为光谱家族当中非常有用的工具之一。

  拉曼散射可以用如图 2-27 所示的能级跃迁方式进行解释。注意:图中的基态和激发态是粒子本身固有的能级，而虚态是一个并不真实存在的能级，只是利用它可以更方便地解释拉曼散射现象。

  (1)如果粒子吸收光子从基态或激发态跃迁到虚态，然后再跃迁回原来的能态，则散射光与入射光的频率相同，此时为瑞利散射;

  (2)如果粒子吸收光子从基态跃迁到虚态，然后再跃迁回激发态，则散射光的频率比入射光的频率小，此时将产生斯托克斯线;

  (3)如果粒子吸收光子从激发态跃迁到虚态，然后再跃迁回基态，则散射光的频率比入射光的频率大，此时将产生反斯托克斯线。

  在实验中观察到斯托克斯线比对应的反斯托克线强，这个现象用能级跃迁理论也可以解释。因为基态粒子数比激发态粒子数多，所以产生斯托克斯线的跃迁过程比产生反斯托克斯线的跃迁过程更容易发生。

  从经典电动力学的角度也可以解释拉曼散射，尽管它不如量子力学的解释完美，但是简单易懂。拉曼散射来源于感生偶极矩 $\boldsymbol{P}$，它等于极化率 $\boldsymbol{\alpha}$ 与电场强度 $\boldsymbol{E}$ 的乘积:

$$\boldsymbol{P} = \boldsymbol{\alpha}\boldsymbol{E} = \boldsymbol{\alpha}\boldsymbol{E}_0 \cos\omega_0 t \tag{2.65}$$

将极化率 $\boldsymbol{\alpha}$ 按简振坐标 Q 展开，并取 1 阶近似:

$$\boldsymbol{\alpha} = \boldsymbol{\alpha}_0 + \left(\frac{\partial \boldsymbol{\alpha}}{\partial Q}\right)_0 Q + \cdots \approx \boldsymbol{\alpha}_0 + \left(\frac{\partial \boldsymbol{\alpha}}{\partial Q}\right)_0 Q_0 \cos(\omega_M t) \tag{2.66}$$

于是，经过简单的三角函数变换后，感生偶极矩可以写为

$$\boldsymbol{P} = \boldsymbol{\alpha}_0 \boldsymbol{E}_0 \cos\omega_0 t + \frac{1}{2}\left(\frac{\partial \boldsymbol{\alpha}}{\partial Q}\right)_0 \boldsymbol{E}_0 Q[\cos(\omega_0 + \omega_M)t + \cos(\omega_0 - \omega_M)t] \tag{2.67}$$

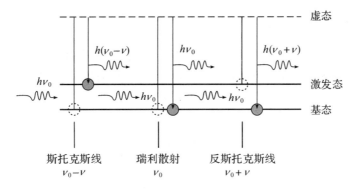

图 2-27　拉曼散射的能级跃迁方式

　　式(2.67)中的第一项为瑞利散射线,第二项方括号中的第 1 项为反斯托克斯线,第 2
项为斯托克斯线。式(2.67)表示斯托克斯线与反斯托克斯线的强度是相同的,这正是经典
电动力学解释不足的地方。

　　关于拉曼光谱,我们在 5.4 节还会进一步阐述。

2.4　光谱线轮廓与线宽

　　两能级之间跃迁产生的光谱线并不是严格单色,或者说谱线在频率(或波长)坐标上仅
占据一个几何位置。光谱线具有一定宽度并且呈现出一定的外形轮廓,光谱线的线宽和轮
廓可以提供物质温度、密度和组分等多方面的信息,在原子和分子气体光谱分析中非常重
要。产生谱线展宽的机制有多种,不同机制所引起的展宽大小和谱线轮廓不同,在本节中
将依次介绍自然线宽、多普勒展宽、碰撞展宽等。

2.4.1　两个概念

　　为了便于后面的讨论,在此首先借助图 2-28 定义光谱线的线型和半宽。

　　(1)谱线线型:谱线强度围绕中心能量 E_0 附近的分
布函数 $I(E)$ 叫线型(line profile),其中中间部分的线型
叫线身(核),两边部分叫线翼。根据能量与频率(或波
长)的转换关系,谱线线型也可以表达成以频率 ν(或波
长 λ)为变量的分布函数 $I(\nu)$(或 $I(\lambda)$)。

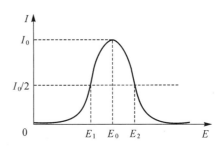

图 2-28　光谱线的线型和半宽

　　(2)谱线半宽:以谱线的半高全宽表示谱线线宽,即
$I(E_1) = I(E_2) = I(E_0)/2$ 的 能 量 间 隔 $\Delta E = |E_2 - E_1|$。如果分别以频率 ν 和波长 λ 来表示谱线线
宽,那么它们之间存在如下关系:

$$\frac{\Delta \lambda}{\lambda} = \frac{\Delta \nu}{\nu} \tag{2.68}$$

　　式(2.68)说明以频率和波长表示的谱线线宽的相对大小是一样的。

2.4.2 自然线宽

吸收和发射的基本理论已经包含了一种谱线增宽机制,这就是自然线宽。

在自发辐射的情况下,每个粒子彼此是独立的。在 dt 时间内,由激发态能级 k 回到下能级 i 的粒子数 dN_k 正比于能级 k 的粒子数 N_k,所以

$$dN_k = -\lambda_{ki} N_k dt \tag{2.69}$$

式中,λ_{ki} 为由能级 k 跃迁至所有下能级 i 的跃迁概率。对上式积分可以得到

$$N_k = N_{k0} e^{-\lambda_k t} \tag{2.70}$$

式中,N_{k0} 为初始时刻能级 k 的粒子数。式(2.70)说明能级 k 的粒子数随时间呈指数衰减,由于粒子留在能级 k 的时间长短不一,所以只能用统计的平均寿命来表示粒子在能级 k 的逗留时间。在 t 时刻 dt 时间内有 dN_k 个原子(或分子)由能级 k 跃迁至能级 i,它们处在能级 k 的总时间为 $dN_k \cdot t$,对其积分并除以在无限时间范围内由能级 k 跃迁至能级 i 的总粒子数,则平均寿命 τ_{ki} 为

$$\tau_{ki} = \frac{\int t \cdot dN_k}{\int dN_k} = \frac{\int_0^\infty -\lambda_{ki} N_{k0} e^{-\lambda_k t} dt}{N_{k0}} = \frac{1}{\lambda_{ki}} \tag{2.71}$$

式(2.71)表明,粒子处于某一能级的平均寿命由能级间的跃迁概率决定。

根据量子力学的测不准原理,能级 E 的测量精度 ΔE 与能级寿命 τ 之间满足测不准关系 $\Delta E \cdot \tau = \hbar$,其中 $\hbar$ 为约化普朗克常量。由于能级寿命有限,所以不能认为能级无限窄,如图 2-29 所示。

能级 k 的半宽度(在此以频率表示)由该能级的辐射寿命确定:

$$\frac{\Delta E_k}{h} = \frac{1}{2\pi\tau_k} = \frac{1}{2\pi}\sum_i \lambda_{ki} \tag{2.72}$$

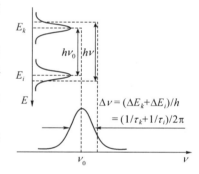

图 2-29 自然线宽

由于跃迁的上下能级都具有一定的宽度,因此由能级 k 跃迁至能级 i 形成的辐射谱线不再是单频 $\nu_{ki} = \dfrac{E_k - E_i}{h}$,而是以 ν_{ki} 为中心的一个分布。这个谱线轮廓的半宽度就是自然增宽,在此将自然宽度记录为 $\Delta\nu_N$,它由发生跃迁的相应两能级的不确定度来确定:

$$\Delta\nu_N = \frac{\Delta E_k + \Delta E_i}{h} = \frac{1}{2\pi}\left(\frac{1}{\tau_k} + \frac{1}{\tau_i}\right) \tag{2.73}$$

上面我们根据测不准关系讨论了自然线宽的大小,那么自然展宽所形成的谱线线型是什么样的呢?根据经典辐射理论,偶极子辐射振幅为

$$A(t) = A_0 e^{-\gamma_N t/2} e^{-2\pi\nu_0 t} \tag{2.74}$$

式中,$\gamma_N = \dfrac{1}{\tau_k} + \dfrac{1}{\tau_i}$,$\gamma_N$ 也称为辐射阻尼常数,即该模型中阻尼力来源于跃迁能级的能级寿命有限。对式(2.74)做傅里叶变换得到

$$g(\nu) = \frac{1}{\sqrt{2\pi}} \int_{-\infty}^{\infty} A(t) \exp(i2\pi\nu t) \, d\nu = \frac{A_0}{\sqrt{2\pi}} \frac{i}{2\pi(\nu - \nu_0) + \frac{i\gamma_N}{2}} \tag{2.75}$$

辐射强度 $I(\nu)$ 将正比于 $|g(\nu)|^2$，假设总光强为 I_0，则可得到

$$I(\nu) = I_0 \frac{\gamma_N}{2\pi} \frac{1}{4\pi^2(\nu - \nu_0)^2 + \frac{\gamma_N^2}{4}} \tag{2.76}$$

于是，自然增宽的谱线线型为

$$L_N(\nu) = \frac{I(\nu)}{I_0} = \frac{\gamma_N}{2\pi} \frac{1}{4\pi^2(\nu - \nu_0)^2 + \frac{\gamma_N^2}{4}} \tag{2.77}$$

由此可见，自然线宽线型为洛伦兹型。

由线型方程(2.77)也容易得到谱线的半宽度为 $\Delta\nu_N = \frac{1}{2\pi}\left(\frac{1}{\tau_k} + \frac{1}{\tau_i}\right)$，若用半宽度改写公式(2.77)可以得到

$$L_N(\nu) = \frac{\Delta\nu_N}{4\pi^2} \frac{1}{(\nu - \nu_0)^2 + \left(\frac{\Delta\nu_N}{2}\right)^2} \tag{2.78}$$

自然线宽比较小，比如：在紫外-可见区域自然线宽为 10^{-5} nm 量级，所以自然线宽通常会被其他展宽效应所掩盖，从而在实验中一般无法观测到。但是，如果能够测得自然线宽，那么就能够对粒子的能级寿命进行估计。

2.4.3　多普勒展宽

多普勒展宽由粒子做无规则热运动引起。

如果静止粒子发射光波的频率为 ν_0，当粒子以速度 $v_z(v_z \ll c)$ 向接收器方向运动时，那么接收器接收的实际光波频率为

$$\nu = \frac{c}{\lambda} = \frac{c}{(c - v_z)T} = \nu_0 \frac{1}{1 - \frac{v_z}{c}} \approx \nu_0 \left(1 + \frac{v_z}{c}\right) \tag{2.79}$$

式中，T 为光波传播周期。规定当粒子朝远离接收器的方向运动时 $v_z < 0$，反之 $v_z > 0$。当 $v_z < 0$ 时观察到的频率 ν 将小于静止频率 ν_0，称为红移；而当 $v_z > 0$ 时观察到的频率 ν 将大于静止频率 ν_0，称为蓝移。这就是所谓的多普勒效应，如图 2-30 所示。

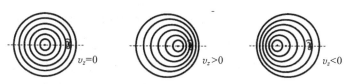

图 2-30　多普勒效应造成的频移

在热平衡状态下，微观粒子的速度分布服从麦克斯韦-玻尔兹曼分布（Maxwell-Boltzmann distribution），即原子速度 $v_z \sim v_z + dv_z$ 内的概率为

$$P(v_z)\mathrm{d}v_z = \sqrt{\frac{M}{2\pi kT}}\exp\left(-\frac{Mv_z^2}{2kT}\right)\mathrm{d}v_z \tag{2.80}$$

式中,M 为粒子质量,T 为绝对温度,k 为玻尔兹曼常数,$k = 1.38066 \times 10^{-23} \mathrm{J \cdot K^{-1}}$。结合式 (2.79) 和 (2.80) 可以得到粒子在频率 $\nu \sim \nu - \nu_0$ 内的概率为

$$P(\nu)\mathrm{d}\nu = \frac{c}{\nu_0}\sqrt{\frac{M}{2\pi kT}}\exp\left(-\frac{Mc^2(\nu-\nu_0)^2}{2kT\nu_0^2}\right)\mathrm{d}\nu \tag{2.81}$$

因此,得到由多普勒效应引起的谱线轮廓为

$$G_D(\nu) = \frac{c}{\nu_0}\sqrt{\frac{M}{2\pi kT}}\exp\left[-\frac{Mc^2(\nu-\nu_0)^2}{2kT\nu_0^2}\right] \tag{2.82}$$

由此可见,多普勒展宽的谱线轮廓是高斯线型。高斯线型和洛伦兹线型到底有什么区别呢? 图 2-31 给出了相同半宽度的高斯线型和洛伦兹线型,可以看出高斯线型相比于洛伦兹线型 从中心频率向两侧频率处的下降速度更快。

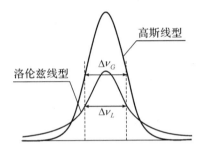

图 2-31　洛伦兹线型和高斯线型的比较

从式 (2.82) 也容易得到,多普勒展宽的半宽度为

$$\Delta\nu_D = \frac{2\nu_0}{c}\sqrt{\frac{2kT}{M}\ln 2} \approx 7.16\times 10^{-7}\nu_0\sqrt{\frac{T}{A}} \quad (\mathrm{s^{-1}}) \tag{2.83}$$

式中,A 为原子量。如果用 $\Delta\nu_D$ 改写公式 (2.82) 可以得到谱线线型为

$$G_D(\nu) = \frac{2}{\Delta\nu_D}\sqrt{\frac{\ln 2}{\pi}}\exp\left[-\frac{4\ln 2(\nu-\nu_0)^2}{\Delta\nu_D^2}\right] \tag{2.84}$$

从式 (2.83) 中可以看出,多普勒展宽与温度、粒子质量和频率相关,具体为:多普勒展 宽随温度升高和频率增大而增大,而随粒子质量增大而减小。由于多普勒展宽大小与频率 有关,所以即使在其他条件一样的情况下,不同频率处的多普勒展宽大小也是不一样的,所 以多普勒展宽也称为非均匀展宽。关于非均匀展宽的概念在 2.4.5 节中会进一步说明。

此外,从式 (2.83) 中也容易知道多普勒展宽在高温时比较显著。在原子吸收光谱的测 量中,为了使吸收的测量更为准确,应该尽量减小多普勒展宽,其中最有效的方法就是降低 原子吸收光谱中所用光源(如:空心阴极管)的供电电流,以降低灯内温度。

在紫外-可见区域,多普勒展宽为 $10^{-3}\mathrm{nm}$ 量级,它比前面提到的自然展宽要高约 2 个 数量级。

2.4.4　碰撞展宽

跃迁辐射可以当成电偶极子模型,理想情况下电偶极子向外辐射波列是无限长的,但

是由于微观粒子自身总是在不断地做无规则热运动,所以不可避免地会与其他粒子或容器壁发生碰撞,如图 2-32 所示,由此会导致无限长波列中断为有限长波列,从而引起谱线展宽,这就是碰撞展宽,也称为压力展宽。

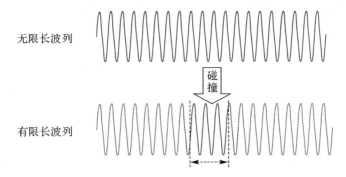

图 2-32　碰撞导致辐射波列由无限长变为有限长

碰撞的相互作用比较复杂,在此考虑低气压下的微观粒子,并假设它们发生碰撞的时间远小于相邻两次碰撞的时间间隔。这样粒子仅在碰撞的一瞬间中断辐射,碰撞后仍以原来的频率辐射,只是碰撞前后的辐射位相发生改变。

类似于自然线宽的分析,我们可以把公式(2.74)改写为

$$A(t) = A_0 \, e^{-\gamma_c t/2} \, e^{-2\pi \nu_0 t} \tag{2.85}$$

其中,γ_c 为碰撞衰减系数。类似地,对上式做傅里叶变换、共轭相乘等数学操作后,可以得到碰撞展宽的谱线线型为

$$L_C(\nu) = \frac{I(\nu)}{I_0} = \frac{\gamma_c}{2\pi} \frac{1}{4\pi^2 (\nu - \nu_0)^2 + \frac{\gamma_c^2}{4}} \tag{2.86}$$

由此可见,碰撞展宽的谱线线型为洛伦兹线型,并容易求得碰撞展宽的半宽度为

$$\Delta \nu_C = \frac{\gamma_c}{2\pi} = \frac{1}{2\pi \tau_c} \tag{2.87}$$

式中,τ_c 为相邻两次碰撞的时间间隔,$\tau_c = \dfrac{1}{\gamma_c}$。如果用半宽度改写式(2.86),得到光谱轮廓线型为

$$L_C(\nu) = \frac{\Delta \nu_C}{4\pi^2} \frac{1}{(\nu - \nu_0)^2 + \left(\frac{\Delta \nu_C}{2}\right)^2} \tag{2.88}$$

在低气压情况下,τ_c 的大小与气压 P 成反比,因此碰撞展宽与气压成正比:

$$\Delta \nu_C = aP \tag{2.89}$$

式中,a 为比例系数,它随粒子而异。在高气压情况下会有 $\tau_c \ll \tau_N$,这时由碰撞造成的谱线展宽要远大于谱线的自然宽度。

碰撞展宽是液体中谱线增宽的主要方式,因为液体的粒子密度比气体大,相邻两次碰撞的时间间隔将非常短,所以造成的谱线展宽会大大增加,当谱线展宽大于谱线间间隔时,原先分立的谱线就会形成宽的连续光谱。由此我们可以解释为什么液体的振动-转动光谱会呈现为连续光谱。

2.4.5　佛克脱线型

前面讨论的 3 种谱线展宽机制中,自然线宽和碰撞展宽的线型均为洛伦兹线型,它们均属于均匀展宽,即展宽大小与具体频率无关;而多普勒展宽的线型为高斯线型,它属于非均匀展宽,即谱线轮廓内不同频率处的展宽大小不一样。

上述的展宽线型均是在考虑单个展宽机制对谱线影响的情况下得到的,在实际情况中这样的假设在某些条件下可能是近似成立的,比如:①在低气压的辉光放电情况下,自然展宽和碰撞展宽具有相同的数量级,而多普勒展宽要比前者高两个数量级,此时可视为多普勒展宽独立起作用,谱线线型近似为高斯线型;②在低温和高密度的重气体情况下,碰撞展宽要远大于多普勒展宽,此时可视为碰撞展宽独立起作用,谱线线型近似为洛伦兹线型。

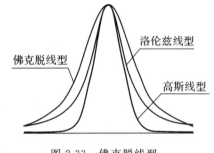

图 2-33　佛克脱线型

但是最可能的情况是,谱线展宽是多种展宽机制同时起作用的结果,所以一般观察到的谱线轮廓既不是单纯的洛伦兹线型,也不是单纯的高斯线型,而是由各种线型卷积而成。洛伦兹线型与洛伦兹线型卷积后仍为洛伦兹线型;高斯线型与高斯线型卷积后仍为高斯线型;而洛伦兹线型和高斯线型卷积后的谱线线型称为佛克脱 (Voigt)线型(如图 2-33 所示):

$$F(\nu, \nu_0) = \int_0^\infty G(\nu - \nu', \nu_0) \cdot L(\nu', \nu_0) \mathrm{d}\nu' \tag{2.90}$$

2.4.6　其他展宽

除了上述与粒子本身相关的谱线展宽机制外,还有一些外部的谱线展宽机制,比如:飞行时间展宽、仪器展宽等。

(1)飞行时间展宽(transit-time broading)

它发生在光与物质相互作用时,当粒子与辐射场的作用时间小于激发能级的自发寿命时,通常会造成飞行时间展宽。

在分子的转动-振动能级中最容易出现飞行时间增宽。分子振动-转动能级的自发辐射寿命为毫秒量级;假设粒子速度 $V = 5 \times 10^4 \mathrm{cm/s}$,光束直径 $d = 0.1\mathrm{cm}$,则粒子穿越光束的时间为 $T = d/V = 2\mu\mathrm{s}$。由此可见,分子与辐射场的作用时间远小于分子振动-转动能级寿命。由于分子经过辐射场的时间有限,所以辐射场不再是时间上无限长的单色波序列,而是原单色波序列与方波的乘积,对新的波序列做傅里叶变换,得到 Sinc 函数的频率分布,即原单一频率展宽至 Sinc 函数的半宽大小,如图 2-34 所示。

图 2-34　飞行时间展宽

由于该展宽由粒子的穿越时间确定,因此也叫飞行时间展宽,可以通过增大光束直径和降低温度以减小粒子运动速度两种方式来减小飞行时间展宽。

(2)仪器展宽

光谱仪器固有的光谱分辨率总是有限的,它也会造成被测谱线增宽,这就叫仪器展宽。

光谱仪器的分辨率通常用仪器响应函数来表示,它为仪器在单色光入射时测得的谱线线型。实验光谱是理论上的光谱轮廓与仪器响应函数卷积的结果。

例如:一个入射狭缝很窄的光谱单色仪的仪器响应函数由光栅衍射图案给出:

$$T(\nu - \nu_0) = T_0 \frac{\sin[(\nu - \nu_0)/\Delta\nu]^2}{N\sin[(\nu - \nu_0)/N\Delta\nu]} \tag{2.91}$$

式中,N 是光栅刻线总数,T_0 为归一化系数。假设入射光的谱分布理论上为 $I(\nu)$,则通过仪器观测到的光谱图 $S(\nu)$ 为两者的卷积:

$$S(\nu) = \int_0^\infty T(\nu - \nu_0) I(\nu_0) d\nu_0 \tag{2.92}$$

在已知仪器响应函数的情况下,利用计算机可以对所测得的光谱进行去卷积处理,这样可以消除或减小仪器展宽对光谱轮廓的影响。

小　结

本章主要讲述了光谱的基本原理。首先,介绍了原子的能级结构,分析了电子自旋和核自旋导致的精细和超精细能级结构,解释了原子能级结构在外部电场和磁场作用下的分裂情形。其次,介绍了分子的能级结构,阐述了如何将电子运动、分子振动和转动分离处理,分别讨论了分子的电子能级、振动能级和转动能级。再次,运用能级跃迁理论解释了光的发射、光的吸收、光的散射等物理现象,阐述了跃迁选择定律,说明了光谱产生机理。最后,阐述了自然线宽、多普勒展宽、碰撞展宽等几种常见的谱线展宽效应。

思考题和习题

2.1　试问基态氢原子能否吸收可见光?(氢原子基态能级为 $-13.6\mathrm{eV}$)

2.2　试问氢原子处于主量子数 $n = 2$ 的能级有多少个不同的状态?列出每个能级状态下的各个量子数。

2.3　对于氢原子角量子数 $l = 3$ 的能态,给出在外磁场中(设磁场方向为 z)其角动量在磁场方向的分量。

2.4　原子在两个激发态之间跃迁产生了波长 $\lambda = 532\mathrm{nm}$ 的光谱线,已知它在两个激发态的平均寿命分别为 $1.2 \times 10^{-8}\mathrm{s}$ 和 $2.0 \times 10^{-8}\mathrm{s}$,试估计该谱线的自然线宽。

2.5　试解释碱金属原子光谱中的双线结构。(提示:电子轨道与自旋角动量耦合)

2.6　已知量子数 $s = 1/2, j = 5/2$,试用符号写出可能的原子能态。

2.7　氦原子的两个电子分别激发到 2p 和 3d 能态,试求原子总轨道角动量量子数 L

的可能取值和组成的各原子能态。（提示：LS 耦合）

2.8 分别以 LS 耦合和 jj 耦合写出 3p 和 3f 电子耦合造成的能级分裂状态，并证明它们具有相同的能级分裂数。

2.9 钠原子从 $3^2P_{1/2} \rightarrow 3^2S_{1/2}$ 跃迁的光谱线波长为 589.6nm，在 $B=2.5\text{Wb} \cdot \text{m}^{-2}$ 的磁场中发生塞曼分裂，问垂直于磁场方向观察，其分裂为多少条光谱？给出波长最长和波长最短的两条光谱线的波长。（$\mu_B = \dfrac{e}{2m}h \approx 9.27408 \times 10^{-24} \text{J} \cdot \text{T}^{-1}$）

2.10 正常塞曼效应和反常塞曼效应的区别在哪里？在磁场作用下，钠原子 $3^2P_{1/2} \rightarrow 3^2S_{1/2}$ 跃迁所产生的塞曼效应为哪种形式？试分析它在磁场作用下两能级的分裂情况，并据此说明发射谱线情况。

2.11 玻恩-奥本海默近似的实质是什么？为什么据此可以将分子中的电子运动与核运动分离开来处理？

2.12 HCl 分子的转动谱线如下表所示，试计算氢核和氯核的平衡间距以及谱线相应的转动量子数。（氢原子质量约为 $1.6606 \times 10^{-27}\text{kg}$，氯原子原子量为 35.5）

波数/cm^{-1}	83.03	103.73	124.3	145.03	165.51	185.86	206.38	226.5

2.13 1 个双原子分子的 $J=5$ 到 $J=6$ 的吸收线波长为 1.35cm，试计算：

(1)$J=0$ 到 $J=1$ 的吸收线波长和频率。

(2)分子转动惯量。

2.14 氧分子的键长为 $120.75 \times 10^{-12}\text{m}$，氧原子原子量为 16，拉曼光谱仪所用的入射光波数为 20623cm^{-1}，求在入射光谱线附近的 2 条斯托克斯线和 2 条反斯托克斯线的波数。（提示：转动谱线）

2.15 Morse 势能为 $U(R)=U_0[1-e^{-\beta(R-R_0)}]^2$，其中 U_0、β 和 R_0 可根据实验确定。试证明：

(1)R_0 就是核间平衡距离，而 U_0 为两个原子相距很远时的位势。

(2)在 R_0 附近，Morse 势能可近似为简谐势，力常数 $k=m\omega^2=2U_0\beta^2$。

(3)已知氢分子的 $R_0=0.074\text{nm}$，解离能为 4.52eV，力常数 $k=573\text{N/m}$，求相应的 Morse 势参数。（所谓解离能是核间距无穷大时与核平衡间距时的势能差）

2.16 试推导普朗克公式，并说明它与瑞利-琼斯公式和维恩公式的联系。

2.17 试用能级跃迁理论分别解释光的发射、光的吸收和光的散射（拉曼散射）。

2.18 试用经典电动力学理论解释光的吸收和拉曼散射。

2.19 用散射理论解释如下现象：

(1)天空为蓝色，云朵为白色；

(2)夕阳或朝霞为红色；

(3)烟丝燃烧的火苗为蓝色，而从口中吐出的烟为白色。

2.20 利用常规光谱技术和饱和光谱技术分别测量稀薄钠蒸气池的钠原子（原子量 $A=23$）从基态 $3^2S_{1/2}$ 到 $3^2P_{3/2}$ 跃迁的吸收谱线 589.1nm，得到该谱线宽度分别为 1700MHz 和 10MHz，假设仅考虑自然线宽和多普勒展宽效应，试计算 $3^2P_{3/2}$ 的能级寿命和估计蒸汽池的温度。

2.21　核爆炸中火球的瞬时温度可达 $10^7\,\mathrm{K}$,(1)估算辐射最强的电磁波长;(2)这种电磁的能量是多少?

2.22　请思考,如何利用光谱来测量某颗行星相对于地球的运行速度(远离或接近)?如何利用光谱来测量某颗行星的温度?

第 3 章

光谱仪器概述

学习目标

1 了解光谱仪器的基本构成和性能指标；

2 熟悉光谱仪器中常用的光源；

3 掌握常用的色散组件及其色散原理；

4 熟悉光谱仪器中常用的探测器，掌握几种微弱信号的探测方法；

5 熟悉常规的光谱分析方法。

3.1 光谱仪器概论

根据第 1 章所阐述的光谱概念和第 2 章所阐述的光谱原理，我们不难理解光谱仪器是按波长（或频率）顺序记录光强分布的光学仪器，所以它需要具备以下两个基本功能：

（1）色散功能，即能将被分析的光信号按波长（或频率）分解开来；

（2）光强探测功能，即能测定所需波长（或频率）的光的强度。

3.1.1 光谱仪器的基本组成

由于用途不同，光谱仪器的具体名称也不一样，比如：用色散信号直接观察的光谱仪称为分光镜（spectroscopy）；用胶片记录色散信号的光谱仪称为摄谱仪（spectrograph）；用光电探测器接收色散信号的光谱仪称为分光光度计（spectrometer）；能够从入射光中分离出单波长光的光谱仪称为单色仪（monochrometer）等。

一般光谱仪器主要包括 3 个部分——光源、色散组件和探测器，如图 3-1 所示，其中色散组件是必不可少的一个部分。而现代光谱仪器通常会引入计算机作为其一个主要部件，它具有控制、光谱采集、显示、存储、分析处理等强大功能。注意，在这里我们将不会过多地讨论光谱仪器中的光学系统，比如准直系统、成像系统等，如果需要了解这方面的专业知识可以去参阅工程光学方面的书籍。

（1）光源

光源的作用是提供待测光谱范围内的光辐射，或用于激发待测光谱。光源可以是研究

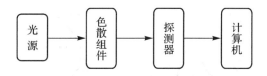

图 3-1　光谱仪器基本构成

的对象,也可以作为研究的工具照射被研究的物质。在发射光谱中,利用气体火焰、电弧、电火花等方式激发待测物质发光,此时的光源就是研究的对象。在吸收光谱或拉曼光谱中,光源用于照射被研究的物质,探测透过物质或经物质散射的光强,此时的光源就是研究的工具。

(2)色散组件

色散组件是光谱仪器的核心部件,其作用是将复色光分解为单色光。色散组件有许多种,最常规的有棱镜和光栅,它们分别利用材料色散和衍射原理将不同波长的光分解到不同的空间位置;有各种干涉仪,比如,基于多光束干涉的法布里-帕罗干涉仪和基于双光束干涉的傅里叶变换干涉仪,值得一提的是傅里叶变换干涉仪的光谱是通过计算间接得到的;还有一些色散组件通过电调谐方式可以在时间上对输入或输出波长进行选择,比如,可调谐激光器、声光可调谐滤光器等。

(3)探测器

探测器用于检测光谱范围内的光强或能量。探测方法分为目视、感光摄影和光电转换三种形式。目视法用眼睛直接观察,无法记录数据,精度较低;感光摄影法用胶片记录曝光量,记录周期较长,数据不便保存和处理;光电转换法将光信号转换为电信号并记录,在测量速度、灵敏度和精度方面有更好的性能,是目前更常用的探测方法,后面我们将仅关注光电探测器。

(4)计算机

现代光谱仪器(特别是通用型的光谱仪器)通常都需要连接在计算机上使用,计算机是光谱仪器软件载体,它除了具有控制、光谱采集、显示、存储等功能外,基于它的软件会提供丰富的光谱分析方法。

3.1.2　光谱仪器性能指标

衡量光谱仪器性能的指标主要包括:工作光谱范围、光谱分辨率、波长(或频率)的准确性与重复性、扫描速度、光度特性等。

(1)工作光谱范围(×××nm～×××nm 或×××cm^{-1}～×××cm^{-1})

工作光谱范围指光谱仪器所能测量的波长(或频率)范围。工作光谱范围越宽越好,但是实际上一台光谱仪不可能覆盖从紫外到红外的整个光波范围。按照工作光谱范围,光谱仪器可分为真空紫外光谱仪、紫外-可见光谱仪、近红外光谱仪、红外光谱仪等。

(2)光谱分辨率(nm 或 cm^{-1})

光谱分辨率指所能分辨的两条极为靠近谱线的中心波长(或频率)的最小间距。如图 3-2所示,波长 λ_1 和 λ_2 是可分辨的,而波长 λ_3 和 λ_4 则是不可分辨的,可以利用公式(2.68)把用波长表示的光谱分辨率用频率表示。

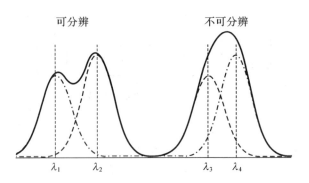

图 3-2 可分辨和不可分辨谱线

一般而言,一台光谱仪器的光谱分辨率在不同波长(或频率)位置会不一样,所以光谱分辨率更准确的表示方法是"波长×××nm 处的分辨率为××nm",比如:0.1nm@550nm 表示能分辨 550nm 处相距 0.1nm 的两个波长。

光谱分辨率主要取决于光谱仪器中的色散组件,但是也会受到仪器中的其他因素的影响,比如:棱镜或光栅光谱仪的光谱分辨率还与狭缝的尺寸相关。仪器的光谱分辨率当然越高越好,但是是否满足使用需要要看具体研究对象,比如:在钠双黄线的研究中就要求仪器在 589nm 附近的光谱分辨率要优于 0.6nm,因为钠双黄线的波长间隔约 0.6nm,如图 3-3 所示。

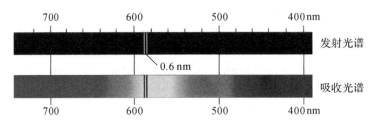

图 3-3 钠双黄线的发射和吸收光谱

(3)波长(或频率)的准确性与重复性(nm 或 cm^{-1})

准确性是光谱仪器测定标准物质某一谱峰的波长(或波数)与该谱峰的标定波长(或波数)之差。光谱仪器在使用之前需要进行定标,实际上就是利用标准物质对仪器的波长准确性进行校正。

重复性是对样品进行多次测量所得到的谱峰位置的差异。它通常用多次测量某一谱峰位置所得波长(或波数)的标准差表示。波长(或频率)的重现性是体现仪器稳定性的一个重要指标。

(4)扫描速度(s/次或次/s)

扫描速度是在工作光谱范围内完成 1 次光谱测量或者波长扫描所需要的时间。不同类型光谱仪的扫描速度差别很大,比如:摄谱仪记录 1 次光谱的时间可能是几个小时,光电型光谱仪则只需几秒钟。

(5)光度特性

前面提到的工作光谱范围、光谱分辨率、波长(或频率)的准确性与重复性等均是与光谱横坐标相关的特性,我们可以把它们统称为仪器的波长(或频率)特性。而光度特性则是与光谱纵坐标相关的特性,它主要指仪器对光强的响应特性,包括光度范围、光度的准确性与重复性、杂散光等。

● 光度范围:是光谱仪器可测定的透射率或吸光度的范围,通常用×××%~×××%T(透射率)或×××~×××A(吸光度)表示,有的时候也用×××:1 的比值形式表示。光度范围越大,可用于检测样品的线性范围也越大。

● 光度的准确性和重复性:前者指光谱仪器对某标准物质进行透射或漫反射测量,测得的光度值与该物质标定值之差;后者指在一定的波长范围内,多次测量所得到的光度值的差异,它通常用多次测量所得光度值的标准差表示。光度的准确性和重复性通常用±×××%T 或±×××A 表示,一般需要标明该值所适应的透射率或吸光度范围。

● 杂散光:是除要求的分析光外其他到达样品和探测器的光,通常用<×××%表示,需要标明测量该值的波长位置。杂散光是导致光谱仪测量出现非线性的主要原因。

在表 3-1 中给出了国内外一些光谱仪器的基本参数,大家可以结合上面描述的性能指标的定义去阅读一下。

表 3-1　一些光谱仪器的基本性能参数

产品型号	SP-1901	USB4000	UV-2550	Nicolet 380
产家名称	上海光谱	海洋光学	日本岛津	美国尼高力
光谱仪类型	紫外-可见	小型光纤光谱仪	紫外-可见	FT-IR
工作光谱范围	190~1100nm	350~1000nm	190~900nm	350~7800cm^{-1}
光谱分辨率	1nm	1.5nm	0.1nm	<0.9cm^{-1}
波长准确性	±0.3nm		±0.3nm	0.01cm^{-1}(2000cm^{-1})
波长重复性	≤0.1nm		±0.1nm	
扫描速度	10~3000nm/min	3.8ms~10s	160~900nm/min	
光度范围	−0.3~4A	1300:1	−4~5A 0%~999.9%T	
光度准确性	±0.3%T		±0.002A(0~0.5A) ±0.004A(0.5~1.0A) ±0.3%T(0~100%T)	<0.1%T
光度重复性	0.1%T 0.001A(0~0.5A) 0.002A(0.5~1A)		±0.001A(0~0.5Abs) ±0.002A(0.5~1.0A) ±0.1%T	<2.2×10^{-5}A
杂散光	≤0.01%T (220,360nm)	<0.05%T(600nm) <0.10%(435nm)	≤0.0003%T (220,340nm)	

3.2　光源

本节将依次介绍线光源、激光和连续光源。

线光源本身就是光谱学的研究对象,它能够发出谱线窄、强度高、稳定性好的元素特征谱线,常用于原子吸收光谱和原子荧光光谱中。

激光具有高发光强度,因此它可作为激发光源,常用于拉曼光谱和荧光光谱中,另外由于激光具有很好的单色性、相干性、方向性等,由此发展起来的激光光谱技术极大地改善了光谱性能。

连续光源一般用于提供被测光谱范围内的光辐射,它要求在所测光谱范围内具有均一、连续、稳定的光强分布,并且具有一定强度使得经色散后到达探测器的光不致太弱。

3.2.1 线光源

线光源并不是指源的空间几何形状为线状,而是指光谱由半宽较窄的离散谱线组成,线光源的关键技术在于如何激发物质元素的特征谱线。

早期用于激发物质发射线光谱的方法是火焰法,即将待测物质置于火焰上燃烧。本生和基尔霍夫最早使用本生灯,将少量食盐(氯化钠,NaCl)撒在本生灯上,而后利用棱镜分光观察到了钠双黄线(波长分别为 589.0nm 和 589.6nm),如图 3-4 所示。

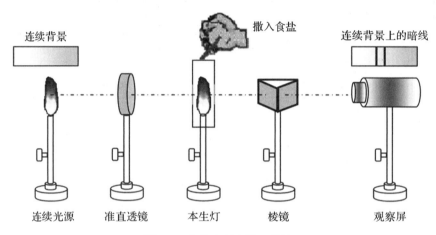

图 3-4　火焰法观察钠双黄线

除了火焰法外,现在基本采用电激发方式,包括电极放电和射频放电。图 3-5 显示了几种常用的产生线光源的装置。

(1)大部分气体原子可利用气体直流放电(DC discharge in gas)装置激发出线光谱,但是这种装置所能产生的放电电流比较低,约 100mA;而利用直流电弧(DC arc)装置能获得相对较强的放电电流;电火花放电(electrical spark discharge)装置则能够获得更高的激发能量。

(2)空心阴极管(hollow cathode)也是一种非常有用的线光源,由于它用空心阴极替代平行平板电极,能使放电电流密度增大十倍以上,而且负辉区发光集中,灯管电压下降。在空心阴极管的空心阴极中填充有待激发的元素,当阴极受到正离子轰击时,该元素就溅射出来,从而激发出其窄而强的特征谱线。空心阴极管和前面提到的 3 种线光源均采用电极放电方式,其辐射输出的稳定性与电源供电电流的稳定性密切相关。

(3)射频放电灯(radio-frequency discharge lamp),也称无极放电灯,它不利用电极放

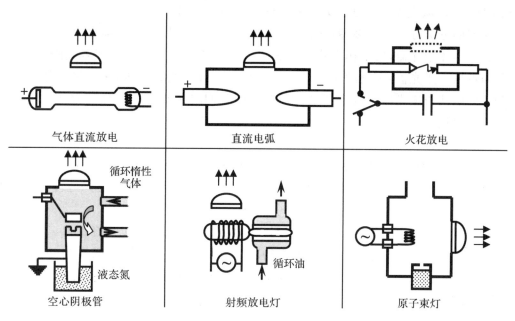

图 3-5 几种产生线光源的装置

电。用石英或石英玻璃作灯胚材料,灯管被密封起来,具有较高的真空度,灯管置于射频谐振腔内,利用微波(通常用 2450MHz 的微波)将待测材料加热到高温形成具有一定气压的气体($>10^{-3}$torr)而发光。射频放电灯通常用于碱金属原子的发射光谱的测量,其结构简单、制作方便且性能稳定。

(4)原子束灯(atomic beam lamp)也是利用射频方式激发原子发光,与射频放电灯不同的是,它能控制原子束朝某一方向运动,而在与运动方向垂直的方向上探测发射谱线,这样做就可以在很大程度上减小多普勒效应造成的谱线展宽。

3.2.2 激光

激光形成的基本原理可参看 2.3.2 节,进一步了解可参看文献[11]。

激光也是一种线光源,但是它只输出单一波长,而且激光还有一般线光源不具备的特性。激光特性主要表现在如下几个方面:

①单色性,激光谱线非常窄。稳频的 He-Ne 激光器 632.8nm 谱线宽度为 10^{-8}nm,而普通光源中单色性最好的同位素氪灯 605.7nm 谱线的线宽为 $4.7×10^{-4}$nm。

②方向性,激光的发散角非常小。激光发散角约为 10^{-4} 弧度量级,而普通光源中方向性最好的探照灯发散角为 10^{-2} 弧度。

③相干性,激光是一种相干光源。相干性包括时间相干性和空间相干性,它们分别与单色性和方向性相关,单色性越好则相干时间越长,方向性越好则相干面积越大。

④瞬时性,激光的脉冲宽度很容易压缩,或者说将能量在时间上高度集中。现在,已经出现了皮秒(10^{-12}s)、飞秒(10^{-15}s)和阿秒(10^{-18}s)级的激光脉冲,利用它们可以探测超快过程。

⑤高亮度,激光的发光面积小,而且发散角也非常小,所以其发光亮度非常高。功率为

1mW 的 He－Ne 激光器的亮度比太阳的亮度高出约 100 倍。

激光器的分类方法有许多种,比如:按工作物质可分为固体激光器、液体激光器、气体激光器和半导体激光器,按工作方式可分为连续式激光器和脉冲式激光器,按输出波长范围可分为近紫外激光器、可见激光器、近红外激光器、红外激光器等,按照输出波长是否可变可分为固定波长激光器和可调谐激光器。下面我们将按最后一种分类方式讨论常用的固定波长和可调谐的激光器。

(1)固定波长激光器

常见的固定波长激光器如表 3-2 所示,表中给出了它们的工作波长、工作物质以及粒子数反转原理,结合图 3-6 给出的各种激光器产生激光的能级跃迁,可以更好地理解它们各自的激光形成机理。

红宝石激光器和 Nd:YAG 激光器均属于固体波长激光器。其中前者为三能级模式,激光发射发生在从亚稳态能级向基态能级的跃迁过程中,后者为四能级模式,处于亚稳态能级的粒子并不直接跃迁回基态而向外发射激光。它们大多采用闪光灯作为泵浦源。注意:红宝石激光器的真正工作物质并不是红宝石(Al_2O_3),而是掺入其中的铬离子,类似地 Nd:YAG 激光器的真正工作物质是掺入的钕离子。

表 3-2　固定波长激光器

激光器名称	工作波长	工作物质及粒子数反转原理
红宝石激光器	694.3nm	掺有少量(5%)的 Cr_2O_3 红色晶体的 Al_2O_3,铬离子参与激光产生过程。它被激发到 ^4F 能级,而后无辐射跃迁至 ^2E 能级,^2E 能级寿命较长,易与基态之间形成粒子数反转
Nd:YAG 激光器	1064nm	掺 Nd 的钇铝石榴石,钕离子参与激光产生过程。四能级系统,假设能级由低到高依次为 1、2、3、4,激光发射发生在 3→2,即没有回到基态,能级 3 具有较长寿命,利于粒子聚集
氮分子激光器	337.1nm	氮气 N_2。利用氮分子从基态向激发态 C 跃迁的概率比向 B 跃迁的概率大很多,由此会在两个激发态 B 和 C 之间形成粒子数反转
准分子激光器	KrF 249nm XeCl 308nm ArF 193nm	准分子是一种在激发态结合为分子、在基态离解为原子的不稳定缔合物。准分子跃迁到基态以后立即解离,因此只要激发态存在分子,就处于粒子数反转状态
He－Ne 激光器	632.8nm	He:Ne=5:1。电子与 He 原子碰撞将其激发,由于 He 原子的两个激发态与 Ne 原子 ^4s 和 ^5s 能级的能量相当,这样 Ne 与 He 碰撞而被激发的概率就很大,从而在 ^4s、^5s 和 ^3p、^4p 之间形成粒子数反转,而 p 态相对于 s 态的寿命很短,这种反转可以持续
气体离子激光器	Ar⁻ 488nm 514.5nm	氩气或氪气。氩离子激光发生在 $3p^4 4p$ 和 $3p^4 4s$ 之间,通过直接激发至激发态、激发至高于激发态能级后无辐射跃迁或激发到亚稳态后再激发至激发态的方式实现粒子数反转

氮分子激光器、准分子激光器和 He－Ne 激光器均属于气体激光器。氮分子激光器主要利用从基态向不同激发态跃迁的概率的差别形成粒子数反转,它采用脉冲激励方式。准分子是一种特殊的化合物,它在激发态时会结合为分子而在基态时离解为原子,所以只要激发态存在分子就可以形成粒子数反转,通常在激光器中会加入 He、Ne 等惰性气体,主要

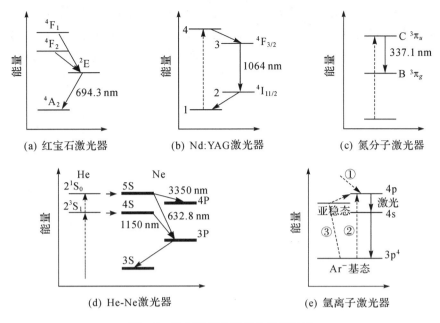

图 3-6　固定波长激光器的能级跃迁

作用是降低电子温度以产生更多激发态粒子。He－Ne 激光器主要利用 He 和 Ne 的两对能级能量($2^1S_0 \leftrightarrow 5S, 2^3S_1 \leftrightarrow 4S$)几乎相同,这样在碰撞时被激发的 He 原子的能量容易转移到 Ne 原子上,从而形成粒子数反转,He－Ne 激光器可发射的激光波长有 632.8nm、1150nm 和 3350nm 三个,其中 632.8nm 的 He－Ne 激光器是实验室中最常用的,注意 He－Ne 激光器的真正工作物质是氖气。

　　气体离子激光器主要有氩离子激光器和氪离子激光器,它们的工作原理基本相同。通常泵浦物质粒子到激发态的方式有三种:①泵浦到高于激发态能级后无辐射跃迁至激发态;②直接泵浦到激发态;③先泵浦到亚稳态再泵浦到激发态。由于氩离子的 4p 和 4s 能级分别有多个子能级,所以氩离子激光器可以有 9 条蓝绿光谱线,其中 488nm 和 514.5nm 的谱线是最亮的。

　　(2)可调谐激光器

　　可调谐激光器包括染料激光器、可调谐固体或气体激光器和半导体激光器。如果激光波长能够在一定波长范围内精确地连续调谐,那么就可以在不需要额外的色散组件的情况下测量光谱,这无疑是一种非常直观而简单的光谱测量方式。

　　①染料激光器

　　将有机染料(比如:Rhodamine 6G)溶于有机溶剂中(比如:甲醇、乙醇等),染料分子的上下能级会由于与溶剂的相互作用而分裂为连续能带,如图 3-7(a)所示,将染料分子激发到上能带,它会迅速无辐射跃迁至上能带的最低能级,而后向基态各能级跃迁发射出荧光。如果将充有染料的小室放入谐振腔内,并提供足够的泵浦能量(比如:使用闪光灯或固定波长激光器泵浦),则可以向外发射激光,如图 3-7(b)所示,转动光栅(也可以使用反射镜,但是激光带宽会变大)就可以让激光在整个荧光发射光谱范围内调谐。脉冲染料激光器工作范围可以从 320nm 到 1000nm,而用准分子激光泵浦的染料激光器的能量转换效率可以达

$10\%\sim20\%$。染料激光器脉冲运转较容易而连续运转比较困难,主要问题是三重态布居数的增加造成的吸收损耗会使激光无法起振,所以要想达到连续泵浦则必须去掉三重态分子,实际中可以在溶液里加入某种三重态猝灭剂使三重态分子无辐射跃迁到基态。

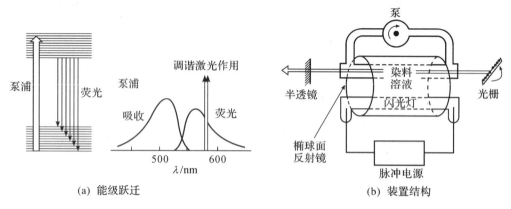

图 3-7　染料激光器的能级跃迁和装置结构

②可调谐固体或气体激光器

固体激光器的工作物质是掺杂在玻璃或晶体中的某种离子,比如:钛离子、铬离子、钕离子等。某些固体激光器的跃迁能级会由于一些因素的影响而形成具有一定宽度的能带,如:钛宝石激光器$(Ti:Al_2O_3)$,钛离子的基态和激发态电子能级与周围晶格的振动能级发生耦合,从而形成分布较宽的准连续能带。这样能级跃迁导致的发光光谱就会在一定的波长范围内分布,类似于染料激光器,通过改变谐振腔选择出射波长从而达到调谐的目的。图 3-8 给出了钛宝石激光器的能级结构和增益曲线,从增益曲线可以看出钛宝石激光器的调谐范围约为 $660\sim1100nm$。

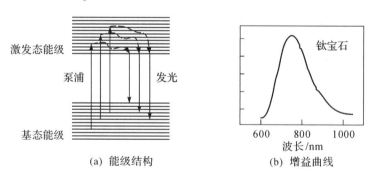

图 3-8　钛宝石激光器的能级结构和增益曲线

二氧化碳激光器是最有效率的气体激光器,功率转换率达到 20%,其工作波长在 $10\mu m$ 附近。在可调谐 CO_2 激光器中一般加入 N_2 分子,利用 N_2 分子的第 1 振动能级与 CO_2 分子的(001)能级相当,它与 CO_2 分子碰撞时易激发 CO_2 分子到高能级(001),由此在高能级(001)与低能级(100)、(020)之间形成粒子数反转,如图 3-9(a)所示。由于 CO_2 分子转动作用的影响,能级(001)、(100)和(020)会分裂为多个子能级(转动能级),形成典型的振转谱带结构,如图 3-9(b)所示,类似于染料激光器通过选择合适的谐振腔参数对输出波长进行调谐。注意:图 3-9 中的振动能级用一组(3 个)数字表示,其中只有一个数字为非零,其具体含义是,第 1 个数字为非零表示对称伸缩振动能级,第 2 个数字为非零表示弯曲伸缩振动能级,第 3 个数字为非零表示非对称伸缩振动能级。

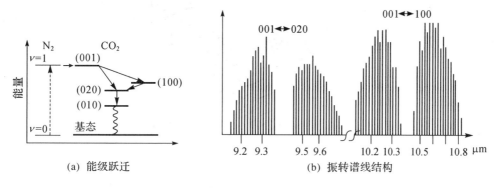

(a) 能级跃迁　　　　　　　　(b) 振转谱线结构

图 3-9　二氧化碳激光器的能级跃迁和转振谱线结构

③半导体激光器

半导体由 PN 结构成,其能级结构如图 3-10(a)所示,它包括价带、导带和禁带 3 个部分。在外加电场作用下电子会进入禁带,在导带形成相对于价带空穴的粒子数反转,从而产生能量相当于禁带能量 E_g 的受激发射光子,如图 3-10(b)所示,光子频率 ν 为

$$\nu = \frac{E_g}{h} \tag{3.1}$$

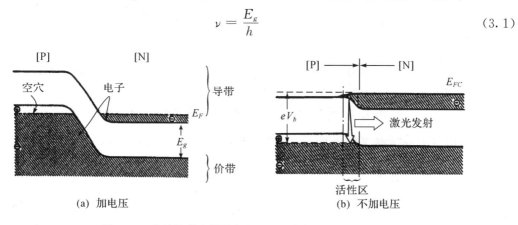

(a) 加电压　　　　　　　　(b) 不加电压

图 3-10　半导体激光器的加电压和不加电压下的能级

半导体的禁带能量会受温度和工作电流影响,所以改变温度或工作电流就可以达到调谐输出波长的目的。掺杂 GaAs 激光器是一种典型的半导体激光器,通过改变温度,波长可以在 800～900nm 范围调谐,实际上半导体激光器的波长覆盖范围可以从红光到红外波段。

半导体激光器可以做得很小,典型尺寸小于 1mm,应用越来越广泛的激光二极管(Laser Diode, LD)就是一种半导体激光器,其封装后的直径约为几毫米,如图 3-11 所示。

LD 的输出波长会随温度和工作电流而变化,具体如图 3-12 所示。通常会在恒定的温度下调谐 LD 的驱动电流以达到改变输出波长的目的,因为通过改变工作温度或驱动电流所能引起的波长变化非常有限,所以 LD 不能用于宽光谱范围的光谱测量。但是调谐电流获得的输出波长精度非常高,比如:可以利用 795nm 的 LD 测量 Rb 原子 $5^2S_{1/2} \rightarrow 5^2P_{1/2}$ 的超精细结构,其中 $5^2P_{1/2}$ 的超精细结构分裂大小约为 10^{-3}nm。

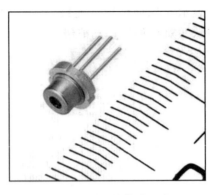

图 3-11   LD 的外形尺寸

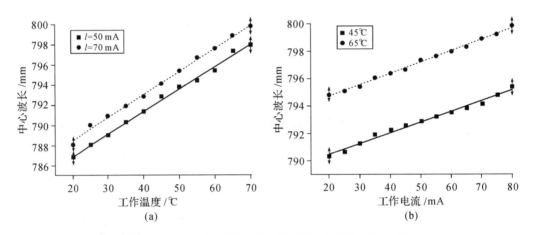

(a)   (b)

图 3-12   激光二极管的输出波长随温度和驱动电流的变化

如果想对半导体激光器做进一步了解,可阅读参考文献[12—13]。

3.2.3   连续光源

连续光源指辐射强度在一定波长范围内连续存在的光源,它们一般是热辐射光源。热辐射通常有三种形式——黑体辐射(blackbody radiation)、灰体辐射和选择体辐射,它们的辐射能谱曲线如图 3-13 所示。从图中可以看出在一定的温度下,黑体的辐射本领最强,但是在实际中真正的黑体是少见的,一般多为灰体或选择体。

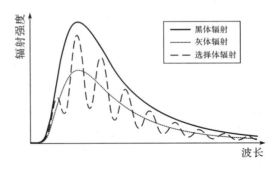

图 3-13   热辐射的能谱曲线

连续光源按辐射光谱的波长范围可分为紫外光源、可见光源、红外光源等。

(1)紫外光源

氘灯是光谱仪器中常用的紫外光源,其波长范围为 190～360nm,它在 486.0nm 和 656.1nm 附近具有两根特征谱线,可用于仪器的波长定标,如图 3-14(b)所示。在使用时, 氘灯的外壳温度可达 400℃以上,所以一定要进行散热处理,并且避免直接触摸。氘灯属于 易耗品,一般使用寿命约为 1000 小时。

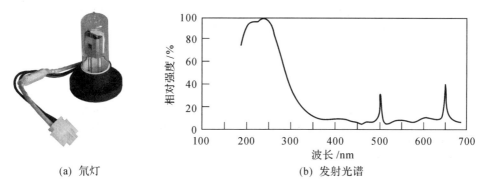

(a) 氘灯   (b) 发射光谱

图 3-14 氘灯及其发射光谱

除了氘灯外,汞灯也可以提供紫外波段的辐射。在低压时,汞灯紫外波段的辐射以 253.7nm($6s6p \rightarrow 6s^2$)为主,在高压时谱线将由于碰撞作用发生展宽,从而形成近似连续的 辐射光谱。

(2)可见光源

钨灯是常用的可见光源,其波长范围为 320～2500nm,实际上覆盖了部分近红外波段。 钨灯利用电能加热灯丝至白炽状态,然后向外发射辐射光,其发射光谱与灯丝温度有关,如 图 3-15 所示,随着灯丝温度升高发射光谱会向短波方向移动,根据 2.3.1 节黑体辐射公式 (2.55)不难得出该结论。

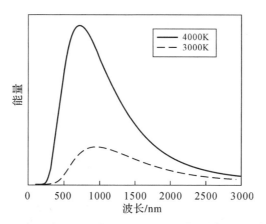

图 3-15 卤钨灯在不同温度下的辐射光谱

在钨灯中加入适量的卤素或卤化物,则为卤钨灯。卤钨灯具有比普通钨灯高得多的发 光效率和长得多的寿命,这是因为卤素原子会与蒸发的钨原子在灯泡壁附近形成易挥发的 卤化物,当这些卤化物向灯丝扩散时,由于受到灯丝加热而分解,使得钨原子又回到灯丝,这样不断循环就能大大增加灯的使用寿命。

（3）红外光源

常用的红外光源有：能斯脱灯（Nernst source）、硅碳棒（globar source）和珀金-埃尔默光源（Perkin-Elmer source，是能斯脱灯的一种改良）。能斯脱灯为选择体辐射光源，而硅碳棒为典型的灰体辐射光源。这些光源的基本特性如表 3-3 所示。可以看出能斯脱灯适合于短波红外，硅碳棒适合于长波红外，珀金-埃尔默光源则基本覆盖了常用的红外波段。能斯脱灯在使用时需要专门的预热装置，硅碳棒在使用时则需要水冷，而且能斯脱灯和硅碳棒均容易折断，而珀金-埃尔默光源在这些特性上均优于它们。

表 3-3　常用的红外光源

	能斯脱灯	硅碳棒	珀金-埃尔默光源
材料	锆、钇、钍等稀有金属氧化物制成的具有巨大电阻的棒体（其中氧化锆占 85%）	由硅碳砂加压并煅烧制成的棒体，通常中间细、两头粗，棒两端镶有铝极	将硅化锆和氧化铝的浆状混合添加到一氧化铝管中，并缠绕一铑丝用于加热
工作温度	1800K	1300～1500K	1500K
波长范围	$<10\sim15\mu m$	$>10\sim15\mu m$	$2.5\sim25\mu m$
优点	寿命长，稳定性好，不需水冷，短波辐射效率高	寿命长，价格便宜，不需专门的预热装置，长波辐射效率高	寿命长，不需预热，可在低电压下点亮，不易折断
缺点	价格昂贵，需专门的预热装置，易折断，受外界温度影响大	需水冷，易折断	

（4）发光二极管（light emitting diode，LED）

发光二极管是一种半导体光源，其核心是 PN 结。在正向电压下，电子由 N 区注入 P 区，而空穴由 P 区注入 N 区，进入对方区域的少子与多子复合而发光，发光的峰值波长与禁带能量成反比[14-15]。

LED 的发光原理与前面提到的 LD 的发光原理类似，但是本质是不同的。LED 没有光学谐振腔对发射波长进行选择，它向外辐射的不是相干光。LED 的谱线宽度比 LD 的要大得多，短波 LED 的谱线宽度为 30～50nm，而长波 LED 的谱线宽度为 60～120nm。利用这个，可以将中心波长相近的多个 LED 光源组合起来，构成具有较大波长范围的连续光源，如图 3-16 所示。

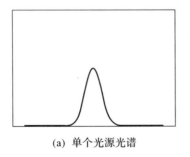
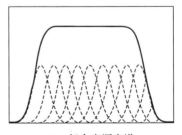

(a) 单个光源光谱　　　　　　　　　　(b) 组合光源光谱

图 3-16　单个 LED 光源光谱和 LED 组合光源光谱

3.3　色散组件

　　色散组件是光谱仪器的核心部分,它在一定程度上决定了光谱仪器的主要性能,比如:工作光谱范围、光谱分辨率等。一般而言,光谱分辨率会随频率(或波长)而异,为了更好地表征色散组件光谱分辨能力的强弱,在此首先引入光谱分辨本领 R 这个概念,其定义如下:

$$R = \frac{\lambda}{\Delta \lambda} \tag{3.2}$$

其中,λ 为当前波长,$\Delta\lambda$ 为当前波长处所能分辨的最小波长间隔。

　　常见的色散组件有棱镜、光栅、各种干涉仪等,下面将对它们逐一地做介绍。

3.3.1　棱镜

　　1666 年牛顿让一束透过小孔的太阳光通过玻璃棱镜,在棱镜后的屏幕上得到了一条彩色光带,这是人类首次观察到光谱,而棱镜也是人类首次使用的色散组件。

　　棱镜色散的基本原理是,透明介质的折射率会随入射光的波长而异,这将导致不同波长的光通过棱镜后的偏向角不同,从而可以在空间将不同波长的光分离开。

　　我们可以利用如图 3-17 所示的等腰三棱镜的折射模型做进一步的定量分析。

　　棱镜的顶角为 ε,底边长为 b,折射率为 n。光束从棱镜的一腰入射,经折射后从另一腰出射。假设入射角为 α_1,利用折射定律和简单的几何光学很容易算出出射角 α_2 和偏向角 θ。可以证明,当入射角 α_1 满足 $\sin\alpha_1 = n\sin\dfrac{\varepsilon}{2}$ 时,入射角等于出射角($\alpha_1 = \alpha_2$),而这时偏向角最小:

$$\theta_{\min} = 2\arcsin\left(n\sin\frac{\varepsilon}{2}\right) - \varepsilon \tag{3.3}$$

将式(3.3)对波长求导可以得到棱镜的角色散率 D 为

$$D = \frac{\mathrm{d}\theta}{\mathrm{d}\lambda} = \frac{\mathrm{d}\theta}{\mathrm{d}n} \cdot \frac{\mathrm{d}n}{\mathrm{d}\lambda} = \frac{2\sin\frac{\varepsilon}{2}}{\sqrt{1 - n^2\sin^2\frac{\varepsilon}{2}}} \cdot \frac{\mathrm{d}n}{\mathrm{d}\lambda} \tag{3.4}$$

如果棱镜的折射率随波长变化,即 $\dfrac{\mathrm{d}n}{\mathrm{d}\lambda} \neq 0$,这样就将不同波长的光在空间分离开来。波长相差 $\Delta\lambda$ 的两谱线的角距离为

$$\Delta\theta = D \cdot \Delta\lambda = \frac{2\sin\frac{\varepsilon}{2}}{\sqrt{1 - n^2\sin^2\frac{\varepsilon}{2}}} \cdot \frac{\mathrm{d}n}{\mathrm{d}\lambda} \cdot \Delta\lambda \tag{3.5}$$

　　单纯从几何光学的观点来看,只要光源足够细,每一条谱线也足够细,谱线不重合就可以分辨出来,即谱线的分辨率可以无限小。但是,从物理光学的角度看,通过棱镜的光束限制在有效孔径 d 内,几何像仅在中央亮区内的最大位置,由于 d 相当大,几何像的半角宽度

可近似表示为

$$\theta_1 \approx \sin\theta_1 = \frac{\lambda}{d} \tag{3.6}$$

根据瑞利判据,两条谱线的角距离等于像的半角宽度时,即 $\theta_1 = \Delta\theta$,两条谱线恰好可以分辨,由式(3.5)和(3.6)可以得到棱镜的光谱分辨本领为

$$R = \frac{\lambda}{\Delta\lambda} = b\frac{\mathrm{d}n}{\mathrm{d}\lambda} \tag{3.7}$$

式(3.7)实际上也可以由有效孔径 d 乘以角色散率 D 得到。

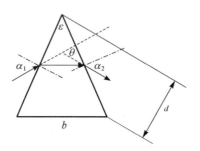

图 3-17   棱镜主截面的光路

对棱镜光谱分辨本领做如下几点讨论:

(1) 提高色散率 $\dfrac{\mathrm{d}n}{\mathrm{d}\lambda}$ 可以提高棱镜光谱分辨本领,但是这种方式的效果是非常有限的,因为可用材料的色散率变化范围非常有限。图 3-18 给出了常用玻璃材料的色散曲线和色散率曲线。

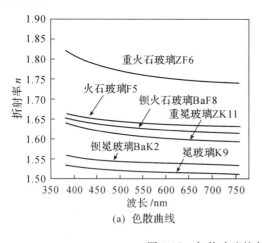
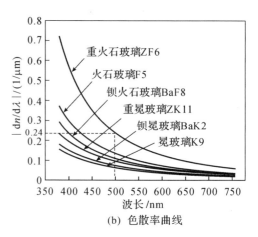

图 3-18   各种玻璃的色散曲线和色散率曲线

(2)增大棱镜底边可以提高棱镜光谱分辨本领。实际中可以通过使用大尺寸的三角棱镜或棱镜组合方式(如图 3-19 所示)达到增大棱镜有效底边长度的目的。

(3)狭缝大小会影响棱镜光谱分辨本领。实际棱镜光谱仪的基本结构如图 3-20 所示,通过狭缝的光束经准直后再被棱镜色散,然后利用成像物镜对色散后的光束进行收集,所以在白屏上获得的谱线是狭缝在不同波长下的像。假设狭缝缝宽为 w,准直透镜焦距为 f,那么狭缝所造成的角宽度为

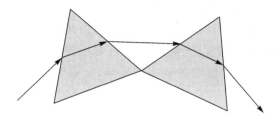

图 3-19　棱镜组合方式

$$\Delta\theta' = \frac{w}{f} \tag{3.8}$$

联立式(3.8)和式(3.5),经过整理可以得到受狭缝影响的最终光谱分辨本领为

$$R' = \frac{\lambda}{\Delta\lambda} = \frac{\lambda f}{wd} \cdot b\frac{\mathrm{d}n}{\mathrm{d}\lambda} = \frac{\lambda f}{wd}R \tag{3.9}$$

由此可见,狭缝越宽,棱镜的光谱分辨本领越小。利用该结论可以帮助我们理解为什么在渥拉斯顿和夫琅和费的实验中可以观察到太阳黑线,而在牛顿的实验中却观察不到。此外,后面狭缝对光栅光谱分辨本领的影响也可以采用类似的方法进行分析。

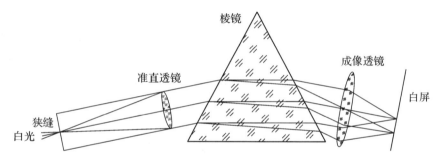

图 3-20　棱镜光谱仪结构

在使用棱镜作为色散组件时,除了要求棱镜材料在工作光谱范围内色散率不为零外,还要求材料在工作光谱范围内透明,而后一点在很大程度上限制了棱镜的应用。

此外,经棱镜色散后的谱线是弯曲的,具体为:谱线会"凸"向长波方向,并且波长越短弯曲越厉害,如图 3-21(a)所示。下面简单分析一下为什么会有谱线弯曲的现象。这是因为狭缝上不同位置的入射光经准直后得到的平行光束具有不同的方向,如图 3-21(b)所示,轴上点和轴外点准直后的平行光束分别为 1 和 2,它们具有一定夹角。这样,不同方向的平

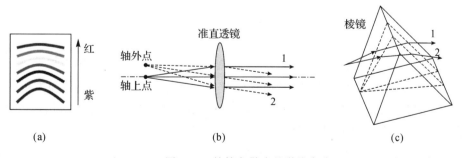

图 3-21　棱镜色散中的谱线弯曲

行光束经棱镜偏折时,在棱镜中所处的主截面不一样,即如图 3-21(c)所示的虚线三角形不一样,换个角度这意味着不同方向的平行光束经不同顶角的棱镜偏折,轴上点 1 对应棱镜顶角小于轴外点 2 的,相应的轴上点光束的偏折角要小于轴外点光束的偏折角,所以谱线会"凸"向顶角方向。在此不对谱线弯曲公式做推导,大家如果感兴趣可以自行根据上述的思路做一番推导。

3.3.2 光栅

光栅是具有周期性的空间结构或光学性能(如透射率、折射率)的衍射屏,它可分为透射光栅和反射光栅两大类,在光谱仪器中多使用反射光栅。

光栅色散基于单缝衍射和多缝干涉原理。下面以反射光栅为例说明光栅色散的基本原理,如图 3-22 所示。

假设光栅栅距为 d,入射光线与光栅平面法线的夹角为 α,衍射光线与光栅平面法线的夹角为 β。考虑相邻的两条光路 $A_1O_1B_1$ 和 $A_2O_2B_2$,从点 O_1 和 O_2 分别作 A_2O_2 和 A_1O_1 的垂线并交于 C_2 和 C_1,则它们的光程差为 O_1C_1 与 O_2C_2 之差,即 $d(\sin\beta - \sin\alpha)$。当光程差等于波长的整数倍 k(k 也称为光谱级次或干涉级次)时,该方向上的光强具有极大值,即

$$d(\sin\beta - \sin\alpha) = k\lambda \qquad (3.10)$$

从上面的公式可以看出:当 $k \neq 0$ 时,假设入射角 α 固定不变,那么衍射光的极大值方向角 β 将随波长 λ 而变化,因此不同波长的光就会分离到空间的不同角度方向上,这就是光栅的色散原理;另外,当 $k = 0$ 时,衍射角 β 与波长无关,即零级光不存在色散效应。

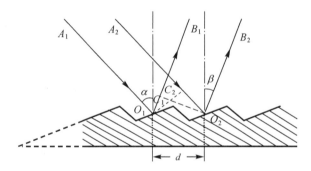

图 3-22　反射光栅的色散原理

光栅的角色散率可用衍射角 β 随波长的改变程度表示,将公式(3.10)对波长求导并整理后可得到光栅的角色散率为

$$D = \frac{\mathrm{d}\delta}{\mathrm{d}\lambda} = \frac{\mathrm{d}\beta}{\mathrm{d}\lambda} = \frac{k}{d\cos\beta} \qquad (3.11)$$

从式(3.11)可以看出,光栅的角色散率与材料本身无关,并且如果使用反射光栅也不需要考虑材料对工作波长是否透明,所以相对棱镜而言光栅材料在选择上更为方便。

光栅光谱仪的基本结构如图 3-23 所示,入射光经准直后照射在光栅上,衍射光经会聚后被探测器接收。从图中容易知道光栅的有效孔径为

$$A' = Nd\cos\beta \qquad (3.12)$$

式中,N 为与准直光束作用的光栅总刻线数。

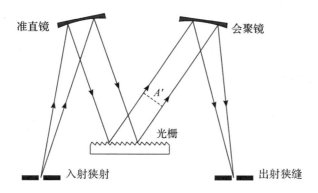

图 3-23　光栅光谱仪结构

将有效孔径乘以角色散率可以得到光栅的光谱分辨本领为

$$R = A' \frac{\mathrm{d}\delta}{\mathrm{d}\lambda} = kN \tag{3.13}$$

从式(3.13)中可以看出,与准直光束作用的光栅总刻线数 N 和光谱级次 k 越大,光谱分辨本领越高。但是,在利用光谱级次提高光谱分辨本领上会存在一个问题。光栅的衍射光强是单缝衍射与多缝干涉叠加的结果,其分布如图 3-24 所示,这样当光谱级次 k 较大时,由于它距离零级衍射位置较远,所以光强较弱,这样就会影响光谱信号的检测。

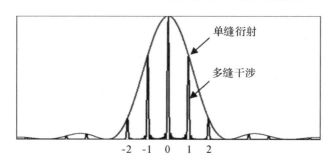

图 3-24　光栅的衍射光强分布

那么如何才能兼顾高光谱级次和高光强呢? 一种直观的做法是将干涉级次做一个"平移",使所需要的干涉级次与零级衍射位置重合,如图 3-25(a)所示。那么如何实现上述的"平移"呢? 答案是使用闪耀光栅。

如图 3-25(b)所示,假设 a 和 d 分别为缝宽和栅距,α 和 β 分别为入射角与反射角(与前面相同),θ_b 为光栅的闪耀角,那么对于单缝衍射,其极大值位置满足

$$a[\sin(\alpha - \theta_b) - \sin(\beta + \theta_b)] = m\lambda \tag{3.14}$$

其中,m 为衍射级次。因此,零级衍射($m = 0$)的极大位置应满足

$$\alpha - \beta = 2\theta_b \tag{3.15}$$

将式(3.15)代入式(3.10)中,可以得到零级衍射的极大值与 k 级次光的极大值重合需满足的条件为

$$2d\cos(\alpha - \theta_b) \cdot \sin\theta_b = k\lambda \tag{3.16}$$

如果固定入射光方向,比如:让入射光垂直于刻槽面(即 $\alpha - \theta_b = 0$),那么在光栅制作时控制闪耀角 θ_b 的大小就能达到使 k 级次光"闪耀"的目的。

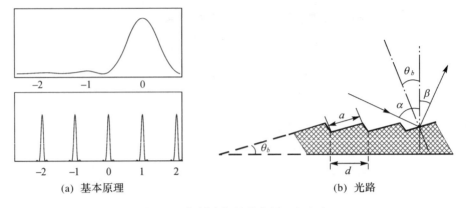

(a) 基本原理　　　　　(b) 光路

图 3-25　闪耀光栅的基本原理和光路

从公式(3.10)容易发现,光栅色散还存在一个问题 —— 光谱级次重叠,即来自不同光谱级次的光出现在同一个衍射角上,它们的波长满足关系:

$$k_1\lambda_1 = k_2\lambda_2 = k_3\lambda_3 = \cdots \tag{3.17}$$

其中,k_1,k_2,k_3,$\cdots$ 为光谱级次。光谱级次重叠会带来"假"光谱线,引入错误的光谱信息,所以必须想办法消除它。假设工作波长范围为 $185\sim800$nm,那么光谱级次为 2、3 和 4 的衍射光会在如下波长区域与光谱级次为 1 的衍射光重叠在一起,如图 3-26(a)所示,可以设计合适的滤光片来消除级次重叠,如图 3-26(b)所示,设计的滤光片分为 $185\sim370$nm、$370\sim555$nm 和 $555\sim800$nm 三个区域,区域Ⅰ不需要阻止任何滤波特性,区域Ⅱ需截止波长小于 277.5nm 的短波而透过波长大于 370nm 的长波,区域Ⅲ需截止波长小于 400nm 的短波而透过波长大于 555nm 的长波。

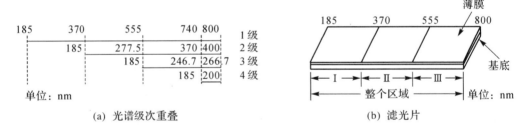

(a) 光谱级次重叠　　　　　(b) 滤光片

图 3-26　光栅光谱级次重叠以及滤光片的设计

上面的区域Ⅰ不会受其他光谱级次光的影响,也被称为自由光谱区域。一般化来考虑,假设工作波长范围为 $\lambda_{\min}\leqslant\lambda\leqslant\lambda_{\max}$,所利用的光谱级次为 1,如果 $\dfrac{\lambda_{\max}}{k}<\lambda_{\min}$,则 k 级次光不会与 1 级次光重叠,否则 $\lambda_{\min}\leqslant\lambda\leqslant\dfrac{\lambda_{\max}}{k}$ 的 k 级次光会与 $k\lambda_{\min}\leqslant\lambda\leqslant\lambda_{\max}$ 的 1 级次光重叠在一起。自由光谱区域的大小也称为自由光谱范围,根据公式(3.10)可以计算得到 k 级次光的自由光谱范围为

$$\Delta\lambda = d(\sin\beta - \sin\alpha)\left(\frac{1}{k} - \frac{1}{k+1}\right) = \frac{d(\sin\beta - \sin\alpha)}{k(k+1)} \tag{3.18}$$

从式(3.18)可以看出,自由光谱范围随光谱级次 k 的增大而减小,而根据公式(3.13)

光谱分辨本领则随光谱级次 k 的增大而增大,所以对光栅而言,自由光谱范围和光谱分辨本领是一对矛盾。

前面的讨论基本针对平面光栅,而在实际的光谱仪器中更多地会使用凹面光栅。凹面光栅将光栅线刻划在凹面反射镜上,它可以同时起到色散和会聚的作用,这样可以省去光路系统中透镜的使用。此外,为了配合阵列式探测器的使用,还会用到平场凹面光栅,它可以将像成在同一个平面上,正好满足阵列探测器平面探测的需要,如图 3-27 所示。

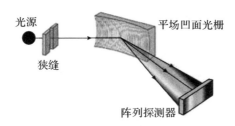

图 3-27　平场凹面光栅

对于刻划光栅还存在一个"鬼线"问题,它是由于光栅刻线误差的周期性变化而形成的"假"谱线现象。光栅"鬼线"对拉曼光谱和荧光光谱的影响较大,使用全息光栅可以克服该问题。

3.3.3　干涉仪

干涉是另外一类常用的色散方法,它包括多光束干涉和双光束干涉两种形式,基于这两种干涉形式分别有法布里–帕罗(Fabry-Pérot)干涉仪和傅里叶变换(Fourier transformation)干涉仪。

(1)法布里–帕罗干涉仪

法布里–帕罗干涉仪基于多光束干涉原理,如图 3-28 所示。干涉仪包括两个平行镜面,光束在两个镜面之间多次反射,从不同位置出射的透射光经透镜收集后发生干涉。

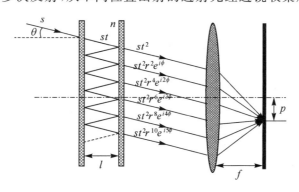

图 3-28　多光束干涉

假设两反射镜之间的距离为 l,反射镜之间的介质折射率为 n,入射光束与镜面法线夹角为 θ,从图 3-28 中容易看出相邻出射光束之间的光程差 Δ 为

$$\Delta = 2nl\cos\theta \tag{3.19}$$

因此,相邻出射光束之间的相位差 ϕ 为

$$\phi = \frac{2\pi}{\lambda}\Delta = \frac{4\pi nl\cos\theta}{\lambda} = \frac{4\pi nl\cos\theta\nu}{c} \tag{3.20}$$

其中，λ 为入射光波长，$\nu = \dfrac{c}{\lambda}$ 为光波频率，c 为光速。假设入射光强为 I_0，入射光的振幅 $s = \sqrt{I_0}$，反射镜面的振幅反射率和透射率分别为 r 和 t，由此容易得到经过不同反射次数的透射光束的振幅如图 3-28 所示，而透射光的总振幅等于所有透射光束振幅的叠加：

$$S = st^2(1 + r^2 e^{i\phi} + r^4 e^{i2\phi} + r^6 e^{i3\phi} + \cdots) = \frac{s(1 - r^2)}{1 - r^2 e^{i\phi}} \tag{3.21}$$

由此得到，透射光强为

$$I = |S|^2 = \frac{s^2(1 - r^2)^2}{1 - 2\cos\phi r^2 + r^4} = I_0\left\{1 + \left[\frac{4R}{(1 - R)^2}\sin^2\left(\frac{\phi}{2}\right)\right]^{-1}\right\} \tag{3.22}$$

式中，R 为镜面的光强反射率，$R = r^2$。

根据公式(3.22)可以作出如图 3-29 所示艾里(Airy)分布曲线。在 $\phi = 0, 2\pi, 4\pi, \cdots$ 处光强最大，相邻最大光强之间的频率间距称为自由光谱范围：

$$\Delta\nu_{fsr} = \frac{c}{2nl\cos\theta} \tag{3.23}$$

图 3-29 中的峰的半宽度为

$$\Delta\nu = \frac{c}{2\pi nl\cos\theta}\frac{1 - R}{\sqrt{R}} \tag{3.24}$$

在此引入"锐度"用以描述干涉条纹的锐细程度，其物理定义为自由光谱范围与峰半宽度的比值：

$$N = \frac{\Delta\nu_{fsr}}{\Delta\nu} = \frac{\pi\sqrt{R}}{1 - R} \tag{3.25}$$

从式(3.25)中可以看出，锐度仅与镜面的光强反射率有关，反射率 R 趋近1时锐度趋向无穷大。由此可见，如果要用法布里-帕罗干涉仪选择单色光，镜面反射率 R 越大所获得的单色光半宽越窄。

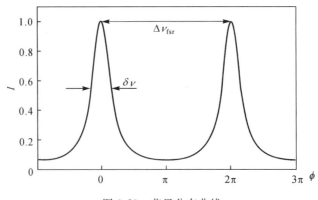

图 3-29　艾里分布曲线

当镜面反射率降低时，艾里分布曲线的峰半宽度会增大，锐度会减小，从而呈现类正弦曲线形式，如图 3-30 所示。但是从图中我们也注意到，它们的自由光谱范围是不变的。利用这点，可以使用低反射的法布里-帕罗干涉仪做波长标定，比如：在激光光谱技术中，常用一根狭长的、两端抛光的玻璃棒做波长标定,它所提供的类正弦调制曲线可作为一把"尺子",可用以度量所测光谱的波长间隔、峰半宽度等物理量。

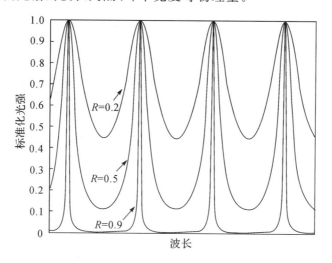

图 3-30　不同镜面反射率下的艾里分布曲线

根据公式(3.24)不难得到法布里-帕罗干涉仪的光谱分辨本领为

$$R = \frac{\nu}{\Delta\nu} = \frac{2nl\cos\theta}{c} \cdot \frac{\pi\sqrt{R}}{1-R} = \frac{2nl\cos\theta}{c}N \tag{3.26}$$

从式(3.26)中可以看出,要提高法布里-帕罗干涉仪的分辨本领,可以从 4 个方面入手:①提高锐度,即使用高反射镜面;②增大镜面间距;③在镜面间填充高折射率介质;④让光束垂直镜面入射。对照自由光谱范围公式(3.23)不难发现,在利用后三种方式提高光谱分辨本领的同时会缩小自由光谱范围。

实际光源都不会是严格意义上的点光源,而是具有一定尺寸的面光源,这样经透镜准直后的入射光束总是具有一定的发散角,由此得到干涉图案会呈现为多圈亮条纹。如果在其他参数不变的情况下改变镜面间距 l,就可以观察到亮条纹的"吞吐"。

(2)傅里叶变换干涉仪

傅里叶变换干涉仪基于双光束干涉原理,它的最大特点是:不直接记录光谱,而是先记录干涉光强序列,然后对干涉序列进行傅里叶变换计算才得到光谱。傅里叶变换的计算量是非常大的,所以傅里叶变换干涉仪的出现在很大程度上依赖于现代计算机技术的发展和成熟。

傅里叶变换干涉仪可采用迈克尔逊(Michelson)干涉仪的基本结构,如图 3-31 所示。入射光束被分束镜分为光强大致相等的两路光,它们分别经反射镜反射后,在分束镜处发生干涉,探测器最终接收到的是干涉光强。两个反射镜分别为静镜和动镜,静镜位置固定不动,动镜可沿光轴方向前后移动,以此改变两路光的光程差。通过移动动镜,就能记录不同光程差下的光强干涉序列,那么这个光强干涉序列与光谱之间存在何种关系呢?

为了便于推导,在此使用波数 $\bar{\nu}$ 作为光谱坐标,它为波长倒数($\bar{\nu} = \frac{1}{\lambda}$)。假设入射光强为 $I_0(\bar{\nu})$,两路光的光程差为 x,则干涉光强为

$$I(\bar{\nu}) = 2I_0(\bar{\nu})[1 + \cos(2\pi\bar{\nu}x)] \tag{3.27}$$

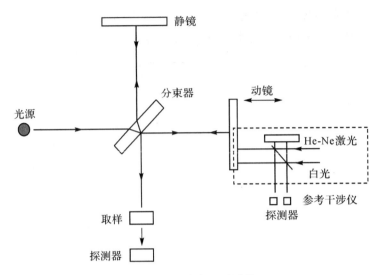

图 3-31　迈克尔逊干涉仪

如果样品的吸收系数为 $\alpha(\bar{\nu})$，则干涉光强经样品吸收后的强度为

$$I_D(\bar{\nu},x) = I(\bar{\nu}) \cdot \alpha(\bar{\nu}) = I_S(\bar{\nu})[1 + \cos(2\pi\bar{\nu}x)] \tag{3.28}$$

式中，$I_S(\bar{\nu}) = 2I_0(\bar{\nu})\alpha(\bar{\nu})$。公式(3.28)仅针对单色光，在复色光的情况下，仅需在上式基础上对波数积分即可：

$$I_D(x) = \int_0^\infty I_S(\bar{\nu})\mathrm{d}\bar{\nu} + \int_0^\infty I_S(\bar{\nu})\cos(2\pi\bar{\nu}x)\mathrm{d}\bar{\nu} \tag{3.29}$$

上式中的第一项与光程差 x 无关，它被视为直流分量，对光谱计算无贡献；从第二项中可以看出，$I_D(x)$ 与 $I_S(\bar{\nu})$ 之间互为傅里叶变换关系，由此光谱 $I_S(\bar{\nu})$ 可以按下式计算：

$$I_S(\bar{\nu}) = \int_{-\infty}^\infty I_D(x)\cos(2\pi\bar{\nu}x)\mathrm{d}x \tag{3.30}$$

即在测得光强干涉序列 $I_D(x)$ 后，根据式(3.30)进行傅里叶变换就可以得到光谱 $I_S(\bar{\nu})$。为了更直观地理解干涉序列与光谱之间的关系，图3-32分别给出了1条窄谱线、2条窄谱线和任意光谱所对应的干涉谱图。

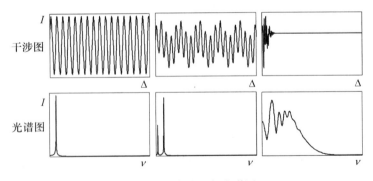

图 3-32　干涉图与光谱图

以上推导有一个假设，那就是光程差的变化范围为无穷大，但是实际中动镜的移动范围 Δ 总是有限的，这样公式(3.30)需做如下修正：

$$I_S{'}(\bar{\nu}) = \int_{-\infty}^{\infty} I_D(x)T(x)\cos(2\pi\bar{\nu}x)\mathrm{d}x \tag{3.31}$$

其中，$T(x) = \begin{cases} 1, & |x| \leqslant \Delta \\ 0, & |x| > \Delta \end{cases}$ 为矩形函数，也称为截止函数，其傅里叶变换为 Sinc 函数，也称为仪器函数：

$$t(\bar{\nu}) = 2\Delta \frac{\sin(2\pi\bar{\nu}\Delta)}{2\pi\bar{\nu}\Delta} \tag{3.32}$$

由傅里叶变换的性质以及公式(3.31)知道，测量光谱 $I_S{'}(\bar{\nu})$ 为理想光谱 $I_S(\bar{\nu})$ 与仪器函数 $t(\bar{\nu})$ 的卷积。假设输入无限窄的单色谱线，仪器函数的影响会使谱线形状变为 Sinc 函数，此时谱线展宽则

$$\delta\bar{\nu} = \frac{1}{2\Delta} \tag{3.33}$$

如果用波长表示展宽，则

$$\delta\lambda = \frac{\lambda^2}{2\Delta} \tag{3.34}$$

这实际上也是傅里叶变换光谱仪所能分辨的最小波长间距。由此得到傅里叶变换光谱仪的分辨率本领为

$$R = \frac{\lambda}{\delta\lambda} = \frac{2\Delta}{\lambda} \tag{3.35}$$

由此可见动镜移动范围越大，傅里叶变换干涉仪的光谱分辨本领越高。

傅里叶变换干涉仪的基本原理不难理解，但是在具体实现时却存在一个难题：如何精确地控制动镜的移动？这将直接关系到光谱计算的准确性甚至光谱是否正确。商用傅里叶变换光谱仪一般需加上一套专门的监控装置以保证动镜平稳移动，如图 3-31 中虚线框所示，这套监控装置实际上是另外一套迈克尔逊干涉仪，输入光束包括一束白光和一束 He-Ne 激光。白光在零光程差附近会形成一个极窄的干涉峰，在离开零光程差位置后干涉强度会急剧衰减，以此标定零点位置；而 He-Ne 激光干涉图谱的频率与动镜离开零点的距离成正比，用以控制动镜的移动和记录动镜的位置。

傅里叶变换光谱仪的扫描速度为毫秒量级，它取决于动镜的移动速度和傅里叶变换的计算速度，快速傅里叶变换算法的提出和计算机技术的发展很好地解决了傅里叶变换的计算问题，很大程度上推动了傅里叶变换光谱技术的实用化。此外，与前面提到的色散技术相比，傅里叶变换光谱技术可以更好地提高信号的信噪比，这基于它的两个优点：①多通道（也称 Fellgett 优点），它在同一时间记录来自所有波长的光强信号，而信号的信噪比与波长单元数的平方根成正比；②高通量（也称 Jacquinot 优点），它不需要加狭缝或其他的限制装置，所有光能量能够通过并到达探测器。

傅里叶变换光谱技术的弱点在于实时性不足，因为需要移动动镜测量干涉强度序列，为此出现了空间傅里叶变换光谱技术，这将在第 7 章"成像光谱技术"的 7.2.2 节介绍。

3.3.4　其他

除了上述的色散组件外，还有一些色散技术，它们直接通过调谐输入波长以达到检测不同波长的光信号的目的，下面简单介绍两种波长调谐方式。

（1）可调谐激光器

使用在一定波长范围内可连续调谐的激光器，每一时刻仅输出窄线宽的单色激光，依次记录每个波长下的光强信号，如图 3-33 所示。这种光谱测量技术的光谱分辨率取决于激光器的波长调谐精度。

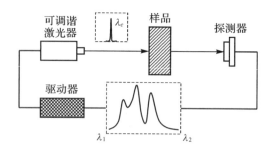

图 3-33　可调谐激光器的光谱测量原理

（2）声光可调滤光器（acousto-optical tunable filter，AOTF）

AOTF 利用了各向异性双折射晶体的声光衍射原理[16]，当加载在晶体上的超声频率改变时，透过晶体的输出波长也会随之改变，如图 3-34 所示。这样连续改变超声频率就能实现对波长的扫描，从而记录不同波长下的光强信息。

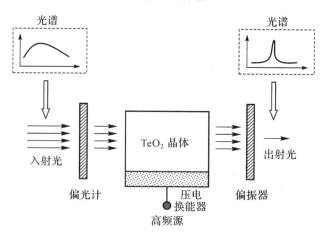

图 3-34　声光可调滤光器的光谱测量原理

声光可调滤光器具有很高的波长扫描速度，但是光谱分辨率不高是其致命弱点。更多类型的可调谐滤光器可参看 7.2.2 节。

3.4　探测器

探测器在很大程度上决定了光谱仪器的光度特性，其性能包括光谱响应、灵敏度、信噪比、线性响应度、响应时间等。光谱响应决定了探测器的工作波长范围，灵敏度决定了它对辐射信号强弱的感知程度，信噪比标明了信号受噪声的影响程度，线性响应度标明了探测器所能探测的强度范围，响应时间则对于快瞬变过程的探测非常重要。

光谱仪器中的探测技术经历了三个阶段。最初是将光谱信号呈现在白屏上,通过人眼直接观察,这种方式所能"探测"的光谱范围有限(仅限于可见光范围),并且不便于结果保存。接下来人们利用胶片记录光谱(即照相摄谱法),该方法探测的精度不高,并且有显影、定影、黑度测定等琐碎过程,效率低下。现在更多的是使用光电探测器,它将光信号转化为电信号进行探测和记录,具有高精度、高灵敏度、高响应速度等特点。

下面将主要介绍各种光电探测器。我们把光电探测器分为热探测器和光子探测器两大类,光子探测器包括外光电效应探测器和内光电效应探测器,另外还将专门介绍阵列式光电探测器,因为它能更好地用于光谱仪器中探测光谱信号。最后,会介绍两种微弱信号探测技术——取样积分和锁相放大。

3.4.1　热探测器

热探测器利用了光的热效应,由于光辐射导致温度发生变化,而温度的变化又会引起其他一些便于测量的物理量(如:电阻、电压等)变化,通过测量这些物理量达到测量光辐射的目的。

热探测器具有平坦的光谱响应特性,即它仅与辐射能量有关而与波长无关。热探测器多用于探测红外光,因为红外光具有较好的热效应。但是,热探测器响应速度较低,这在一定程度上限制了它在某些场合的应用。

常用的热探测器有高莱(Golay)池、热敏电阻、热电偶、热(释)电探测器等。

(1)高莱池

高莱池利用了热膨胀效应,其基本原理如图 3-35(a)所示。在一个密闭小室内充有气体,小室的一个端面用以接收辐射光,另一个端面具有伸缩弹性,其上放置反射镜。当受到外部辐射后,热效应会导致气体膨胀,从而改变探测器接收到的反射光强。为了提高高莱池的探测灵敏度,其中密闭小室的体积应尽量小。高莱池的最大缺点是响应速度较低。

(2)热敏电阻

有些半导体材料对温度极为敏感,其电阻值会随温度显著变化,这就是热敏电阻的基本工作原理。热敏电阻的电阻值随温度的变化关系为指数形式:

$$R = Ae^{\frac{B}{T}} \tag{3.36}$$

式中,R 为电阻值,T 为温度,A 和 B 为与材料相关的常数。热敏电阻分为正、负温度系数热敏电阻,正温度系数热敏电阻的电阻值随温度升高而增大,而负温度系数热敏电阻正好相反。图 3-35(b)为利用热敏电阻进行光辐射探测的结构原理,其中使用参考热敏电阻可以减小噪声对测量结果的影响。热敏电阻的使用非常简单,就是把它当作一般电阻连接在电路中,测量通过电路的电流或电压的变化以实现对光辐射的探测。

(3)热电偶

热电偶由两种不同的导体或半导体构成,通常使用两种不同的金属材料,将它们焊接在一起构成回路,如图 3-35(c)所示。当吸收辐射光引起温度改变时,热电偶的端点 1 和 2 之间会产生电势差,从而在回路中形成电流。将多个热电偶串联起来就形成热电堆,热电堆具有更高的探测灵敏度。

（4）热（释）电探测器

某些对称晶体具有自生电极化特性，即当晶体温度改变时，晶体表面的电荷数目也会随之改变，如果从晶体中引出两个电极，它就相当于一个小电容，如图 3-35（d）所示，这样通过测量电路中的电量变化就能检测光辐射强度。热（释）电探测器常用的材料是硫酸三甘肽[$(NH_2 \cdot CH_2 \cdot COOH)_3 H_2 SO_4$，TGS]及其氘化物（DTGS），其光谱响应范围为近红外至毫米波。

相比于其他热探测器，热（释）电探测器的响应速度更高，响应时间约 10^{-4} s。但是当辐射恒定时，热（释）电探测器没有输出。

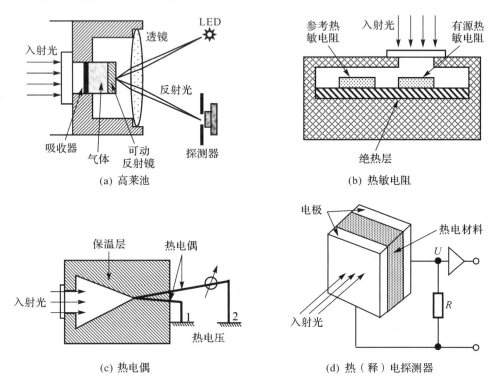

图 3-35　常用的热探测器

3.4.2　外光电效应探测器

外光电效应指物质吸收光子并向外发射电子的物理现象，即通常意义上的光电效应。

根据 2.3.1 节中光电效应的基本理论可知，外光电效应探测器的阴极材料决定了探测的截止波长，即只有光子能量大于材料的电子逸出功时才能向外发射电子。常见阴极材料及其光谱特性如表 3-4 所示。

表 3-4　阴极材料及其光谱特性

材　料	光谱范围/nm	中心波长/nm
Ag-O-Cs	400～1200	800
Ag-O-Rb	350～920	420

续表

材　　料	光谱范围/nm	中心波长/nm
Sb-Cs(金属)	350~700	400
Sb-Cs(石英)	200~700	400
Bi-Cs	300~750	500
Sb-Cs 半透明	350~650	480
Bi-Ag-O-Cs	350~800	500
Sb-Cs-O	350~700	440
Sb-Cs-O(石英)	200~700	440
Sb-Cs 反射层上	350~700	490
Sb-K-Na-Cs	350~850	450

常用的外光电效应探测器有光电管和光电倍增管(photo-multiplier tube，PMT)。

(1)光电管

光电管工作的基本原理如图 3-36(a)所示。阴极材料受到光辐射后会发射出电子,电子在电压作用下会向阳极移动,产生的电流被检流计检测。光辐射强度越大,单位时间内产生的电子数目会越多,那么检流计检测到的电流越大。

光电管的量子效率仅为 0.1,最小可探测功率为 10^{-10} W,或 3×10^8 个光子/s。

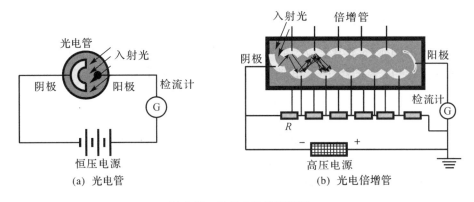

图 3-36　外光电效应探测器

(2)光电倍增管

光电倍增管具有比光电管高得多的量子效率,它更适合于弱光信号检测。光电倍增管是在光电管的基础上结合二次电子发射和电子光学技术制造而成的,如图 3-36(b)所示。

光电倍增管阴极吸收光辐射向外发射电子,发射电子经外电场(或磁场)加速后聚焦于第一倍增极,在第一倍增极上激发出更多电子,这些电子再被聚焦在第二倍增极,不断下去就可以在阳极上收集到放大了的光电流。一般经 10 次以上倍增,放大倍数可达到 $10^8\sim10^{10}$,整个放大过程时间约 10^{-8} s。

光电倍增管的动态测量范围非常大,其上下限会受到如下因素的影响:①下限受暗电流所限,可以通过冷却光电倍增管以降低暗电流;②上限受空间电荷效应所限,当入射光过强时,最后一个倍增极和阳极之间的电子密度会很高,这样会对离开倍增极向阳极运动的电子产生排斥作用,从而达到饱和状态。

当以很小的辐射功率照射光电倍增管时,所产生的光电流呈一个个脉冲形式,单位时间内的脉冲数目也反映了光辐射的强弱,此时测量单位时间内的脉冲数目比测量时间周期平均的光电流更灵敏。对单位时间内的脉冲进行计数的探测技术就称为单光子计数。单光子技术的基本原理如图 3-37 所示,光电倍增管输出的光电流脉冲经前置放大器和电平甄别器后,变为形状规则、幅度标准的成形脉冲,用计数器测量一定时间内的脉冲数目,输入计算机处理或经 D/A 转换后由记录仪记录。单光子计数具有如下优点:

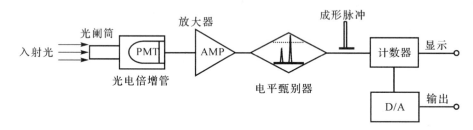

图 3-37　单光子计数的基本原理

①光电倍增管增益的起伏对测量结果没有影响;
②由于采用甄别电平,所以可以抑制热电子的暗电流、管座引线的漏电流等噪声;
③信号的数字形式也有利于数据的进一步分析与处理。

3.4.3　内光电效应探测器

内光电效应不同于外光电效应,当物体受到光辐射时不直接向外发射电子,而是引起物体的电导率变化,或者产生光生电动势,因此它又可以分为光导效应和光伏效应两种形式。

内光电效应探测器一般由半导体材料制成,半导体材料可分为本征型和杂质型两类,本征型半导体如硅(Si)、锗(Ge)等,杂质型半导体如硫化镉(CdS)、硒化镉(CdSe)、硫化铅(PbS)等。半导体材料的光谱响应特性取决于禁带与导带之间的能量差[14-15],图 3-38 给出了几种本征型和杂质型半导体的光谱响应曲线。

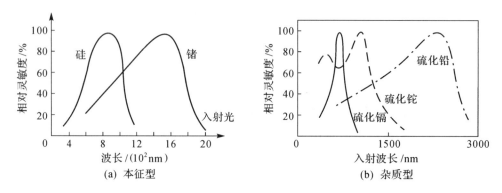

图 3-38　本征型和杂质型半导体的光谱响应曲线

（1）光导效应探测器

光敏电阻是常用的光导效应探测器，当半导体吸收光子后，价带上的电子会被激发到导带上，从而使半导体的电导率变大。

光敏电阻的使用与热敏电阻一样，即把它当作一般电阻串联在电路中，如图 3-39 所示，当热敏电阻受到光辐射时，电路中的电流会增大。

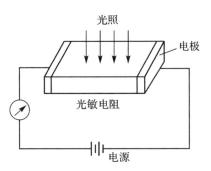

图 3-39　光敏电阻的工作原理

光导半导体大多由杂质型半导体做成，它们的工作特性与环境温度密切相关，比如：PbS 探测器可以在室温下工作，而 InSb 探测器则需要冷却到 77°K 使用。此外，光导效应探测器的响应时间受到载流子寿命限制，响应速度不是很快，比如：PbS 探测器的响应时间为 $0.1 \sim 1 \mathrm{ms}$，InSb 探测器的响应时间为 μs 量级。

（2）光伏效应探测器

光伏效应与光导效应虽然均属于内光电效应，但是在导电机理上有本质区别，光导效应是多数载流子导电，光伏效应则是少数载流子导电。因此，光伏效应探测器与光导效应探测器在性能上也截然不同，光伏效应探测器相对于光导效应探测器具有噪声小、响应速度快、线性度好、受温度影响小等优点，而光导效应探测器在弱辐射信号探测和光谱响应范围方面则更具优势。

光电池是典型的光伏效应探测器。它受光辐射时会将辐射转化为电压，所以不需要外加电源就可以工作，属于主动器件。光电池结构为典型的 PN 结，如图 3-40（a）所示。当 PN 结受光照射时，会产生电子空穴对，电子和空穴在过渡层的内建电场的作用下会分别向 N 区和 P 区移动，使 N 区带负电和 P 区带正电，形成光生电动势。

注意，在使用光电池测量光辐射时，负载电阻必须足够小，以保持输出电压低于其饱和值，否则输出信号与光辐射强度不再呈正比关系。

（3）光电二极管

光电二极管是在大的反向偏压下工作的光导半导体或光伏半导体。当 PN 结被光辐射时，虽然光电二极管处于反向偏置状态，但仍有正比于光辐射强度的电流流经光电二极管。PIN 型光电二极管和雪崩管光电二极管（avalanche photodiode，APD）是两种比较特殊的光电二极管。

①PIN 型光电二极管，在 PN 结区之间加入一层本征半导体（I），如图 3-40（b）所示。PIN 型光电二极管比普通光电二极管具有更好的性能，比如：由于 PN 结空间电荷层间距加宽，结电容变小，所以响应时间变短（约 $10^{-9}\mathrm{s}$）；反向耐压能力变大，线性输出范围更宽。但

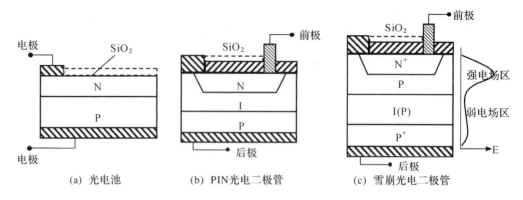

图 3-40 各种内光电效应探测器结构

是，由于本征层电阻大，PIN 型光电二极管的输出电流小（约 mA 量级）。

②雪崩光电二极管，它是基于载流子雪崩效应提供电流内增益的一种光电二极管。雪崩光电二极管在其结构中构造了一个强电场区，如图 3-40(c)所示，强电场位于 N^+P 结区，光生载流子进入强电场区后会因定向运动而产生雪崩效应，造成电子、空穴数目急剧增大，从而获得光电流的增益。

雪崩光电二极管具有如下优点：它具有内增益，可以降低对前置放大电路的要求，灵敏度高；其结电容小，响应时间短（$<10^{-10}$ s）。但是，相比于光电倍增管，雪崩二极管的噪声较大。

3.4.4 阵列式光电探测器

前面提到的光电探测器均仅针对单通道探测器，它们只能测量光强大小，而无法提供被测点的空间信息。在光谱仪器中，如果能够同时检测色散到空间不同位置的光强信息，那么就可以避免使用仪器中的机械扫描装置，实现不同波长处信号的并行检测，而阵列式光电探测器能够满足这方面的应用要求。

有两类光电探测器能够提供空间位置信息：①位置传感器(position sensitive detector，PSD)，它能直接地测量光斑中心的位置，但是不对光强做度量；②由单通道探测器按空间顺序排列而成的探测器件，它包括电荷耦合器件(charge coupled device，CCD)、互补金属氧化物半导体(complementary metal oxide semiconductor，CMOS)、光电二极管阵列(photodiode array，PDA)等，这种器件能并行测量空间不同位置的光强大小，其最小可测量区域通常称为像素(pixel)。下面我们将重点介绍 PSD 和 CCD。

（1）PSD

PSD 是在一维或二维方向上具有均匀阻值的巨大 PIN 型光电二极管，其结构如图 3-41(a)所示。

PSD 利用了 PN 结的横向光电效应检测光斑位置，当光照射在 PSD 的光敏面上时，同一面上的不同电极上的电流会随光斑位置而变化。对于图 3-41(a)所示情况，P 型层上电极 1 和 2 的电流分别为 I_1 和 I_2，光斑偏离光敏面中心的距离为 x，光敏面总长为 $2L$，那么位置与电流之间存在如下关系：

$$x = \frac{I_2 - I_1}{I_2 + I_1} L \tag{3.37}$$

这样根据检测到的电流 I_1 和 I_2 就可以算出光点位置所在。图 3-41(b)是一维 PSD 的等效电路原理。

PSD 具有两个优点:第一,它对光斑形状无特殊要求,测量位置仅与光斑能量中心相关;第二,其光敏面无须分割,可以连续测量光斑位置,位置测量精度高,比如一维 PSD 精度可达 $0.2\mu\text{m}$ 以上。

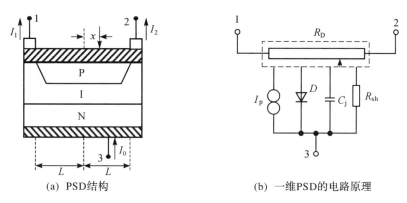

(a) PSD结构　　　　　　　　　　　(b) 一维PSD的电路原理

图 3-41　PSD 的结构和一维 PSD 的电路原理

(2)CCD

CCD 是一种 MOS(metal-oxide-semiconductor)型固体阵列式器件。MOS 结构如图 3-42(a)所示,它由 P 型(或 N 型)硅片上生长一层 SiO_2,并按一定次序淀积一系列金属电极而成。

以线阵 CCD 为例说明其工作原理,如图 3-42(b)所示。在开始工作时首先在电极上加适当偏压,此时 CCD 若受到光照,光生电子则会在光积分区聚集,用时钟来控制光积分区的移动,就可以把各个电极所对应光积分区的电荷沿转移栅输出,而后在输出栅上依次读出。由此可见,CCD 工作过程包括电荷存贮积累阶段和读出阶段,前者时间一般为 $1\sim10\text{ns}$,后者时间一般为 $100\mu\text{s}$。

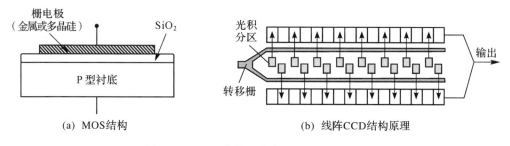

(a) MOS结构　　　　　　　　　　(b) 线阵CCD结构原理

图 3-42　MOS 结构和线阵 CCD 结构原理

谈到 CCD,就不得不提 CMOS,它是另外一种使用广泛并且发展速度已经超过 CCD 的阵列式光电探测器。虽然 CCD 的灵敏度和分辨率比 CMOS 高,但是 CCD 制造工艺复杂、成本相对较高,而且 CCD 使用时需外加电源,能耗也相对较高,CMOS 在这些方面具有优越性。此外,CMOS 的响应速度较高,可以更好地捕捉快瞬变信号。具体如表 3-5 所示。

表 3-5 CCD 与 CMOS 的比较

特　性	CCD	CMOS
灵敏度	√	
分辨率	√	
制作工艺		√
生产成本		√
能耗		√
响应速度		√

备注:√表示该项性能较优。

在光谱仪器中使用 CCD 或 CMOS 等的阵列探测器将大有好处。如图 3-43 所示,在光栅色散系统中,如果使用单通道探测器,在探测器固定不动的情况下,需旋转光栅以实现对不同波长光强的检测;而如果使用阵列式探测器,则不需要额外的波长扫描装置就可以同时获得不同波长的光强信息。但是,我们也应注意到,在使用阵列探测器时,工作波长范围和光谱分辨率也会受到探测器的空间性能参数的影响,比如:像素尺寸、像素数目等。

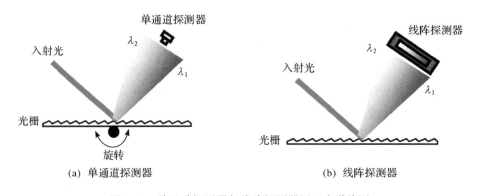

(a) 单通道探测器　　　　　　　　　(b) 线阵探测器

图 3-43　单通道探测器与线阵探测器用于光谱检测

3.4.5　取样积分

取样积分器(boxcar)是一种微弱信号检测系统,它利用周期性信号的重复性,在每个周期内对信号一部分取样一次,然后经过积分器算出平均值,这样各个周期内取样的平均信号便呈现了待测信号的真实波形。因为所提取的信号是多次平均结果,所以可以大大提高信号的信噪比,再现被噪声淹没的信号波形。

取样积分器的核心组件是取样门和积分器,取样门为脉冲触发开关,积分器为 RC 积分器。它使用脉冲信号控制积分器,使取样时间内的波形做同步积累,并将积累结果保持到下一次取样。

取样积分器的工作模式有两种——定点式和扫描式。定点式取样积分器是测量周期信号的某一瞬态平均值;而扫描式取样积分器则可以恢复和记录被测信号波形。下面分别讨论这两种工作模式的基本原理。

（1）定点式取样积分器

定点式取样积分器的电路原理和信号波形如图 3-44 所示，用延时电路产生的取样脉冲控制取样门，对信号进行采样和积分。取样脉冲周期等于信号周期（$T_R = T_S$），这样每次对信号的取样位置是固定的（即 A 点），对 A 点采集到的信号经过 N 次取样平均后，信噪比就可以改善 $\sqrt{N}$ 倍。

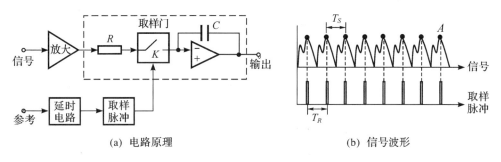

(a) 电路原理　　　　　　　　　　(b) 信号波形

图 3-44　定点式取样积分器的电路原理和信号波形

可以看出，定点式取样积分器仅能提取信号的瞬时值，如需改变采样点的位置可延时电路控制取样脉冲的位置。

（2）扫描式取样积分器

扫描式取样积分器的电路原理如图 3-45(a) 所示，它与定点取样积分器的不同之处在于取样脉冲上，它使用了可变延时取样脉冲，这样可以对信号波形进行延时取样，从而恢复待测信号的波形。

从图 3-45(b) 所示的波形图可以更好地理解扫描式取样积分器的工作原理。取样脉冲由时基信号和慢扫描信号经比较得到，由此得到的相邻取样脉冲的时间延迟是不一样的。与参考触发脉冲信号相比，取样脉冲时间延迟依次为 ΔT、$2\Delta T$、$3\Delta T$……这样取样脉冲将对应于待测信号的不同位置，从而能够探测到待测信号的具体波形。扫描式取样积分器最终输出信号的形状与输入信号相同，但是它在时间上却大大"放慢"了输出波形，"放慢"的程度取决于慢扫描信号，具体为慢扫描信号斜率越小则越"慢"。

对定点式取样积分器很好理解它为什么可以改善信噪比，那么扫描式取样积分器对信噪比改善的机理是什么呢？

实际的取样脉冲总是具有一定宽度的，取样点只有在脉冲宽度范围内才能够被取样。当慢扫描信号相对于时基信号的变化足够慢时，取样脉冲相对于触发脉冲的移动也是十分"缓慢"的，这样待测信号波形上的"点"可以依次被多个取样脉冲取样，从而实现对单个"点"的多次累积平均，如图 3-46 所示。

3.4.6　锁相放大

锁相放大器（lock in amplifier）是一种利用了信号与噪声在相关性方面的差别进行探测的微弱信号检测系统。它能够在比被测信号强 100dB 的外来干扰信号中检测出目标信号，所以自从问世以来在科学研究的各个领域得到了广泛应用。

锁相放大的基本原理是：如果入射信号随时间变化，那么出射信号随时间的变化与入

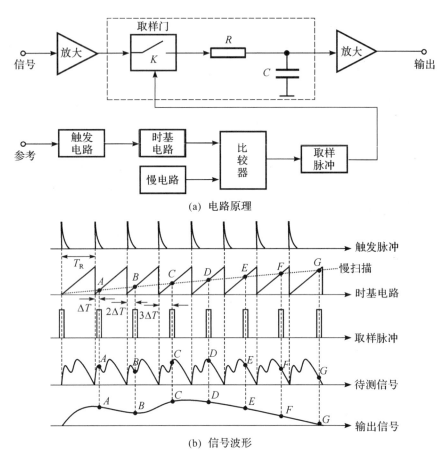

(a) 电路原理

(b) 信号波形

图 3-45 扫描式取样积分器的电路原理和信号波形

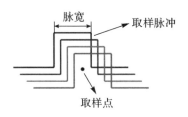

图 3-46 扫描式取样积分器的信噪比改善机理

射信号具有相关性,而其中噪声随时间的变化却与入射信号无关;使用检相器抑制与入射信号不相关的噪声,只把与之相关的信号放大,这样就可以检测出淹没在噪声中的出射信号。

在光信号的探测方面,可以用图 3-47 来说明锁相放大器的基本工作原理。入射光经斩光器后转变为方波信号,然后经分束镜分为两路:一路为参考信号,直接进入锁相放大器的参考通道;另一路为待测信号,它经交流放大后,与参考信号进行相位比较,比较信号经低通滤波后以直流方式输出。

检相器是锁相放大器的核心部分,它实际上是一个模拟乘法器,由它实现参考信号与待测信号的相关计算。假设参考信号 E_r 和待测信号 E_s 分别为

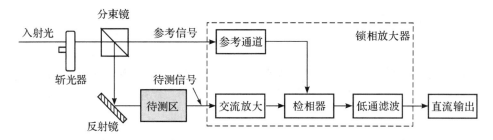

图 3-47　锁相放大器的基本工作原理

$$\begin{cases} E_r = E_{r0}\cos(\omega_r t + \varphi_r) \\ E_s = E_{s0}\cos(\omega_s t + \varphi_s) \end{cases} \tag{3.38}$$

其中，ω_r 和 ω_s 分别为参考信号频率和待测信号频率，φ_r 和 φ_s 分别为参考信号位相和待测信号位相。将参考信号与检测信号相乘得到

$$E_o = \frac{E_{s0}E_{r0}}{2} \cdot \cos[(\omega_r - \omega_s)t + (\varphi_r - \varphi_s)] - \frac{E_{s0}E_{r0}}{2} \cdot \cos[(\omega_r + \omega_s)t + (\varphi_r + \varphi_s)] \tag{3.39}$$

然后对 E_o 进行低通滤波。如果 $\omega_r \neq \omega_s$，那么低通滤波后将没有信号输出；只有当 $\omega_r = \omega_s$ 时，低通滤波才能输出如下直流信号：

$$E_{of} = \frac{E_{s0}E_{r0}}{2} \cdot \cos(\varphi_r - \varphi_s) \tag{3.40}$$

而该直流信号正比于待测信号幅度。

需要注意的是，适合于锁相放大器检测的信号应该是单频率，或者传导频谱较窄的信号，否则检出信号会因丢失高频分量而发生畸变。

3.5　光谱的信息化处理

现代光谱仪器更多地使用光电探测器检测光谱信号，然后通过 A/D 转换将光谱信号转化为数字形式并输入到计算机中做进一步分析处理，如图 3-48 所示。借助计算机强大的运算功能，可以更加灵活地对光谱数据进行分析，从中提取有用信息。所以，本节首先介绍光谱的数字表示方法，然后介绍一些常用的光谱分析方法。

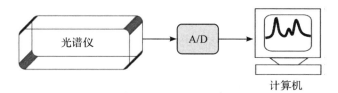

图 3-48　光谱仪器与计算机的联用

3.5.1 光谱的数字表示

光谱是按频率(或波长)顺序记录的光强分布,它的强度坐标可以是光强、透过率、吸光度等,它的光谱坐标可以是频率、波长、波数(即波长倒数)、能量等。无论采用何种强度坐标和光谱坐标,光谱的数字表示形式都是类似的,所以为了叙述的简洁性,在本小节后面部分分别使用光强和波长作为强度坐标和光谱坐标。

在连续情况下,光谱可以表示为 $I(\lambda)$, I 为光强, λ 为波长。

在离散情况下,光谱可用一维向量表示:

$$I = [i_1, i_2, i_3, \cdots, i_k, \cdots, i_N] \tag{3.41}$$

式中, N 表示总的波长数目, i_k 表示第 k 个波长位置的光强。为了记录每个波长位置的实际波长值,往往还需要引入另外一个一维向量:

$$\Lambda = [\lambda_1, \lambda_2, \lambda_3, \cdots, \lambda_k, \cdots, \lambda_N] \tag{3.42}$$

λ_k 表示第 k 个波长位置的波长值。以式(3.41)为纵坐标和式(3.42)为横坐标就可以将光谱绘制出来。

在实际应用中,通常会获得受某一物理量(比如:温度、压力、时间等)扰动的一组光谱,即动力学光谱,如图 3-49(a)所示。这组光谱可以用矩阵表示:

$$I' = \begin{bmatrix} I_1 \\ I_2 \\ I_3 \\ \vdots \\ I_M \end{bmatrix} = \begin{bmatrix} i_{11}, & i_{12}, & i_{13}, & \cdots, & i_{1N} \\ i_{21}, & i_{22}, & i_{23}, & \cdots, & i_{2N} \\ i_{31}, & i_{32}, & i_{33}, & \cdots, & i_{3N} \\ \vdots & \vdots & \vdots & \vdots & \vdots \\ i_{M1}, & i_{M2}, & i_{M3}, & \cdots, & i_{MN} \end{bmatrix} \downarrow V \tag{3.43}$$

其中, V 表示某一物理量, M 为物理量的数目,比如:在 M 个温度下测量光谱。为了记录物理量的具体数值,也还需要引入另外一个一维向量:

$$V = [v_1, v_2, v_3, \cdots, v_k, \cdots, v_N] \tag{3.44}$$

v_k 表示第 k 个物理量的数值。

动力学光谱是二维形式,而成像光谱则是三维形式,如图 3-49(b)所示,其三维方向分别为波长和二维空间坐标 x、y,它需要用三维向量表示。关于成像光谱可具体参看本书第 7 章。

3.5.2 光谱分析方法

将光谱表达为数字形式后,就可以使用合适的数学方法对光谱进行分析和处理,我们把这种操作统称为光谱分析方法。

在此将主要介绍一些常规的光谱分析方法,包括:基线校正(baseline correction)、平滑(smothing)、导数(derivatives)、去卷积(deconvolution)、差减(subtraction)、曲线拟合(curve fitting)、相关性分析(correlation analysis)等。

化学计量学法(chemometrics)是一种基于统计学的化学分析方法,当然也可以用于光谱分析中。在近红外光谱技术中化学计量学法应用较多,在 4.4 节"近红外光谱"中会做进

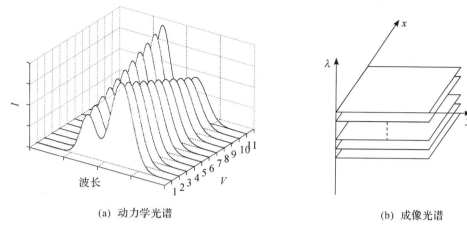

$$(a)\ 动力学光谱 \qquad\qquad (b)\ 成像光谱$$

图 3-49　动力学光谱和成像光谱

一步介绍,所以在此对化学计量学法不做介绍。另外,如果有兴趣深入了解化学计量学可以去阅读文献[17]。

(1)基线校正

理想情况下光谱的基线应该为与波长轴平行的直线,但实际光谱由于受到光源光谱轮廓、探测器光谱响应、散射、干涉等的影响,造成基线倾斜或呈余弦条纹状。图 3-50(a)中的实线光谱就是基线倾斜的情况,这时虽然也能够确定峰的位置,但是对峰的高度不能准确计量,所以需要采取措施消除基线的影响,即基线校正。

基线校正首先需要确定基线,然后将光谱减去基线:

$$\boldsymbol{I}_{bc} = \boldsymbol{I} - \boldsymbol{B} = [i_1 - b_1, i_2 - b_2, i_3 - b_3, \cdots, i_N - b_N] \tag{3.45}$$

其中,$\boldsymbol{B} = [b_1, b_2, b_3, \cdots, b_N]$ 为基线。对于图 3-50(a)中的光谱,可以选择峰两侧的极小值点的连线作为基线,校正后的光谱如虚线所示。

(2)平滑

光源、探测器、外部对光路的干扰等均会给光谱带来噪声,噪声有可能会淹没较弱的光谱峰,也会降低光谱分辨率,造成无法准确判断光谱峰的位置,如图 3-50(b)的实线光谱所示。平滑方法有许多种,比如均值平滑、中值滤波、低通滤波等,在光谱分析中更多地使用 Savitzky-Golay 平滑法(简称 SG 平滑法),因为它能够在去噪的同时保持峰的位置基本不变。

Savitzky-Golay 平滑法,也称为窗口移动多项式最小二乘平滑法,由 Savitzky 和 Golay 在 20 世纪 60 年代共同提出,它与均值平滑法类似,但不是使用均值运算,而是使用多项式最小二乘拟合运算。

在阐述 Savitzky-Golay 平滑法的基本原理前,首先做如下几点假设:

①窗口大小为奇数 $2M+1$,其中心点为目标点;

②拟合多项式的阶数为 k;

③波长间隔相等,所以在窗口内直接用序号 $m(m = -M, -M+1, \cdots, M-1, M)$ 表示拟合多项式的横坐标;

④窗口中心位置与波长位置 n 重合,所以,窗口序号 m 与波长序号 $n+m$ 对应,如

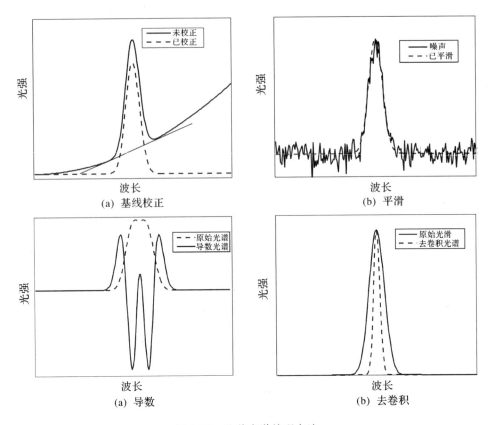

图 3-50   几种光谱处理方法

图 3-51所示。

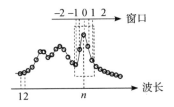

图 3-51   波长坐标与窗口坐标

波长 $n+m$ 处的强度用拟合多项式表示为

$$i_{n+m}^{m}=a_0+a_1m+a_2m^2+\cdots+a_km^k \tag{3.46}$$

其中,a 为待求解的多项式拟合系数。

下面以窗口尺寸为 5、拟合多项式阶数为 2 说明如何确定拟合系数 a。首先将窗口内的 5 个点均表示为窗口坐标 m 的多项式拟合:

$$\begin{cases} i_{n-2}^{-2}=a_0+a_1\cdot(-2)+a_2(-2)^2=a_0-2a_1+4a_2 \\ i_{n-1}^{-1}=a_0+a_1\cdot(-1)+a_2(-1)^2=a_0-a_1+a_2 \\ i_n^{0}=a_0+a_1\cdot(0)+a_2(0)^2=a_0 \\ i_{n+1}^{1}=a_0+a_1\cdot(1)+a_2(1)^2=a_0+a_1+a_2 \\ i_{n+2}^{2}=a_0+a_1\cdot(2)+a_2(2)^2=a_0+2a_1+4a_2 \end{cases} \tag{3.47}$$

将上式写成矩阵形式为

$$\boldsymbol{I} = \begin{bmatrix} i_{n-2}^{-2} \\ i_{n-1}^{-1} \\ i_n^0 \\ i_{n+1}^1 \\ i_{n+2}^2 \end{bmatrix} = \begin{bmatrix} 1 & -2 & 4 \\ 1 & -1 & 1 \\ 1 & 0 & 0 \\ 1 & 1 & 1 \\ 1 & 2 & 4 \end{bmatrix} \begin{bmatrix} a_0 \\ a_1 \\ a_2 \end{bmatrix} = \boldsymbol{A}\boldsymbol{a} \tag{3.48}$$

解上述方程得到多项式拟合系数为

$$\boldsymbol{a} = (\boldsymbol{A}^{\mathrm{T}}\boldsymbol{A})^{-1}\boldsymbol{A}^{\mathrm{T}}\boldsymbol{I} \tag{3.49}$$

由式(3.47)知道,窗口中心点的拟合值正好等于系数 a_0,所以

$$\overline{i_n^0} = \frac{1}{35}(-3i_{n-2}^{-2} + 12i_{n-1}^{-1} + 17i_n^0 + 12i_{n+1}^1 - 3i_{n+2}^2) \tag{3.50}$$

从上式可以看出,Savitzky-Golay 平滑法对窗口中的点赋予了不同权重,它不是简单的均值平滑。

在图 3-52 中对均值平滑和 SG 平滑的平滑效果进行了比较。在基本消除原始光谱中噪声引起的"毛刺"现象的情况下,SG 平滑能够更好地保持峰的特征,具体如图中虚线位置所示。

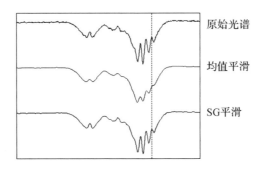

图 3-52　均值平滑与 SG 平滑的比较

（3）导数

导数光谱可以增强原始光谱的分辨率,分离原始光谱中靠得比较近的吸收峰,但是求导也会放大噪声,所以通常需要对求导后的结果再进行平滑处理。

常用的导数光谱有一阶、二阶、四阶 3 种形式,其中最有用的是二阶导数光谱,如图 3-50(c)所示,其谷与原始光谱的峰和肩峰位置对应。并且从图中可以看出,二阶导数光谱能够准确地分辨原始光谱中靠得很近的两个峰。

导数光谱也可以使用 Savitzky-Golay 法,对式(3.46)二阶求导可以得到

$$\frac{\mathrm{d}i_{n+m}^m}{\mathrm{d}m} = 2a_2 + 6a_3 m + \cdots + k \cdot (k-1)a_k m^{k-2} \tag{3.51}$$

从上式中看出中心点 $(m=0)$ 的二阶导数正好与拟合系数 a_2 成正比,拟合系数的获取与前面的推导过程一样。

（4）去卷积

实际光谱往往是理想光谱与影响函数(比如:仪器响应函数)的卷积,它会导致光谱谱

线变宽、分辨率降低。通过去卷积消除影响函数就能够达到增强光谱分辨率的目的，图 3-50(d)显示了去卷积后的效果。去卷积中影响函数的确定非常关键，一般需要一定的先验知识确定影响函数的基本线型。

假设影响函数为

$$\boldsymbol{H} = [h_1, h_2, h_3, \cdots, h_N] \tag{3.52}$$

理想光谱为式(3.41)，在此假设 $\boldsymbol{H}$ 与 $\boldsymbol{I}$ 的长度一样，即使它们的长度不一样，也可以通过在序列后面补零使其长度一样。$\boldsymbol{I}$ 与 $\boldsymbol{H}$ 的卷积可以用下式表示：

$$\boldsymbol{I}_{\text{con}} = [j_1, j_2, j_3, \cdots, j_N] = \boldsymbol{I} \cdot \boldsymbol{H}_{N \times N} \tag{3.53}$$

式中，

$$\boldsymbol{H}_{N \times N} = \begin{bmatrix} h_1 & h_2 & h_3 & \cdots & h_N \\ 0 & h_1 & h_2 & \cdots & h_{N-1} \\ 0 & 0 & h_1 & \cdots & h_{N-2} \\ \vdots & \vdots & \vdots & & \vdots \\ 0 & 0 & 0 & \cdots & h_1 \end{bmatrix} \tag{3.54}$$

去卷积是卷积的逆过程，其计算步骤如下所示：

$$\begin{cases} i_1 = j_1 / h_1 \\ i_2 = (j_2 - i_1 h_2) / h_1 \\ i_3 = (j_3 - i_1 h_3 - i_2 h_2) / h_1 \\ \vdots \qquad \vdots \\ i_n = \left(j_n - \sum_{m=1}^{n-1} i_m h_{n-m+1} \right) / h_1 \end{cases} \tag{3.55}$$

（5）差减

光谱差减在数学上是将两个光谱相减，差减后的结果称为差减光谱：

$$\boldsymbol{I}_{\text{sub}} = \boldsymbol{I} - \boldsymbol{I}' = [i_1 - i_1', i_2 - i_2', i_3 - i_3', \cdots, i_N - i_N'] \tag{3.56}$$

在光谱测量中为了去除背景的影响，首先会采集背景光谱，然后将背景光谱从测量光谱中扣除，这样得到的光谱就是差减光谱。

在实际应用中要得到正确的差减光谱应该注意，差减要按一定的比例实施，即

$$\boldsymbol{I}_{\text{sub}} = \boldsymbol{I} - \alpha \boldsymbol{I}' \tag{3.57}$$

式中，α 为差减因子。如何调节差减因子是差减光谱的关键。差减因子调节的原则是：选择背景光谱中的一个参考峰，通过调节差减因子使差减光谱刚好能够去除该参考峰。

图 3-53 是一个差减光谱的例子。左上角和右上角分别为背景光谱和样品光谱，样品信息主要包含在光谱中较平坦的吸收峰区域。差减时选择较强的吸收峰作为参考，当差减因子选择不合适时，差减光谱为左下角曲线，可以看出它没有完全消除参考峰，并且样品的吸收峰也不显著；当差减因子选择合适时，差减光谱为右下角曲线，它完全消除了参考峰，并且样品的吸收峰也更显著。

（6）曲线拟合

曲线拟合通常用洛伦兹函数或高斯函数对光谱中的重叠峰进行拟合，拟合得到的子峰通常包括峰位、峰高、峰宽、峰面积等几个参数，所以曲线拟合是测量重叠峰的峰位、峰高、

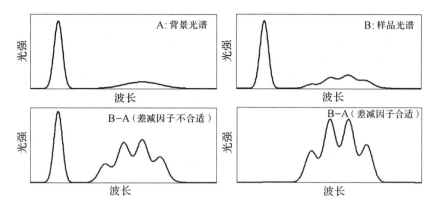

图 3-53　差减光谱

峰面积等参数的最好方法。

　　曲线拟合效果可以用拟合得到的子峰叠加结果与原始光谱的偏差来评价,偏差越小则曲线拟合效果越好。图 3-54 显示的原始光谱实际上包含了 4 个吸收峰,用高斯函数进行曲线拟合可以清晰地得到这 4 个吸收峰的所在位置,并且很容易估计每个峰的半宽度、高度和面积。

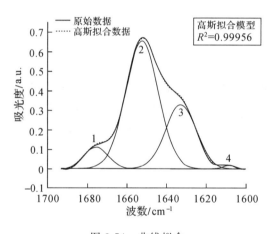

图 3-54　曲线拟合

　（7）相关性分析

　　相关性分析通常用于分析信号系统中两个信号在时间上的相关性,类似地,可以将它用于分析两个光谱在波长上的相关性:

$$C_{AB} = AB^{\mathrm{T}} \tag{3.58}$$

其中,C 为相关系数,A 和 B 为光谱向量,上标 T 表示转置。

　　如果将一组动力学光谱用矩阵 $X(m \times n)$ 表示(其中,m 为物理量数目,n 为波长数),那么利用以下公式可以计算相关矩阵:

$$C = XX^{\mathrm{T}} \tag{3.59}$$

它给出了动力学光谱之间的相关系数,它表示了不同光谱之间的相关程度,利用它可以对动力学过程进行分析。如图 3-55(a) 和 (b) 分别给出了动力学光谱及其相关性分析结果,从相关性分析结果中可以清楚地看出整个动力学过程的变化趋势。

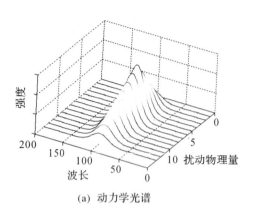

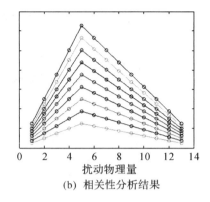

(a) 动力学光谱   (b) 相关性分析结果

图 3-55　动力学光谱及其相关性分析结果

如果把公式(3.59)表示为

$$C = X^{\mathrm{T}} X \tag{3.60}$$

那么它实际上是 Noda I 提出的二维相关光谱中的同步相关光谱,如果对此有兴趣可以参看文献[18—19]。

小　结

本章首先概括性地阐述了光谱仪器的基本结构以及用于评价仪器性能的基本参数;然后分别介绍了光谱仪器中的光源、色散组件和探测器,包括常用器件和基本工作原理,为在光谱仪器设计中如何选择光源、色散组件和探测器提供了指导;最后,阐述了常用的光谱分析方法,包括数学原理和具体效果。

思考题和习题

3.1　如果让你去采购一款光谱仪器,你会从哪些方面向经销商了解产品的具体情况?

3.2　要求光谱范围为 200～760nm、光谱分辨率优于 0.1nm,请自行设计一个光谱测量系统,具体从光源、色散组件和探测器三个方面的选择和设计上进行说明。

3.3　与波长相关的光谱仪器性能指标都有哪些?它们具体的物理含义是什么?

3.4　线光源的“线”的含义是什么?它们在光谱仪器中的主要用途是什么?

3.5　请从能级跃迁角度说明红宝石激光器、Nd：YAG 激光器、氮分子激光器和 He-Ne激光器形成粒子数反转的基本原理。

3.6　何为准分子?准分子激光器粒子数反转的机理是什么?

3.7　请列举出两种以上的可调谐激光器,并说明各自波长调谐的基本原理。

3.8　列举常用的紫外、可见和红外连续光源。

3.9　从日光灯的发光原理推测日光灯的光谱形式为何。

3.10　在使用激光二极管(LD)时要特别注意静电作用,它极易受静电击穿而被损坏,损坏后的 LD 可能仍会发光,并且中心波长基本不变,请问在这种情况下如何判断 LD 是否

被损坏?(提示:损坏的 LD 的发光特性与 LED 类似)

3.11　霓是一种类似于虹的空气中水滴对太阳光的色散现象,它是光束在水滴中经过两次折射和两次反射的结果。

(1)试建立霓形成的物理模型,分析不同颜色光的偏折情况。

(2)假设 589.3nm 的绿光对应的水折射率为 1.3330,试计算在形成霓时该波长光相对于入射光的最小偏折角大小。

3.12　请说明如下色散系统的光谱分辨本领受什么因素影响。

(a)棱镜;

(b)光栅;

(c)法布里-帕罗干涉仪;

(d)傅里叶变换干涉仪。

3.13　许多材料在可见光波段的折射率可以用 Conrady 公式 $n(\lambda) = n_0 + \dfrac{A}{\lambda} + \dfrac{B}{\lambda^{3.5}}$ 来描述,假设某种材料的 Conrady 公式的系数为 $n_0 = 1.10108$、$A = 6.87551 \times 10^{-3}$、$B = 0.15087$,那么它的阿贝数为多少?

(提示:阿贝数 $V = \dfrac{n_d - 1}{n_F - n_C}$,$n_d$、$n_F$、$n_C$ 分别为氦气 d 线 587.6nm、氢气 F 线 486.1nm 和氢气 C 线 656.3nm 处的折射率)

3.14　在光栅色散系统中,光谱级次对光谱分辨本领和光谱自由范围的影响如何?

3.15　假设光栅光谱仪的工作光谱范围为 240～600nm,使用的光谱级次为 2,试设计合适的滤光片以消除光谱级次重叠问题。

3.16　利用 1800 条/mm 光栅的 1 级次光探测 500nm 附近的光谱,假设仪器的几何位置允许入射角为 30°,那么最佳的闪耀角为多少?

3.17　如果一个光源仅包含两条靠得很近的谱线,如何利用法布里-帕罗干涉仪检测两条谱线的间距? 给出光路图,并阐述如何计算谱线间距。

3.18　一个 FP 干涉仪的腔长为 5cm,镜面反射率为 0.99,腔内介质为空气。

(1)假设光束垂直于镜面入射,它能否分辨钠双黄线(589.0nm 和 589.6nm)?

(2)假设钠灯为直径为 1mm 的面光源,准直透镜的焦距为 100mm,那么经干涉后可以观察到多少圈双黄线结构?

3.19　在傅里叶变换光谱仪中,由于动镜移动距离有限,所以在进行傅里叶变换时需做修正,请问如何修正? 并由此导出傅里叶变换光谱仪的光分辨本领公式。

3.20　使用迈克尔逊干涉仪测量激光波长,如果需要在对 $\lambda = 600$nm 的激光波长测量中分辨间距为 10^{-4}nm 谱线,动镜必须移动的最小距离是多少?

3.21　(1)光谱分辨本领是衡量光谱仪器性能的重要参数,分别计算以下棱镜、光栅和 FP 干涉仪的光谱分辨本领:

①棱镜底边长度 5cm,顶角 60°,折射率 1.5,色散率 $\dfrac{dn}{d\lambda} = 0.6 \times 10^{-4}$/nm。

②光栅宽度 5cm,刻划密度 600 条/mm。(光谱级次为 1)

③FP 干涉仪腔长 5cm,端面反射率 0.99,反射面之间的介质为空气($n \approx 1$),光束垂直

入射,中心波长为550nm。

(2)假设有两个波长在550nm附近相差0.0001nm,能否用上面的FP干涉仪将它们分辨开来? 如果不行,在其他参数不变的情况下腔长应增加至多少?

3.22 列举3种以上热探测器,并说明各自的工作原理。

3.23 什么是外光电效应? 典型的外光电效应探测器是什么? 从光电效应的原理来说明探测波长范围由什么决定。

3.24 说明单光子计数、取样积分和锁相放大这三种探测技术的基本原理。它们对被探测的信号有什么要求?

3.25 试比较光电倍增管和雪崩二极管。

3.26 在光栅光谱仪中,如果使用线阵探测器并行检测光谱信号,那么在具体仪器设计时应注意哪些方面? 试分析光谱分辨率会受哪些因素的影响。

3.27 求导也可以采用Savitzky-Golay方法,在Savitzky-Golay平滑法的基础上推导Savitzky-Golay二阶导数法,给出窗口尺寸为5、多项式幂次为4的拟合系数。

3.28 光谱去卷积的物理本质是什么? 如何选择所用的影响函数? 如果需要测量一个光谱仪器系统的影响函数,你会怎么做?

第4章

吸收光谱技术

学习目标

1 掌握吸收光谱的基本概念和测量方法；

2 熟练掌握朗伯-比耳吸收定律；

3 了解和掌握紫外-可见、红外、近红外吸收光谱的原理、测量和应用。

吸收光谱是相对发射光谱而言的，它测量的是在不同波长下的光吸收，并不会产生新的波长。在本章中，将首先介绍吸收光谱的基本概念和测量方法；然后依次介绍紫外-可见光谱、红外光谱和近红外光谱技术，包括它们的产生原理、测量方法和具体应用。

4.1 吸收光谱的基本概念

4.1.1 吸收光谱的表达

吸收在光谱中有两种表达方式：透射率（transmittance）和吸光度（absorbance）。假设入射光强为 I_0，经过样品后的光强为 I，那么透射率 T 和吸光度 A 可分别表示如下：

$$\begin{cases} T = \dfrac{I}{I_0} \\ A = \lg \dfrac{I_0}{I} = -\lg T \end{cases} \tag{4.1}$$

由于 I 通常要小于 I_0，所以透射率 T 的取值范围为 $0\sim1$。

图 4-1 显示了纯水（H_2O）在近红外波段（$4000\sim12000\mathrm{cm}^{-1}$）分别用吸光度和透射率表示的吸收光谱。

4.1.2 吸收光谱的测量

由吸收光谱的表达容易知道，要得到吸收光谱通常需要测量两次光强：一次是测量入射光强，也称为背景光强或参比光强；另一次是测量通过样品后光强，也称为透射光强。

在实际光谱的测量中可采用单光路和双光路两种方式，分别如图 4-2（a）和（b）所示。

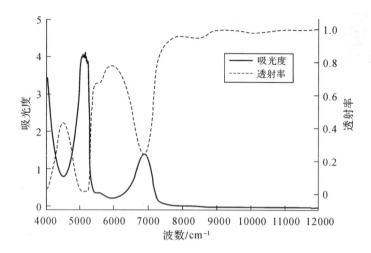

图 4-1　水在 4000～12000cm^{-1} 的吸收光谱

单光路方式是在光路中不放入和放入样品时分别测量透射光强。双光路方式则是把光分成两路,一路通过空白样品池或参比样品池;另一路通过待测样品,然后分别探测两路光强。单光路方式相比于双光路方式操作稍显烦琐。

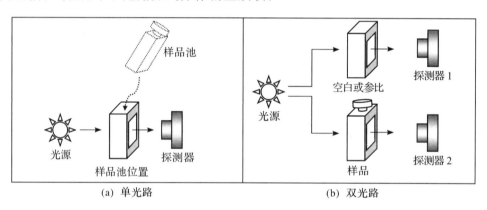

图 4-2　吸收光谱的测量方式

4.1.3　吸收定律

吸收光谱的定量分析建立在吸收定律的基础上。吸收定律也称为朗伯-比耳定律(Lambert-Beer Law),它适合于所有电磁辐射波段,包括紫外-可见、近红外、红外波段等,也适用于不同形态的被测物质,包括气体、液体、固体等。

所谓吸收定律,是当一束平行的单色光通过某一均匀的物质时,吸光度 A 与物质浓度 c 和光程 b 的乘积成正比,如图 4-3 所示:

$$A = -\lg T = \lg \frac{I_0}{I} = \varepsilon bc \qquad (4.2)$$

式中,T 为透射率,它等于入射光强 I_0 与透射光强 I 的比值,ε 为比例常数。

公式(4.2)中的比例常数 ε 的物理含义跟物质浓度 c 的具体表达相关。假设浓度 c 单位为 mol/L,光程 b 单位为 cm,ε 就称为摩尔吸光系数,其单位为 L/(mol·cm);ε 越大该物质

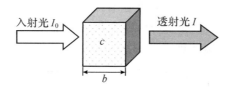

图 4-3　吸收

对此波长的吸收能力越强,在紫外-可见光区中 $\varepsilon \in 10 \sim 10^5$, $\varepsilon > 10^4$ 说明物质的吸光能力强,$\varepsilon < 10^3$ 说明物质的吸光能力弱。假设浓度 c 单位为 cm^{-3}(气体浓度常用表达方式,表示单位体积内的分子或原子数目),ε 就称为吸收截面,其单位为 cm^2。

在使用吸收定律的时候需要注意以下几个方面:

(1)吸收定律具有叠加性。如果存在多种物质对某波长均会产生吸收,那么吸光度可以表示为

$$A = b \sum_i \varepsilon_i c_i \tag{4.3}$$

(2) 吸收定律要求入射光为单色平行光。如果入射光为非单色光,一般不同波长处的 ε 会不一样,这样会导致测量吸光度与理论吸光度有差别,从而造成吸收定律的偏离。在实际中入射光总是具有一定的半宽度,这样在该波长范围内如果 ε 变化越大,则吸收定律偏离也越大。如图 4-4(a)所示,区域 I 比区域 II 的 ε 变化更小,如果将测量波长选在区域 I 附近,那么吸收定律的偏离会更小。如果入射光不平行,那么不同光线通过样品的光程会不一样,如图 4-4(b)所示,由此也会造成吸收定律偏离。

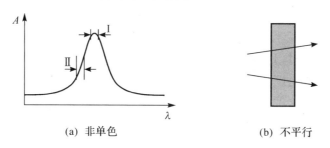

(a) 非单色　　　　　　　　(b) 不平行

图 4-4　入射光非单色和不平行引起的吸收定律偏离

(3)在利用吸收定律进行定量分析时,要选择合适的吸光度使浓度测量误差最小。对吸收定律公式(4.2)进行微分:

$$-0.434 \Delta T / T = \varepsilon b \Delta c \tag{4.4}$$

由上式和式(4.2)得到浓度测量的相对误差为

$$\frac{\Delta c}{c} = \frac{0.434}{T \lg T} \Delta T \tag{4.5}$$

由此可见,浓度测量相对误差不仅与仪器的透射率测量误差 ΔT 有关,而且与透射率 T 本身有关。假设仪器的透射率测量误差 ΔT 一定,那么由公式(4.5)可以绘制如图 4-5 所示的浓度相对误差随透射率变化的曲线。由此可见,当透射率过小或过大时都会造成浓度相对误差很大,而透射率 T 在 20%～65%范围时(即吸光度 A 在 0.2～0.7 范围)浓度测量相对误差较小。所以在实际光谱测量时应该将透射率或吸光度控制在该范围内。根据吸收

定律可知,可以通过控制溶液浓度或选择适当光程的样品池来控制透射率或吸光度的大小。比如:假设某浓度溶液的吸光度过大,则先把溶液稀释,然后再测定吸光度,计算出稀释溶液的浓度,最后按稀释比例计算出原溶液的浓度。

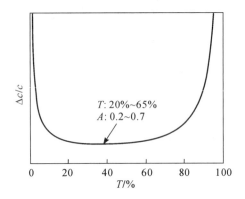

图 4-5　浓度相对误差随透射率变化的曲线

(4)如果被测物质会具有非弹性散射(如拉曼散射)或荧光效应,那么这些非吸收导致的光强变化会造成吸收定律的偏离。此外,被测物质最好为均一的稀溶液或气体,这样可以减小由于物质粒子的相互作用导致离解、缔合、互变异构等化学反应发生的可能性。

4.1.4　吸光度的测量方法

除了选择合适的光度范围进行测量外,还可以用一些特殊的光度测量方法来提高测量的准确性。下面将介绍差示法、双波长法和导数法。

(1)差示法

在测量高浓度溶液时,直接测量会带来很大的误差,这时候可采用差示法来测量光度值。差示法不同于一般光度法,它不是选择试剂空白或溶液空白作为参比,而是选择稍低于待测溶液浓度的已知浓度溶液作为参比。

假设未知溶液的浓度、吸光度和透射率分别为 c_x、A_x 和 T_x,参比溶液的浓度、吸光度和透射率分别为 c_s、A_s 和 T_s。此时测得的未知溶液的透射率为

$$T_r = \frac{T_x}{T_s} \tag{4.6}$$

如果 $T_x = T_s$,则 $T_r = 100\%$,说明在差示法中参比溶液的透射率为 100%(或吸光度为0),由此可见差示法的本质是将透射率标尺放大了。

由吸收定律知道,未知溶液与参考溶液的吸光度差与它们的浓度差也成正比:

$$\Delta A = A_x - A_s = \varepsilon b (c_x - c_s) \tag{4.7}$$

因此,测出吸光度差,根据式(4.7)就可以计算出浓度差,再将其加上参比溶液的浓度值 c_s 就得到了待测溶液的浓度 c_x。

例题:假设未知溶液的透射率 $T_x = 5\%$,参比溶液的透射率 $T_s = 10\%$,透射率测量误差 $\Delta T = 1\%$,试估计普通法和差示法测得的浓度测量误差。

普通法下,透射率 $T_x = 5\%$,代入公式(4.6)得到浓度测量误差为

$$\frac{\Delta c}{c} = \frac{0.434}{0.05 \lg 0.05} 0.01 \approx -6.67\%$$

差示法下,透射率 $T_r = 50\%$,代入公式(4.6)得到浓度测量误差为

$$\frac{\Delta c}{c} = \frac{0.434}{0.5 \lg 0.5} 0.01 \approx -2.88\%$$

可以看出,差示法下的浓度测量误差比普通法要小,具体如图 4-6 所示。

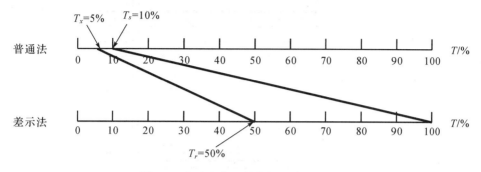

图 4-6　差示法的透射率标尺放大效果

（2）双波长法

双波长法是以一个波长的吸光度作为另一个波长的参比。假设两个波长分别为 λ_1 和 λ_2,它们对样品溶液的摩尔吸光系数分别为 $\varepsilon_{\lambda 1}$ 和 $\varepsilon_{\lambda 2}$,根据吸收定律,两个波长处的吸光度可分别表示为

$$\begin{cases} A_{\lambda_1} = \varepsilon_{\lambda 1} bc + A_{s1} \\ A_{\lambda_2} = \varepsilon_{\lambda 2} bc + A_{s2} \end{cases} \tag{4.8}$$

其中,A_{s1} 和 A_{s2} 为背景吸收,它们与波长关系不大,主要取决于样品的浑浊程度。所以两波长处的吸光度差为

$$\Delta A = A_{\lambda_2} - A_{\lambda_1} \approx (\varepsilon_{\lambda 2} - \varepsilon_{\lambda 1}) bc \tag{4.9}$$

由此可见,两波长处的吸光度差也与样品浓度成正比,这就是双波长法的浓度测量原理。

（3）导数法

将吸光度对波长求导可以得到

$$\frac{\mathrm{d}^n A}{\mathrm{d}\lambda^n} = \frac{\mathrm{d}^n \varepsilon}{\mathrm{d}\lambda^n} bc \tag{4.10}$$

由此可见,吸光度的导数值仍与样品浓度成正比,这也是导数法的浓度测量原理。

在双波长光路中,如果两个波长彼此邻近,并且对波长进行扫描,那么可以直接得到一阶导数光谱。在利用计算机获得光谱数据后,也可以很方便地计算出任意阶的导数光谱。在 2.5 节中我们提到过,导数光谱具有更高的光谱分辨率,它能够更好地分辨重叠谱带。

4.1.5　吸收光谱分类

按吸收物质粒子可以把吸收光谱分为原子吸收光谱和分子吸收光谱,前者在元素成分分析方面非常有用,后者对分子结构解析很有帮助。

吸收光谱与电子运动、分子振动和分子转动等粒子内部运动所形成的能级相关,不同类型能级间跃迁所产生的吸收波长范围会不一样。

利用图 4-7 所示的分子能级结构可以更清晰地看到这一点。图中 E、V 和 R 分别表示

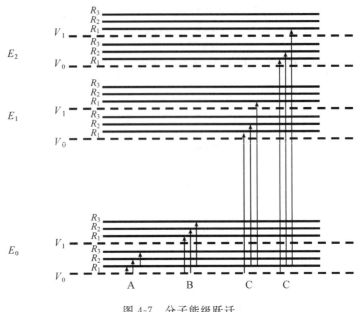

图 4-7　分子能级跃迁

电子、振动和转动能级,可能发生的能级跃迁有 A、B 和 C 三种形式。A 为转动能级跃迁,产生的光谱会出现在远红外甚至是微波区域;B 为转动/振动能级跃迁,产生的光谱会出现在中红外区域;C 为转动/振动/电子能级跃迁,产生的光谱会出现在紫外-可见光-近红外区域。在这里,我们主要按波长范围把吸收光谱分为紫外-可见、近红外和红外吸收光谱。下面将分别对它们进行阐述,其中近红外光谱技术比较偏重于分析方法,在其光谱测量方面仅简单介绍。

4.2　紫外-可见光谱

紫外-可见光谱也称为电子光谱,它由物质分子的外层电子能级之间的跃迁所产生。紫外可见光谱法就是利用物质对紫外-可见光的选择性吸收而建立起来的一种分析方法。

4.2.1　基本概念

紫外-可见光谱的光谱坐标一般用波长表示,单位为纳米(nm)。紫外-可见光区通常分为三个区域:$10\sim200$nm 的远紫外光区(也称真空紫外)、$200\sim380$nm 的近紫外光区和$380\sim760$nm 的可见光区。远紫外光区的光信号探测相对较困难,所以在实际中使用较少。在可见光区,光的波长与颜色具有如表 4-1 所示的对应关系,颜色的互补色表示一束白光被吸收该颜色后所呈现的颜色。注意:颜色随波长的变化是渐变的,所以实际上不同颜色之间的分界并不会这么明显。

表 4-1　波长与颜色

波长/nm	颜　色	互补色
380~450	紫	黄绿
450~480	蓝	黄
480~490	绿蓝	橙
490~500	蓝绿	红
500~570	绿	红紫
560~570	黄绿	紫
570~590	黄	蓝
590~620	橙	绿蓝
620~760	红	蓝绿

在紫外-可见光谱中,吸光度最大处对应的波长称为最大吸收波长 λ_{max},最大吸收波长 λ_{max} 处的摩尔吸光系数表示为 ε_{max}。不同物质的吸收曲线和最大吸收波长 λ_{max} 不同,因此可以利用吸收曲线进行物质鉴别。不同浓度的同一物质的吸收光谱相似,最大吸收波长位置基本不变,但是吸光度会随浓度的增加而增大,如图 4-8 所示,所以利用吸收曲线也可以进行定量分析。一般而言,最大吸收波长位置的吸光度随浓度变化的灵敏度最高,所以在定量分析时通常选择 λ_{max} 位置。

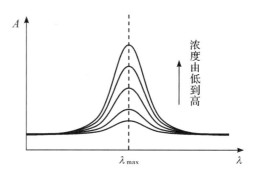

图 4-8　λ_{max} 位置的吸光度随浓度的变化

4.2.2　紫外-可见光谱形成机理

紫外-可见光谱吸收发生在图 4-7 中的 C 跃迁,可以看出,除了有不同电子能级间跃迁外,还会伴随振动能级和转动能级跃迁。由于转动能级间隔非常小,它大约为电子能级间隔的 10^{-4} 量级,所以谱线之间会靠得很近,再加上非气态物质会由于碰撞作用导致谱线展宽,使得由于电子能级跃迁产生的紫外-可见光谱呈现为连续谱带的形式。如图 4-9所示,从苯蒸气紫外光谱中还可以分辨伴随的振动和转动能级的跃迁谱线,但是联苯的紫外光谱却只是一个宽度很大的连续谱带。

紫外-可见光谱均由电子能级跃迁产生,在有机和无机化合物中具体来源如下。

（1）有机化合物的紫外-可见光谱

从化学键的角度考虑,与有机物分子的紫外-可见光谱

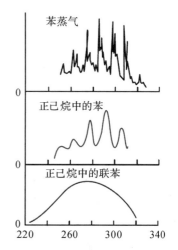

图 4-9　不同形态下苯的紫外光谱

相关的电子有:形成单键的 σ 电子、形成双键的 π 电子和未成键的 n 电子,单键和双键的电子轨道又可以分为成键轨道和反键轨道,通常用"＊"标记表示该电子位于反键轨道。

成键和反键轨道是两个电子轨道叠加的结果,它们叠加后的波函数特性不一样。成键轨道的波函数由两个电子轨道波函数相加而成,所以其核间的电子概率密度更大,轨道能量比叠加前两个电子轨道能量之和要低,能够形成稳定分子。而反键轨道的波函数由两个电子轨道波函数相减而成,所以其核间的电子概率密度更小,轨道能量比叠加前两个电子轨道能量之和要高,由于失去电子云屏蔽的原子核会互相排斥,所以不能形成稳定分子。图 4-10 给出了 s电子和 p 电子结合形成单键或双键的波函数形式,p 电子沿 x 方向和 y 方向结合可分别形成单键和双键。

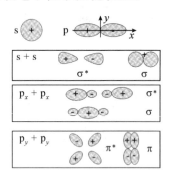

图 4-10　分子中电子轨道的形成

上述各电子轨道能级能量的高低次序为:σ＊＞π＊＞n＞π＞σ。不是任意两个电子能级之间的跃迁都是允许的,只有 σ→σ＊、n→σ＊、π→π＊和 n→π＊四种跃迁形式是允许的,如图 4-11 所示。

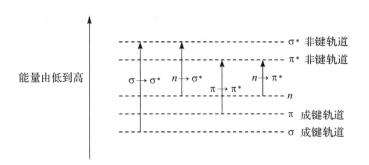

图 4-11　电子能级轨道之间的允许跃迁

①σ→σ＊跃迁

所需能量最大,一般位于远紫外光区(最大吸收波长 λ_{max}＜170nm),常规紫外-可见光谱仪不能用于研究远紫外吸收光谱。

饱和有机化合物的电子能级跃迁属于 σ→σ＊跃迁,比如:甲烷的 λ_{max} 为 125nm。

②n→σ＊跃迁

也是高能量跃迁,一般位于远紫外光区(λ_{max}＜200nm)。

含有 S,N,O,Cl,Br,I 等杂原子的饱和烃衍生物都会出现一个 n→σ＊跃迁产生的吸收谱带,比如:一氯甲烷(CH_3Cl)、甲醇(CH_3OH)、甲胺(CH_3NH_2)等。

n→σ＊跃迁所需能量很大程度上取决于 n 电子所属原子的性质,具体为:杂原子电负性越小,电子越容易被激发,所需能量就越小(即激发波长越长)。所以 n→σ＊跃迁产生的吸收谱带有时也落在近紫外区,比如:甲胺的 λ_{max} 为 213nm。

③π→π＊跃迁

其跃迁概率大,是强吸收带,跃迁所需能量较少,单个双键的 λ_{max} 位于 150～200nm。

随着双键数目的增加,π→π＊跃迁的吸收谱带有显著变化。特别是双键仅被 1 个单键隔开(即双键共轭)时,跃迁吸收强度会大大提高,而且吸收波长也会变长。比如:乙烯 $(CH_2\!=\!CH_2)$ 的 λ_{max} 为 185nm,共轭丁二烯 $(CH_2\!=\!CH\!-\!CH\!=\!CH_2)$ 的 λ_{max} 为 217nm,共轭己三烯 $(CH_2\!=\!CH\!-\!CH_2\!=\!CH_2\!-\!CH\!=\!CH_2)$ 的 λ_{max} 为 258nm。

④n→π* 跃迁

其跃迁概率小,是弱吸收带,跃迁所需能量最低,在近紫外光区,有时在可见光区。

含有杂原子的不饱和烃衍生物会产生一个 n→π* 跃迁产生的吸收谱带,比如:—COOR 基团的 n→π* 跃迁的 λ_{max} 为 205nm。对比 n→σ* 跃迁,如果在饱和化合物中引入不饱和基团,可以使饱和化合物的最大波长从远紫外光区移入到近紫外-可见光区。

最有用的紫外-可见吸收由 n→π* 或 π→π* 跃迁产生,而它们都与不饱和键相关,所以通常把能够在紫外-可见波段产生特征吸收的、含有 1 个或多个不饱和键的基团称为生色团。常见的生色团有—C≡C—、—C=O—、—C=N—、—N=N—等。

在有机化合物中还有另一种基团,它们本身不能在紫外-可见波段产生特征吸收,但是能够使生色团的吸收峰向长波方向移动,并且提高吸收峰的吸收强度,它们被称为助色团。助色团一般为含有杂原子的饱和基团,常见的助色团有 —OH—、—OR、—NH—、—NH₂—、—X等。

除了助色团外,引入其他取代基或者改变溶剂都有可能使最大吸收波长和吸收强度发生改变。最大吸收波长朝长波方向移动称为红移,反之为蓝移;吸收强度增加称为增色,反之为减色。如图 4-12 所示。

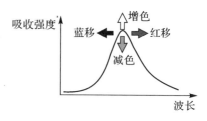

图 4-12　红移和蓝移以及增色和减色

(2)无机化合物的紫外-可见光谱

某些无机化合物受到光辐射时,也会在紫外-可见光区产生吸收谱带,主要有电荷迁移跃迁和配位体场跃迁两种形式。

①电荷迁移跃迁

给体(donor)的一个电子转移给受体(acceptor),导致体系从一个电子能级跃迁到另一个电子能级,从而产生相应的吸收或发射。电荷迁移跃迁所产生的光谱常落在紫外光区,吸收强度大,测量时灵敏度高。

比如:铁离子与硫氰酸盐(CNS)生成络合物,其中 CNS 是电子给体,Fe^{3+} 是电子受体,在光照下电子由 CNS 转移到了 Fe^{3+},从而呈现为红色。

$$[Fe^{3+}CNS^-]^{2+} \xrightarrow{h\nu} [Fe^{2+}CNS]^{2+}$$

②配位体场跃迁

过渡金属离子处在配位体形成的负电场中时,电子能级会分裂成能量不同的能级,在外来辐射的激发下电子会从低能量能级跃迁到高能量能级。比如:铜离子(Cu^{2+})与不同配位体结合时会呈现不同颜色,$[Cu(H_2O)_4]^{2+}$ 为蓝色,$[CuCl_4]^{2-}$ 为绿色,$[Cu(NH_3)_4]^{2+}$ 为深蓝色。配位体场所产生的光谱一般位于可见光区,其吸收强度较弱,对定量分析的作用不大。

4.2.3 典型紫外-可见光谱仪结构

紫外-可见光谱仪一般由光源、色散组件、样品池、探测器、显示及记录系统等部分构成,基本结构如图4-13所示。由连续辐射光经色散组件分光后,通过样品池被样品吸收,吸收后的光信号再被探测器接收,最后以某种方式显示和记录光谱。注意:在光路的安排上,样品池可以在色散组件之前,也可以在色散组件之后,即先色散后吸收或者先吸收后色散。

图 4-13 紫外-可见光谱仪的基本结构

(1)光源

光源需要提供紫外-可见光波段(200~760nm)足够强度和稳定的连续光谱。紫外光区一般使用氘灯或氢灯,而可见光区一般使用卤钨灯。在仪器中,为了避免光源之间的切换,通常会让氘灯和卤钨灯串联成直线使用。

(2)色散组件

色散组件通常由入射狭缝、准直镜、色散元件、物镜和出射狭缝构成,如图4-13所示。

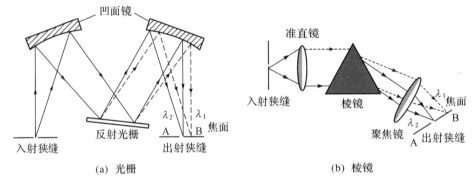

(a) 光栅   (b) 棱镜

图 4-14 色散组件

色散元件是色散系统的核心器件,一般选择棱镜或光栅,它们的色散原理可参看3.3节"色散组件"。入射狭缝用于限制杂散光,并且入射狭缝越小光谱分辨率越高。出射狭缝用于限制光谱带宽,但是如果使用阵列探测器接收光谱信号,出射狭缝不需要使用。

(3)样品池

样品池用于盛放待测样品,它要求在所测光谱区域为"透明"(即没有显著吸收)。

用于紫外-可见光谱测量的样品池材料主要有石英和一般玻璃两种,石英样品池可用于紫外-可见光区,而一般玻璃样品池则只能用于可见光区。此外,还有一些材料也可以用于紫外-可见光区,它们的透明波段如表4-2所示。

表 4-2 各种材料的透明波长

材料	石英(熔融)	玻璃	NaCl	KCl	KBr	CsI
透明波段	170nm~3.6μm	360nm~2.5μm	200nm~15μm	200nm~18μm	230nm~25μm	230nm~50μm

（4）探测器

探测器可使用单通道的光电倍增管或多通道的线阵光电探测器。使用单通道探测器时,仪器中需要专门的机械扫描机构,以实现对波长的扫描;而使用线阵探测器,则可以并行检测不同波长位置的光强,如图 4-15 所示。

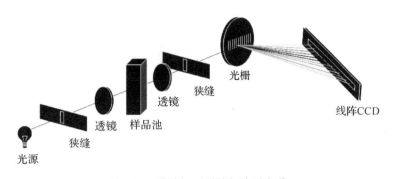

图 4-15　线阵探测器并行检测光谱

（5）显示和记录系统

早期紫外-可见光谱仪的显示和记录系统有检流计、微安表、电位计、数字电压表、$x-y$ 记录仪、示波器等,而现在更多地使用计算机作为显示和记录系统。基于计算机平台的光谱软件是显示和记录系统的核心,它可以控制光谱仪器的自检和光谱采集,将光谱显示在显示器上,以曲线或数据表格方式输出光谱测量结果,此外还可以灵活地对光谱进行分析和处理。

（6）光路设计

这里讨论的光路将不仅限于紫外-可见光谱仪,对红外和近红外光谱仪或者后面要介绍的发射光谱仪也是适用的。在此,我们仅对单光束、双光束和双波长这 3 种光路进行说明（如图 4-16 所示）,如果需要更进一步了解可阅读文献[20]。

单光束光路如图 4-16（a）所示。它仅使用一路光,并且仅利用单一波长;具有结构简单、价格低廉的优点,但是容易受光源和探测器的不稳定性的影响,因此并不实用。

双光束光路如图 4-16（b）所示。它利用切光器将单色器的出射光分为两路,一路经过样品池,另一路经过参考池,以两路信号的比值作为测量结果;双光束光路可以克服单光束情况下由于光源和探测器不稳所带来的误差。

双波长光路如图 4-16（c）所示。它由两个单色器分出不同波长的两束光,由切光器并束,使其在同一光路中交替通过样品池;双波长光路可以降低杂散光的影响,具有较高的光谱精度,如果两个波长相邻,并且对波长进行扫描,那么利用双波长光路就可以得到导数光谱。

4.2.4　紫外-可见光谱仪的标定方法

光谱仪器在使用前往往需要进行定标（或者称校正）,定标主要包括波长定标、光度定标和杂散光定标 3 种形式,紫外-可见光谱仪的标定方法具体如下。

（1）波长定标

利用波长已知的特征谱线进行波长定标,可以采用多项式拟合方法。假设校正波长 λ'

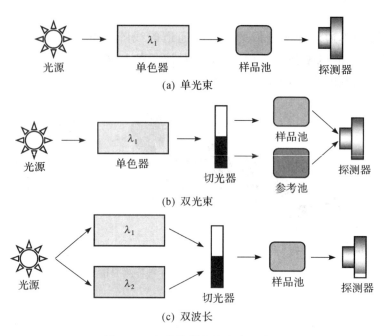

图 4-16　光谱仪器中的光路设计

可以用测量波长 λ 的 m 阶多项式表示：

$$\lambda' = a_0 + a_1\lambda + a_2\lambda^2 + \cdots + a_m\lambda^m \tag{4.11}$$

利用 n 个波长的测量值和校正值来确定拟合系数 a（其中 n 要大于 m）：

$$\begin{bmatrix} \lambda_1' \\ \lambda_2' \\ \vdots \\ \lambda_n' \end{bmatrix} = \begin{bmatrix} 1 & \lambda_1 & \cdots & \lambda_1^m \\ 1 & \lambda_2 & \cdots & \lambda_2^m \\ \vdots & \vdots & & \vdots \\ 1 & \lambda_n & \cdots & \lambda_n^m \end{bmatrix} \begin{bmatrix} a_0 \\ a_1 \\ \vdots \\ a_m \end{bmatrix} \tag{4.12}$$

用于波长标定的标准物质主要有如下几种：

具有特征吸收谱线的辐射光源，比如：氢灯（486.13nm，656.28nm）、氘灯（486.00nm，656.10nm）或低压汞灯等。其中低压汞灯在紫外-可见波段有多条特征谱线，具体如图 4-17 所示。

镨钕玻璃和氧化钬玻璃也可用于标定波长，经过它们的透射光在可见光区具有多个特征吸收峰。图 4-18 显示了氧化钬玻璃的透射光谱。

此外，苯蒸气在紫外光区的特征吸收峰也可用于波长定标，苯蒸气的紫外光谱如图 4-9 所示。苯蒸气的吸收光谱可以按如下步骤测量：在样品池中滴一滴液体苯，盖上样品池，待苯挥发后再进行光谱测量。

（2）光度定标

光度定标可用重铬酸钾标准溶液，它由 0.0303g 重铬酸钾溶于 1L 浓度为 0.05mol/L 的氢氧化钾中配制而成，然后使用光程 1cm 的样品池，在 25℃ 的温度下测定其吸收光谱，将每个波长下测得的吸光度或透射率与标准值进行比较，从而实现对光度的定标。

表 4-3 显示了标准重铬酸钾标准溶液在不同波长处的吸光度和透射率。

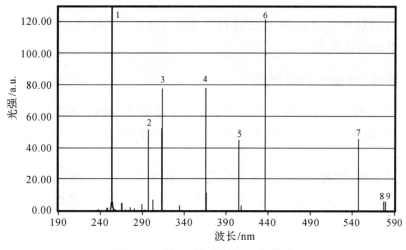

图 4-17　低压汞灯的特征吸收谱线

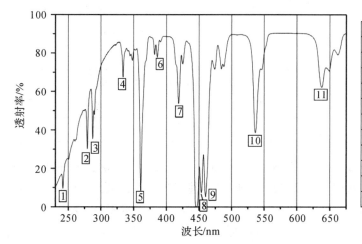

序号	波长/nm
1	214.5
2	279.3
3	287.6
4	333.8
5	360.8
6	385.8
7	418.5
8	453.4
9	459.9
10	536.4
11	637.5

图 4-18　氧化钬玻璃的透射光谱[21]

表 4-3　重铬酸钾标准溶液的吸光度和透射率

波长/nm	吸光度	透射率/%	波长/nm	吸光度	透射率/%	波长/nm	吸光度	透射率/%
220	0.446	35.8	300	0.149	70.9	380	0.932	11.7
230	0.171	67.4	310	0.048	89.5	390	0.695	20.2
240	0.295	50.7	320	0.063	86.4	400	0.396	40.2
250	0.496	31.9	330	0.149	71	420	0.124	75.1
260	0.633	23.3	340	0.316	48.3	440	0.054	88.2
270	0.745	18	350	0.559	27.6	460	0.018	96
280	0.712	19.4	360	0.83	14.8	480	0.004	99.1
290	0.428	37.3	370	0.987	10.3	500	0	100

（3）杂散光定标

一般选择在透射率为 0 的波长处进行杂散光定标，NaI 标准溶液（240nm）和纯丙酮（310nm）常用于杂散光校正。

4.2.5 紫外-可见光谱的解析

不同物质的紫外-可见光谱会不一样，包括光谱形状、吸收峰的数目、最大吸收波长 λ_{max}、最大摩尔吸光系数 ε_{max} 等，利用这些特征可以进行物质鉴别、分子结构判定等定性分析。

对于有机化合物，可按表 4-4 所示基本规则由其紫外-可见光谱对分子式或分子链进行初步推断，这些基本规则均来源于有机化合物紫外-可见光谱的产生机理。

表 4-4 利用紫外-可见光谱推断有机化合物结构的基本规则

紫外-可见光谱现象	推断结论
200～750nm 无吸收峰	直链烷烃、环烷烃、饱和脂肪族化合物或仅含一个双键的烯烃
270～350nm 有低强度吸收峰	含有一个简单非共轭且含有 n 电子的生色团，如羰基
250～300nm 有中等强度的吸收峰	含苯环
210～250nm 有强吸收峰	含有 2 个共轭双键
260～300nm 有强吸收峰	含有 3 个或 3 个以上共轭双键
吸收峰延伸至可见光区	长链共轭或稠环化合物

在有机化合物的紫外-可见光谱的测量中，通常需要把待测物溶于某种溶剂中再进行测量，但是溶剂的极性会引起吸收光谱最大吸收波长甚至形状发生改变，比如：图 4-19 所示的 N-亚硝基二甲胺在乙烷、二氧六环、环己烷中的吸收光谱截然不同；表 4-5 显示了"N-（4-羟基-3,5-二苯基-苯基）-2,4,6-三苯基-吡啶内铵盐"在质子性溶剂里（具有羟基）形成氢键作用导致吸收峰位置的变化。所以在进行紫外-可见光谱测量时必须标注所用溶剂，也特别要注意选择合适溶剂使其不会对待测物的紫外-可见特征吸收产生干扰。

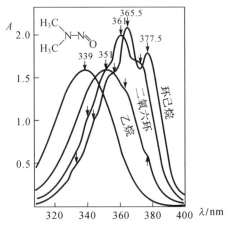

图 4-19　N-亚硝基二甲胺在不同溶剂中的紫外光谱

表 4-5　溶剂对 N -(4 -羟基- 3,5 -二苯基-苯基)- 2,4,6 -三苯基-吡啶内铵盐吸收峰的影响

	溶剂	CH_3OH	C_2H_5OH	$(CH_3)_2CH(CH_2)_2OH$	CH_3COCH_3	$C_6H_5OCH_2CH_3$
	λ_{max}	515nm	550nm	608nm	677nm	785nm
	颜色	红	紫	蓝	绿	黄

　　有些分子它们的原子种类及数目均相同,但是分子结构不同,称为异构体。异构体在紫外-可见光谱上是存在差别的,比如:分子式为 $C_5H_{10}O_3$ 的两种异构体,如表 4-6 所示,酮式结构的最大吸收波长 λ_{max} 比烯醇式结构的长,而烯醇式结构的最大摩尔吸光系数 ε_{max} 比酮式结构的大得多;二苯乙烯 C_8H_{10} 具有顺式和反式两种结构,如表 4-6 所示,顺式二苯乙烯的最大吸收波长 λ_{max} 比反式二苯乙烯的短,而最大摩尔吸光系数 ε_{max} 比反式二苯乙烯的小。

表 4-6　异构体的 λ_{max} 和 ε_{max} 的区别

分子式	分子结构		λ_{max}/nm	ε_{max}
$C_5H_{10}O_3$	酮式	$CH_3-C(=O)-CH(H)-C(=O)-OC_2H_5$	270	16
	烯醇式	$CH_3-C(OH)=C(H)-C(=O)-OC_2H_5$	143	16000
C_8H_{10}	顺式	顺式二苯乙烯结构	280	13500
	反式	反式二苯乙烯结构	295	27000

异构体在紫外-可见光谱上的差别主要源于分子中的共轭效应、空间阻碍效应和取代基对紫外-可见吸收的影响。

(1)共轭效应

两个或两个以上的双键通过单键连接时会发生共轭效应。共轭效应会导致红移和增色,即会使最大吸收波长 λ_{max} 向长波方向移动,以及摩尔吸光系数 ε_{max} 增大。

表 4-7 显示了多烯烃 $H—(CH=CH)_n—H$ 的 $\pi \to \pi *$ 跃迁所产生的吸收曲线的 λ_{max} 和 ε_{max} 随双键数目 n 的变化情况。从表中可以看出,双键数目越多,共轭效应越强,从而 λ_{max} 越大,相应 ε_{max} 也越大。

表 4-7 多烯烃 $H—(CH=CH)_n—H$ 的 $\pi \to \pi *$ 跃迁

n	1	2	3	4	5	6
λ_{max}/nm	180	217	268	304	334	364
ε_{max}	10000	21000	34000	64000	121000	138000

(2)空间阻碍效应

当取代基较大时,分子共面性会变差,从而造成空间阻碍。空间阻碍会破坏共轭体系,从而导致蓝移和减色,即会使最大吸收波长 λ_{max} 向短波方向移动,以及摩尔吸光系数 ε_{max} 变小。

表 4-8 显示了有取代基的二苯乙烯化合物的 $\pi \to \pi *$ 跃迁所产生的吸收曲线的 λ_{max} 和 ε_{max} 随取代基的变化情况。

表 4-8 有取代基的二苯乙烯化合物的 $\pi \to \pi *$ 跃迁

	R	H	H	CH_3	CH_3	C_2H_5
	R'	H	CH_3	CH_3	C_2H_5	C_2H_5
	λ_{max}/nm	294	272	243.5	240	237.5
	ε_{max}	27600	21000	12300	12000	11000

(3)取代基

取代基可分为给电子基和吸电子基两类。给电子基自身有未共用电子对的原子,如 $—NH_2=NH$、$—OH=NH$ 等,它会造成 λ_{max} 向长波方向移动;吸电子基会吸引电子,如 $—NO_2$、$—C=O$、$—C=NH$ 等,它也会造成 λ_{max} 向长波方向移动,并导致 ε_{max} 增大。

给电子基的给电子能力顺序为:$—N(C_2H_5)_2 > —N(CH_3)_2 > —NH_2 > —OH > —OCH_3 > —NHCOCH_3 > —OCOCH_3 > —CH_2CH_2COOH > —H$。

吸电子基的作用强度顺序为:$—N^+(CH_3)_3 > —NO_2 > —SO_3H > —COH > —COO^- > —COOH > —COOCH_3 > —Cl > —Br > —I$。

此外,针对共轭烯有机化合物,可以采用 Woodward-Fischer 规则来推算它们在紫外波段的最大吸收波长,如果感兴趣可阅读文献[22]和[23]。

4.2.6 紫外-可见光谱的应用

紫外-可见光谱在灵敏度、准确性和重现性方面均具有较好的性能,是目前广泛使用的定量分析方法。比如:医院常规化验中 95% 的定量分析均用紫外-可见光谱;《中国药典》规定的含量测定方法 87.6% 为紫外-可见分光光度法;有的国家已将数百种药物的紫外-可见最大吸收波长和吸光系数载入药典。紫外-可见光谱法能够测定含有微量的具有紫外-可见吸收的杂质,它在有机/无机污染监测、农药残留分析、食物添加剂检测、药物成分测量等方面也均有广泛应用,比如:利用紫外-可见光谱可测定水中的油分、表面活性剂、酚类化合物、苯类化合物、重金属离子等。

(1)如果被测物只含有一种成分(即单组分),则可以采用绝对法、标准对照法或标准曲线法进行定量分析。

绝对法:物质在给定波长处的摩尔吸光系数 ε 为常数(一般可以在手册上查到),吸光度 A 可由实验测得,这样利用吸收定律 $A=\varepsilon bc$ 就可直接计算溶液浓度。

标准对照法:配制标准溶液,将待测溶液与标准溶液的吸光度进行比较,由于溶液浓度与吸光度成正比,所以待测溶液的浓度可由标准溶液的浓度推算出来。

标准曲线法:首先配制一系列已知浓度的溶液,测定其吸光度,由此可以获得吸光度-浓度曲线(理论上应该是一直线),以此作为标准曲线。在相同条件下测量样品溶液的吸光度,然后从标准曲线中查出样品溶液的浓度。如图 4-20 所示。

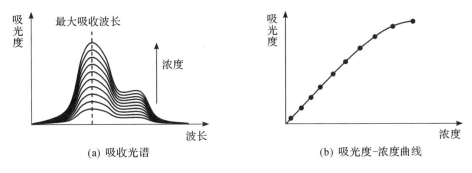

图 4-20　标准曲线法

(2)被测样品为混合物(即多组分),可以分两种情况讨论。如果每个组分的吸收曲线在所用波长处没有重合,如图 4-21(a)所示,则可以采用与单组分相同的方法分别测量每个组分。但是如果各组分的吸收曲线在所用波长处有重合,如图 4-21(b)所示,则需要在每个组分的最大波长处测量吸光度,然后联立方程求解:

$$\begin{cases} A_{\lambda_1} = \varepsilon_1^{\lambda_1} bc_1 + \varepsilon_2^{\lambda_1} bc_2 \\ A_{\lambda_2} = \varepsilon_1^{\lambda_2} bc_1 + \varepsilon_2^{\lambda_2} bc_2 \end{cases} \tag{4.13}$$

4.3　红外光谱

大约在 1800 年,英国天文学家赫歇尔(Herschel W)在利用棱镜研究太阳光光谱时测量了每个颜色的温度,发现温度最高的地方在红光以外(波长比红光长),这是第一次认识到红外光的存在。20 世纪初,人们进一步系统地了解了不同官能团具有不同红外吸收频率的这一事实。1950 年出现了自动记录红外光谱仪,1970 年以后随着计算机科学的进步出

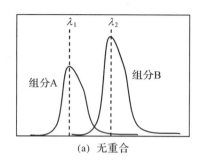 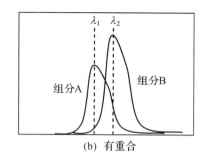

图 4-21　多组分分析:所用波长处吸收无重合有重合

现了傅里叶变换红外光谱仪。到现在,红外光谱技术已经成为物质鉴别、化合物结构分析的主要手段之一,在许多领域的定性和定量分析中发挥着重大的作用。

4.3.1　分子振动与红外吸收

红外光谱产生于分子振动能级间的跃迁,如图 4-7 中的 B 跃迁形式,所以红外光谱也称为分子振动光谱。振动能级跃迁实际上是一个振动能级下的转动能级向另一个振动能级下的转动能级的跃迁,所以实际上红外光谱反映了分子的振动与转动,因此我们有时也将红外光谱称为分子振-转光谱。

下面我们来进一步认识红外光谱的物理机制。在本小节中用到的一些分子振动理论可参看 2.2 节"分子结构"。

(1)振动频率

红外光谱的横坐标常用波数 $\bar{\nu}$(cm^{-1})或波长 λ(μm),波数 $\bar{\nu}$、波长 λ 和频率 ν 的关系可参看公式(1.1)。因为波数 $\bar{\nu}$ 与频率 ν 成正比,并且仅相差一个常数——光速 c,所以在后面的叙述中我们将不严格区分波数和频率。

按频率范围可将红外波段分为近红外、中红外和远红外三个区域,它们的波数、波长以及频率的范围如表 4-9 所示。近红外波段也称为泛音区,来源于分子振动的倍频或合频;中红外波段也称为基频振动区,主要来源于分子振动;远红外波段也称为转动区,主要来源于分子转动。

表 4-9　红外波段的划分

波　段	波数($\bar{\nu}$)/cm^{-1}	波长(λ)/μm	频率(ν)/Hz	归属
近红外	4000~12800	0.78~2.5	1.2×10^{14}~3.8×10^{14}	泛音区
中红外	200~4000	2.5~50	6.0×10^{12}~1.2×10^{14}	基频振动区
远红外	10~200	50~1000	3.0×10^{11}~6×10^{12}	转动区

通常意义的"红外光谱"指中红外波段,近红外波段则特指"近红外光谱"。由于近红外光谱技术与红外光谱技术在分析方法上截然不同,所以本节将仅讨论红外光谱技术,而近红外光谱技术将会在 4.4 节中介绍。

图 4-22 是聚苯乙烯薄膜的红外吸收光谱,纵坐标为透射率,波长坐标标记在光谱曲线上面,波数坐标标记在光谱曲线下面,光谱按波数等间隔记录。

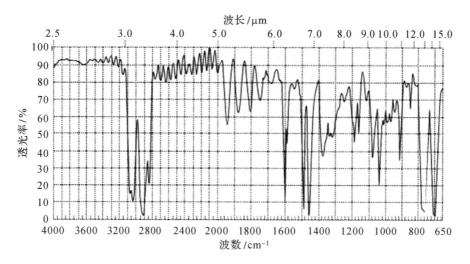

图 4-22　典型的红外光谱(聚苯乙烯薄膜)

红外光谱中吸收峰的振动频率与分子本身的特性相关。考虑双原子分子,根据 2.2.7 节的振动理论可以得到在简谐振动模型下,分子振动能级可表示为

$$E = \left(v + \frac{1}{2}\right) \frac{h}{2\pi} \sqrt{\frac{k}{\mu}} \tag{4.14}$$

式中,v 为振动量子数;h 为普朗克常数;μ 为分子折合质量(m 为原子质量),$\mu = \dfrac{m_1 m_2}{m_1 + m_2}$;$k$ 为键力常数(或弹性系数),它表示分子中键作用强度的大小。

简谐振动光谱的跃迁选择定律为 $\Delta v = \pm 1$,即只允许在相邻振动能级间发生跃迁。所以根据振动能级公式(4.14)可以得到振动波数等于

$$\bar{\nu} = \frac{1}{2\pi c} \sqrt{\frac{k}{\mu}} \tag{4.15}$$

式中,c 为光速。由上式可以看出,分子振动波数与分子本身特性有关,折合质量越小和键力常数越大,则分子振动波数就越大。

通过 2.2.7 节的学习我们知道,"简谐振动"的假设具有一定的局限性,实际上分子振动是非简谐的。在非简谐振动的情况下,振动能级间的跃迁不会严格遵守 $\Delta v = \pm 1$ 的跃迁定律,它可以产生 $\Delta v = \pm 2$,$\Delta v = \pm 3$,… 的倍频(over tone)或合频(combination tone),而由此产生的光谱吸收位于近红外区。

(2)振动方式

简单的分子振动可分为伸缩振动和弯曲振动两类,还有更复杂的振动形式,比如:骨架振动。

伸缩振动:仅引起键的长度发生变化,用符号 v 表示。它又分为对称伸缩振动和非对称伸缩振动。对称伸缩振动中,各键同时伸长或缩短,用符号 v_s 表示;非对称伸缩振动中,某些键在伸长的同时另一些键在缩短,用符号 v_{as} 表示。图 4-23 显示了对称伸缩振动和非对称伸缩振动形式。

弯曲振动:主要引起键与键之间的夹角发生变化,用符号 δ 表示。它又分为面内弯曲振

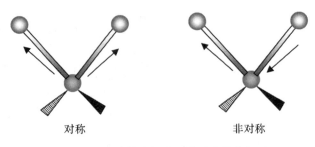

图 4-23 对称伸缩振动和非对称伸缩振动

动和面外弯曲振动。图 4-24 显示了四种弯曲振动形式,其中符号"＋"和"－"表示原子运动方向垂直纸面,并且代表相反的运动方向。

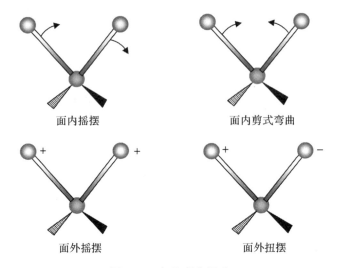

图 4-24 各种弯曲振动

　　面内摇摆振动(rocking)和剪式振动(scissoring)均属于面内弯曲振动。面内摇摆振动用符号 ρ 表示,振动中官能团的键角无变化,只是官能团作为一个整体在分子平面内左右摇摆;剪式振动用符号 σ 表示,振动中官能团的键角会发生变化。

　　面外摇摆振动(wagging)和扭摆振动(twisting)均属于面外弯曲振动。面外摇摆振动用符号 ω 表示,而扭摆振动用符号 τ 表示。

　　不同振动形式所产生的振动吸收频率大小不一样,一般而言,吸收频率由大到小的排列顺序为: $v_{as} > v_s > \delta$。

　　骨架振动:是多原子分子的"骨架"作为一个整体的振动形式。有机分子的骨架一般指 C 原子以共价键连接而成的碳链结构,所以有机分子 C—C 键的伸缩或弯曲振动被称为"骨架振动"。对于某个分子,其骨架振动是唯一的,所以利用骨架振动的红外频率可以确定具体分子。典型的苯环骨架振动指 C═C 双键的伸缩振动,图 4-25 显示了苯环的两种骨架振动形式,图中小球代表碳原子,箭头代表碳原子振动方向。

　　(3)振动选律(红外活性)

　　2.3.4 节中提到的跃迁定律同样适用于红外光谱中的能级跃迁。前面提到"只允许在相邻振动能级间发生跃迁",那么反过来说"只要是相邻振动能级的跃迁就是允许的"是否

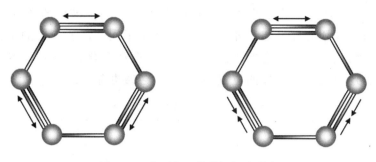

图 4-25　苯环的两种骨架振动形式

一定成立呢？答案是否定的。一个 N 原子非线型分子的振动模式有 $3N-6$ 个，但它的红外吸收基频往往要少于 $3N-6$ 个，即并不是每一个振动模式所对应的能级跃迁都是允许的。只有引起分子的电偶极矩发生变化的振动才能产生红外吸收，该振动模式也称为具有红外活性，这就是红外光谱中的振动选律。

电偶极矩是用来衡量正电荷与负电荷分布的分离状况（即电荷系统的整体极性）的一个物理量。如图 4-26(a)所示，假设空间中有一个正电荷 $+q$ 和一个负电荷 $-q$，两个电荷的连线距离为 r，那么它们所产生的电偶极矩大小为 $q\times r$，方向由正电荷指向负电荷。分子中电荷分布的不均匀也会引起电性的不对称，使得分子一部分表现出显著的阳性，而另一部分表现出显著的阴性，从而产生分子电偶极矩，如图 4-26(b)所示。化学中经常提到的化学键，它由一个原子提供电子而另一个原子接收电子而形成，提供电子的原子由于失去电子而具有电正性，而接收电子的原子则具有电负性，从而在化学键中也会产生电偶极矩，如图 4-26(c)所示。

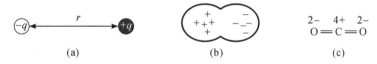

(a)　　　　　　　　　(b)　　　　　　　　　(c)

图 4-26　分子中的电偶极矩

在理解了电偶极矩的物理意义后，我们可以根据上述的振动选律对二氧化碳分子（CO_2）振动模式的红外活性进行分析。二氧化碳是线型分子，它具有 4 种振动模式，如图 4-27 所示。从图中可以看出，不对称伸缩振动和弯曲振动均会引起分子电偶极矩的变化，它们会在红外光谱的 2349cm^{-1} 和 667cm^{-1} 处产生吸收（其中面内弯曲振动和面外弯曲振动的红外频率一样）；而对称伸缩振动则不会引起分子电偶极矩的变化，所以它不会产生红外吸收。

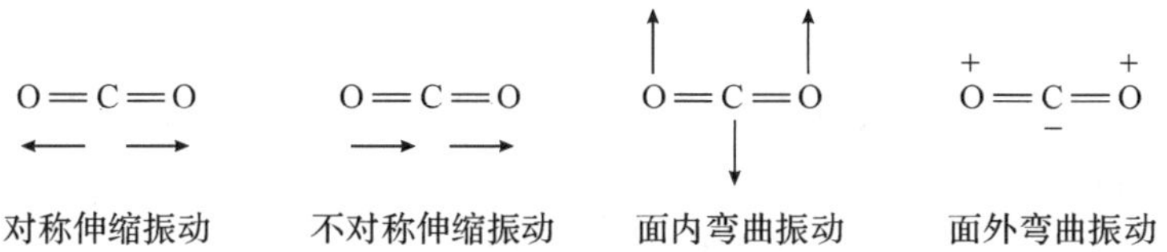

$$O=C=O \qquad O=C=O \qquad O=C=O \qquad O=C=O$$

对称伸缩振动　　　不对称伸缩振动　　　面内弯曲振动　　　面外弯曲振动

图 4-27　二氧化碳分子的振动模式

对于满足振动选律的红外吸收峰，其吸收强弱与分子振动过程中偶极矩的变化量有关，偶极矩变化越大则吸收越强。通常根据摩尔吸光系数 ε 的大小来划分吸收的强弱，具体如表 4-10 所示。通常红外波段的摩尔吸光系数比紫外-可见波段的摩尔吸光系数小 3 个数量级左右,所以强弱划分标准与紫外-可见波段完全不同。需要注意的是:振动过程中偶极矩变化受多种因素影响,比如官能团极性、电效应、振动耦合、氢键作用等,它们不仅会改变吸收峰的强弱,还会改变吸收峰的位置,后面我们会做更深入的讨论。

表 4-10　红外吸收强度的划分

摩尔吸光系数 ε	>200	$75\sim200$	$25\sim75$	$5\sim25$	$0\sim5$
强度描述	很强	强	中等	弱	很弱
符号表示	vs	s	m	w	vw

4.3.2　官能团的红外特征频率

大量实验结果表明,每个官能团都具有自己的特征红外吸收频率,这就好比每个人都有"与众不同"的外貌特征一样,所以利用特征频率可以推断分子中所含有的官能团,进而鉴别分子结构。下面,首先介绍各种官能团的红外特征频率,然后分析影响红外特征频率的各种因素。

(1)官能团的红外特征频率

图 4-28 显示了一些主要官能团的红外特征吸收频率,通常把红外波段划分为官能团区和指纹区两个区域。

官能团区($1300\sim4000\mathrm{cm}^{-1}$)为高波数区,折合质量小或键力常数大的官能团的特征红外频率一般位于该区。含氢官能团(折合质量小)、含双键或三键的官能团(键力常数大)在官能团区有吸收,比如:OH、NH 以及 C=O 等重要官能团。它们的振动受分子中剩余部分的影响小,所以如果待测化合物在某些官能团应该出峰的位置无吸收,则说明该化合物不含有这些官能团。

指纹区($1300\mathrm{cm}^{-1}$ 以下)为低波数区,折合质量大或键力常数小的官能团的特征红外频率一般位于该区。不含氢的单键(折合质量大)、各键的弯曲振动(键力常数小)出现在指纹区。指纹区的特点是,振动频率相差不大,振动的耦合作用较强,易受邻近基团的影响。指纹区的吸收峰数目多,代表了有机分子的具体特征,但是大部分吸收峰都不能找到归属,犹如人的指纹。因此,指纹区的谱图解析非常难,需要与标准谱图进行仔细对照,但是指纹区所含有的分子结构信息是非常丰富的。

① X—H (X 为 C,N,O,S 等)伸缩振动区($2500\sim4000\mathrm{cm}^{-1}$)

OH 键伸缩振动出现在 $2500\sim3600\mathrm{cm}^{-1}$。游离的羟基在 $3600\mathrm{cm}^{-1}$ 附近,为中等强度的尖峰。形成氢键后会移向低波数,吸收峰变得宽且强。羧酸羟基的吸收频率低于醇和酚,可以从 $3600\mathrm{cm}^{-1}$ 移至 $2500\mathrm{cm}^{-1}$,为宽而强的吸收。水分子 OH 键的伸缩振动吸收会出现在 $3300\mathrm{cm}^{-1}$ 附近。

CH 键伸缩振动出现在 $3000\mathrm{cm}^{-1}$ 附近。饱和 CH(环除外)在小于 $3000\mathrm{cm}^{-1}$ 处出峰,不饱和 CH 在大于 $3000\mathrm{cm}^{-1}$ 处出峰,其中三键的 CH 峰在约 $3300\mathrm{cm}^{-1}$ 处,双键和苯环的 CH 峰在 $3010\sim3100\mathrm{cm}^{-1}$ 范围。甲基 CH_3 具有两个明显的吸收峰 $2962\mathrm{cm}^{-1}$ 和 $2872\mathrm{cm}^{-1}$,前者对应反对称伸缩振动,后者对应对称伸缩振动,分子中甲基数目较多时,这两个位置呈强

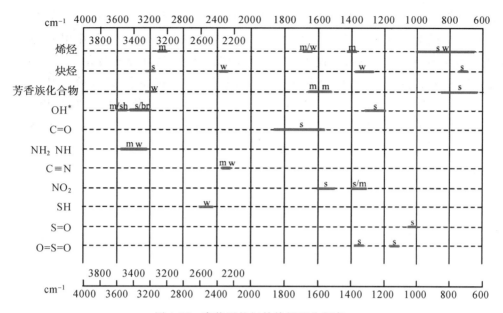

图 4-28　官能团的红外特征吸收频率

(* :游离羟基,强度中等 m,尖峰 sh;缔合羟基,强度强,宽峰 br)

吸收峰。亚甲基 CH_2 的反对称伸缩振动和对称伸缩振动的吸收分别出现在 $2926cm^{-1}$ 和 $2853cm^{-1}$,脂肪族以及无扭曲的脂环族化合物的这两个吸收峰位置变化在 $10cm^{-1}$ 以内,一部分扭曲脂环族化合物的 CH_2 吸收频率增大。

　　NH 键伸缩振动出现在 $3300\sim3500cm^{-1}$ 附近。它是中等强度的尖峰。伯氨基有 2 个 NH 键,具有对称伸缩振动和反对称伸缩振动,有两个吸收峰;仲氨基有 1 个 NH 键,仅有一个吸收峰。

　　②三键和累积双键伸缩振动区($2000\sim2500cm^{-1}$)

　　三键有 $C\equiv C$ 和 $C\equiv N$。$C\equiv C$ 吸收在 $2100\sim2280cm^{-1}$ 范围,强度较弱;$C\equiv N$ 吸收在 $2240\sim2260cm^{-1}$ 范围,强度中等。

　　累积双键有丙二烯类(—C=C=C—)、烯酮类(—C=C=O)、异氰酸脂类 (—N=C=O)等。二氧化碳($O=C=O$)在 $2350cm^{-1}$ 附近出现弱吸收带。

　　此外,一些 XH 伸缩振动,当 X 的原子质量较大时,比如 B、P、Si 等,也会出现在该区。

　　③双键伸缩振动区($1500\sim2000cm^{-1}$,很重要的区域)

　　C=O 和 C=C 双键伸缩振动是该区的主要谱带。

　　羰基 C=O 伸缩振动吸收峰为强吸收峰,出现在 $1690\sim1760cm^{-1}$ 范围,受与羰基相连基团的影响容易移向低波数或高波数。

　　芳香族化合物的 C=C 伸缩振动,也称环的骨架振动,特征吸收峰分别出现在 $1585\sim1600cm^{-1}$ 范围和 $1400\sim1500cm^{-1}$ 范围,吸收峰因环上取代基不同而异,一般会出现两个吸收峰,杂芳环、芳香单环、多环化合物的骨架振动相似。

　　烯烃化合物 C=C 伸缩振动出现在 $1640\sim1667cm^{-1}$ 范围,为中等强度或弱的吸收峰。

　　④CH 弯曲振动区($1300\sim1500cm^{-1}$)

　　甲基 CH_3 在 $1375cm^{-1}$ 和 $1450cm^{-1}$ 附近同时有吸收,分别对应于甲基的对称弯曲振动和反对称弯曲振动。前者当甲基与其他碳原子相连时位置几乎不变,后者一般会与亚甲基 CH_2 的剪式弯曲振动峰($1465cm^{-1}$)重合在一起。但是戊酮-3 的甲基和亚甲基峰区分得很好,这是因为亚甲基与羰基相连,使剪式弯曲峰向低波数移动且强度增大。

连在同一个碳原子上的多个甲基组成的基团也具有特征吸收峰。比如:异丙基 $(CH_3)_2CH—$ 在 $1380\sim1385cm^{-1}$ 和 $1365\sim1370cm^{-1}$ 有两个同样强度的吸收峰,即对称弯曲振动 $1375cm^{-1}$ 的分裂;叔丁基 $(CH_3)_3C—$ 在 $1385\sim1395cm^{-1}$ 和 $1370cm^{-1}$ 也分别具有吸收峰,但是低波数的吸收强度大于高波数。

⑤单键伸缩振动区($910\sim1300cm^{-1}$)

C—O 单键伸缩振动在 $1050\sim1300cm^{-1}$。醇、酚、醚、羧酸、酯等均具有 C—O 伸缩振动吸收,并且该吸收为强吸收。比如:醇和酚的吸收位置分别为 $1050\sim1100cm^{-1}$ 和 $1100\sim1250cm^{-1}$;酯在该区具有两组吸收峰,为 $1160\sim1240cm^{-1}$ 和 $1050\sim1160cm^{-1}$,分别对应反对称伸缩振动和对称伸缩振动。

C—C 和 C—X(卤素)伸缩振动也在该区有峰。

⑥$<910cm^{-1}$

苯环面外弯曲振动出现在此区域,为强吸收峰。如果在此区间内无强吸收峰,一般表示无芳香族化合物。苯环面外弯曲振动的吸收峰常常与环的取代基有关,具体情况如表 4-11 所示。

亚甲基(CH_2)的面内摇摆振动出现在 $720\sim780cm^{-1}$,当 4 个以上的亚甲基连成直线时,吸收在 $722cm^{-1}$,随着相连的亚甲基数目减少,吸收峰会向高波数移动,以此可以推测分子链的长短。

烯烃 CH 面外弯曲振动也会出现在该区域(有些吸收会高出 $910cm^{-1}$),对于不同取代基,吸收波数具体如表 4-12 所示。

表 4-11 不同取代基下苯的 CH 面外弯曲振动频率

取代类型	取代位置	苯的 CH 面外弯曲振动频率/cm^{-1}
苯		670
单取代		$730\sim770,690\sim710$
二取代	1,2	$735\sim770$
	1,3	$750\sim810,690\sim710$
	1,4	$810\sim833$
三取代	1,2,3	$760\sim780,705\sim745$
	1,2,4	$870\sim885,805\sim825$
	1,3,5	$810\sim865,675\sim730$
四取代	1,2,3,4	$800\sim810$
	1,2,3,5	$840\sim850$
	1,2,4,5	$855\sim870$
五取代		870

表 4-12　不同取代情况下烯烃的 CH 面外弯曲振动频率

取代类型	R—CH=CH₂	顺式 RCH=CHR	反式 RCH=CHR	R₂C=CH₂	R₂C=CHR
CH 面外振动频率/cm⁻¹	900～1000	675～730	960～970	880	800～840

（2）影响振动频率的因素

在实际红外光谱分析中,我们千万不要教条地使用上面给出的各种功能团的红外特征频率,因为功能团的红外频率还会受到分子其他基团以及外部环境的影响,使得吸收峰会往高波数或低波数偏移。下面就逐一讨论影响振动吸收频率的各种因素。

①质量效应

由公式（4.15）知道,分子的折合质量越大,振动吸收波数则越小。

比如:IV 族元素的 X—H 伸缩振动随 X 原子量的增大而向低波数移动,Ⅷ族元素也呈相同规律,如表 4-13 所示。但是对不同族的元素,比如 F—H 伸缩振动比 C—H 反而要高 $1000cm^{-1}$,这主要是由于原子的电负性差别很大。

表 4-13　X—H 伸缩振动频率

化学键	C—H	Si—H	Ge—H	Sn—H	F—H	Cl—H	Br—H	I—H
波数/cm⁻¹	3000	2150	2070	1850	4000	2890	2650	2310

②诱导效应

诱导效应和后面会讲到的共轭效应均属于电效应。电效应主要由于基团之间相互作用导致成键电子云密度改变,从而改变键力常数。

诱导效应又分为给电子诱导效应和吸电子诱导效应,前者发生在与给电子基团相连时,而后者发生在与吸电子基团相连时。烷基为给电子基团,卤素为吸电子基团,比如:酮羰基一侧的烷基被卤素取代后,卤素的吸电子作用会使电荷从氧原子移向双键,使 C=O 双键力常数增大,造成 C=O 的伸缩振动吸收峰向高波数移动,卤素的电负性越大,波数移动幅度越大,如图 4-29 所示。

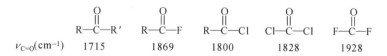

$$\nu_{C=O}(cm^{-1}) \quad 1715 \quad\quad 1869 \quad\quad 1800 \quad\quad 1828 \quad\quad 1928$$

图 4-29　卤素取代烷基造成的诱导效应

③共轭效应

当双键之间以一个单键连接时,双键会发生共轭而使其键力常数减小,从而造成双键的伸缩振动频率降低,但是强度会增强。如图 4-30 所示的 C=O 双键伸缩振动频率,随共轭链的增长而降低。

④空间效应

空间效应有空间阻碍和环张力两种效应。

空间阻碍是指分子中的大基团产生位阻作用,使共轭体系的共平面性被破坏,从而降低共轭性,导致振动吸收峰向高波数方向移动。如图 4-31（a）所示,甲基 CH₃ 的存在破坏了

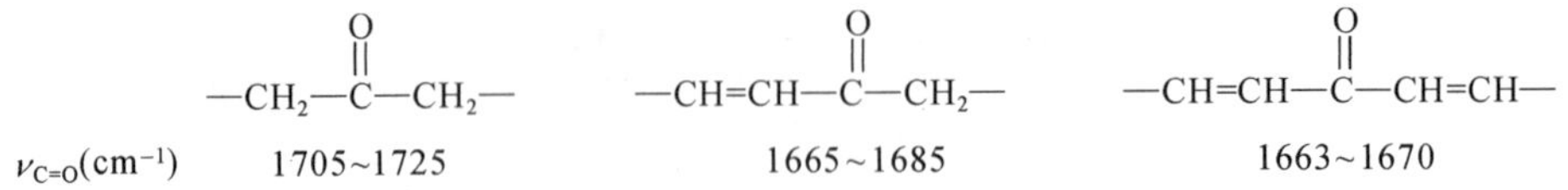

$$-CH_2-\overset{\overset{\displaystyle O}{\|}}{C}-CH_2- \qquad -CH=CH-\overset{\overset{\displaystyle O}{\|}}{C}-CH_2- \qquad -CH=CH-\overset{\overset{\displaystyle O}{\|}}{C}-CH=CH-$$

$\nu_{C=O}(cm^{-1})$ 1705~1725   1665~1685   1663~1670

图 4-30 共轭效应

双键的共面性。

环张力一般随环的减小而增大,这样会削弱环内各键的作用,从而使振动频率降低。但环张力反过来会提高环外各键的强度,使它们的振动频率增大。如图 4-31(b)所示,随着碳环的减小,C=C 双键的伸缩振动频率减小,而 C—H 单键的伸缩振动频率增大。

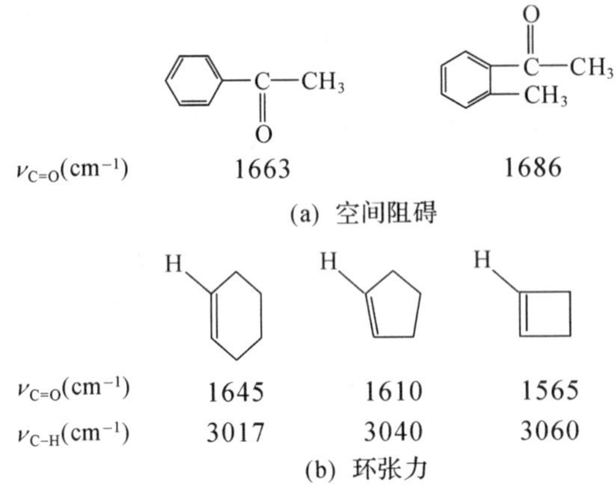

$\nu_{C=O}(cm^{-1})$ 1663   1686

(a) 空间阻碍

$\nu_{C=O}(cm^{-1})$ 1645   1610   1565

$\nu_{C-H}(cm^{-1})$ 3017   3040   3060

(b) 环张力

图 4-31 空间效应

⑤氢键作用

醇与酚的羟基 OH、羧酸和氨基均易形成氢键。

氢键会导致振动吸收位置和吸收强度发生变化。假设形成氢键 X—H⋯Y,H 与 Y 之间为氢键作用,那么原先位于高波数的尖锐的 X—H 伸缩振动峰会移向低波数,并且峰会变宽变强。

液体下的羧酸会通过氢键作用以二聚体(R—C$\overset{\displaystyle O\cdots H—O}{\underset{\displaystyle O—H\cdots O}{}}$C—R)的形式存在,相比于游离的羧酸,羟基 OH 伸缩振动会移向低波数,并且形成一个又宽又强的吸收峰,这个特殊的吸收峰可以用于鉴定羧酸的存在。此外,羧酸的 C=O 伸缩振动也会移向低波数。图 4-32 显示了正己酸气态和液态下的红外光谱,在液态下由于氢键作用形成二聚体,OH 键伸缩振动频率向低波数移至 2500～3200cm^{-1},而 C=O 伸缩振动从 1760cm^{-1} 移动至 1700cm^{-1}。

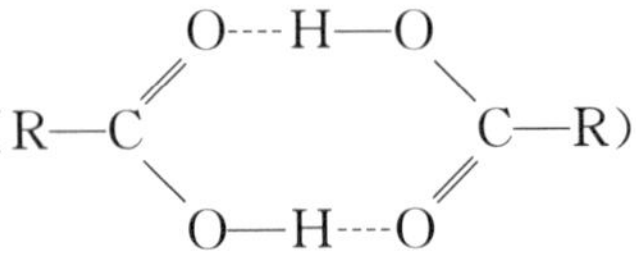

⑥耦合效应

两个以上频率相近的基团相邻并共用一个原子连接时会发生耦合效应,耦合会使吸收峰发生分裂,它们分别会高于和低于单个基团相连时的振动频率。前面提到的甲基或亚甲基的 CH 对称伸缩振动和反对称伸缩振动就可以看成是耦合的结果。

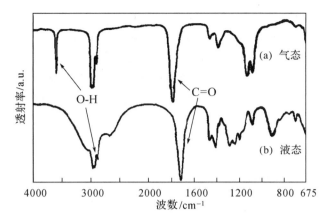

图 4-32　正己酸红外光谱

比如:化合物 <chem>苯环-N(=O)(=O)</chem> 的 N═O 伸缩振动由于耦合效应会分裂为 $1530cm^{-1}$ 和

$1360cm^{-1}$ 两个吸收峰。

⑦费米共振

当某一振动的倍频出现在同一对称类型的另一振动基频附近时,会发生振动的强耦合,从而导致原振动基频发生分裂,这就是费米共振。它在光谱上的表现是,原先预期出现单吸收峰的位置附近会形成两个吸收峰,如图 4-33 所示。

比如:苯甲酰氯 <chem>苯环-C(=O)-Cl</chem> 只有一个羰基,但是有 2 个C═O伸缩振动吸收峰,分别为 $1773cm^{-1}$ 和 $1736cm^{-1}$,这是因为C═O的伸缩振动基频 $1720cm^{-1}$ 与苯环和羰基的弯曲振动 $860\sim880cm^{-1}$ 的倍频峰之间发生费米共振。

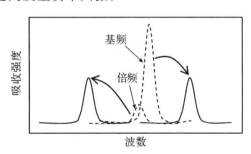

图 4-33　费米共振的原理

⑧外部因素

上面提到的影响振动吸收频率的因素均与分子本身的结构特性相关,我们可以把它称为内部因素,除此之外,一些外部环境因素也会影响红外光谱。

a.同一化合物在不同态下的红外光谱在吸收频率和吸收强度上存在差异。在气态时,分子相互之间的碰撞作用小,在低压下可以获得光谱的精细结构,获取分子转动能级的信息;增大气压时,分子间相互作用增大,导致吸收谱带变宽,从而损失光谱的部分精细结构;

液态时,分子间的相互作用已变得很大,红外光谱中将不会出现转动结构,而且液态时如果发生氢键作用,会导致吸收峰的频率、数目和强度等发生重大变化。

b. 溶剂对红外光谱也会有影响。当溶剂与样品发生缔合作用时,会影响样品分子化学键的力常数,从而导致吸收峰的位置发生变化。如果样品分子不含极性基团,与溶剂有无极性关系不大;反之,极性溶剂就会严重影响吸收频率。比如:羧酸中C═O的伸缩振动在气态、非极性溶剂、乙醚、乙醇中的波数分别为 $1780cm^{-1}$、$1760cm^{-1}$、$1735cm^{-1}$ 和 $1720cm^{-1}$。所以,通常最好在非极性溶剂中测量红外光谱。(注意:水在所有有机溶剂中是极性最大的)

4.3.3　典型红外光谱仪结构

与紫外-可见光谱仪类似,红外光谱仪也包括红外光源、色散组件、样品池、探测器、显示和记录系统等部分,其中显示和记录系统现在通常使用计算机,后面不再赘述。

(1)红外光源

常用的红外光源是能斯脱灯和硅碳棒,它们各有优缺点。能斯脱灯稳定性好,不需水冷,可提供小于 $15\mu m$ 的短波红外辐射,但是需专门的预热装置,价格昂贵。硅碳棒价格便宜,不需专门的预热装置,可提供大于 $10\mu m$ 的长波红外辐射,但是需水冷。此外,能斯脱灯和硅碳棒均易折断,这样给使用带来了很多不便。

一种能斯脱灯的改良光源——珀金-埃尔默光源,它比一般的能斯脱灯具有更好的机械性能和光谱性能,它不易折断,能够提供 $2\sim25\mu m$ 范围的红外辐射。

关于上述红外光源的特点具体可参看 3.2.3 节。

(2)样品池

样品池要求为红外透明材料,由于红外波段范围较宽(从近红外到远红外),目前还没有找到一种能够用于整个红外波段的材料。表 4-14 总结了一些材料透明的光谱范围及其物理化学性质,可作为红外样品池材料选择的参考。如果要更深入地了解红外透明材料,可参看参考文献[24]。

表 4-14　一些材料的透明光谱范围及其物化特性

材料名称	透明光谱范围	抛　光	溶解性	其　他
氯化钠 NaCl	$625\sim5000cm^{-1}$	易	易溶于水和潮解	
溴化钾 KBr	$400\sim5000cm^{-1}$	不易	极易溶于水和潮解	质软
碘化铯 CsI	$165\sim5000cm^{-1}$	难	极易溶于水和潮解	
溴化铊-碘化铊 KRS-5	$250\sim5000cm^{-1}$	不易	具有耐潮性	质软,化学稳定性,有毒
溴化铯 CsBr	$250\sim5000cm^{-1}$	难	易溶于水和潮解	质软不易破裂
氟化钡 BaF_2	$830\sim5000cm^{-1}$	难	稍溶于水,溶于酸和氯化铵,硫酸盐和磷酸盐侵蚀后形成沉淀	热膨胀系数高,热导性差
氟化锂 LiF	$1500\sim5000cm^{-1}$	难	难溶于水,能溶于酸	不能经受热和力的突然变化
氟化钙 CaF_2	$1110\sim5000cm^{-1}$	难	很难溶于水	不能经受热和力的突然变化,化学稳定性好

续表

材料名称	透明光谱范围	抛　光	溶解性	其　他
氯化银 AgCl	$435\sim5000cm^{-1}$	难	具有耐潮性和耐腐蚀性	质软,不易破裂,强光照射容易变暗而使透过率下降
锗 Ge	$430\sim5000cm^{-1}$	难	不溶于水和有机溶剂	化学惰性,当温度为 120℃ 以上时变为不透明
硅 Si	$600\sim5000cm^{-1}$	易	不溶于水、有机溶剂和酸	能耐热和力的作用,透射率不受湿度影响

（3）探测器

热探测器和光电探测器均可用于红外辐射的探测。

热探测器的原理是辐射的热效应,吸收辐射引起温度升高,温度升高导致相关物理量发生变化,通过测量这些物理量的变化来检测光辐射。常用于红外辐射探测的热探测器有热电偶、高莱池、热（释）电探测器等。其中热（释）电探测器的测量原理是,某些晶体（如硫酸三甘氨酸脂 TGS）当温度升高时会引起表面电荷增多,通过外接电流就可以测量由辐射引起的电荷移动,它的响应速度很快,可跟踪干涉仪随时间的变化,故多用于傅里叶变换光谱仪中。

光电探测器中的光导效应器件也常用于红外光探测,它是一种半导体光电器件,使用的半导体材料可以是 Hg‐Cd‐Te、PbS、InSb 等。Hg‐Cd‐Te 探测器缩写为 MCT,它能用于中红外和远红外光的探测,但是使用时需用液氮冷却至约 77K 以降低噪声,它的灵敏度比热（释）电探测器高,在傅里叶变换光谱仪中也使用较多。不同于 MCT 探测器,PbS 探测器则多用于室温下的近红外光探测。

关于探测器可参看 3.4 节,更深入的内容可阅读参考文献[25]。

（4）典型的红外光谱仪器

红外光谱仪发展经历了棱镜光谱仪、光栅光谱仪和傅里叶变换光谱仪三代。

棱镜光谱仪和光栅光谱仪均称为色散型光谱仪,它们直接将不同频率的光分离到空间的不同位置。棱镜光谱仪以棱镜为色散元件,其缺点是,要求干燥恒温,扫描速度慢,分辨率低,测量频率范围受棱镜材料限制,一般不超过中红外区。光栅光谱仪以光栅为色散元件,它对温度和湿度的要求没有棱镜光谱仪高,而且分辨率高,能够测量的红外频率范围也更宽（$10\sim12500cm^{-1}$）。图 4-34 显示了一种光栅双光束红外光谱仪的基本结构,光束分为

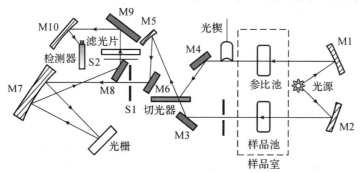

图 4-34　色散型双光束红外光谱仪（光栅）

两路,分别通过样品池和参比池,利用切光器两路光交替被光栅色散,然后被探测器接收,最后去除参比信号得到的就是样品本身的信号。

除了色散型光谱仪外,目前傅里叶变换红外光谱仪在研究领域使用得越来越多,它具有扫描速度快、灵敏度高、分辨率高等优点。傅里叶变换光谱仪的核心器件是迈克尔逊干涉仪,其原理可参看 3.3.4 节。图 4-35 显示了傅里叶变换红外光谱仪的基本结构,除了干涉仪外,计算机也是傅里叶变换光谱仪不可缺少的部分。此外,在傅里叶变换光谱仪中,探测器多使用 TGS 或 MCT 探测器。

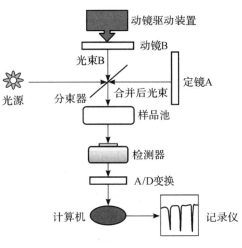

图 4-35　傅里叶变换红外光谱仪

4.3.4　红外光谱的样品制备

进行红外光谱测量之前,对不同物理状态的样品往往需要采取一定的预处理措施,即样品制备。下面将首先分别介绍气体、液体、固体样品的制样技术,然后介绍几种特殊的红外样品测量技术。

(1)气体样品

气体样品不需要采用特殊的制样措施,它可以使用光程为 2.5～10cm 的大容量气体池,如图 4-36 所示,首先将样品池抽真空,然后注入待测的气体样品。气体样品池要求透光窗片材料为所测波段透明材料。另外,当气体浓度较低时,可在样品池中使用反射镜以增加光程,从而达到增强吸收的目的。

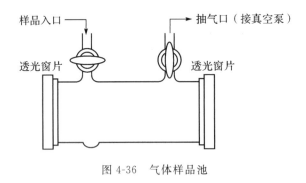

图 4-36　气体样品池

(2)液体样品

不易挥发、无毒且具有一定黏度的液体样品,可直接涂于 NaCl 或 KBr 晶片上进行红外光谱测量。

易挥发的液体样品则需注入液体样品池中进行测量,在定性分析中通常使用可拆卸液体样品池,如图 4-37 所示。将液体滴在其中一块红外透光窗片上,然后用另一块窗片夹住,用螺丝固定后即可测量。样品池的厚度由夹在两块窗片之间的垫片(spacer)决定,其厚约 0.05～1mm,如果液体化合物吸收较低,则应使用较厚的垫片。注意:测量时不要让气泡混入,螺丝不要拧得过紧以免导致窗片破裂。

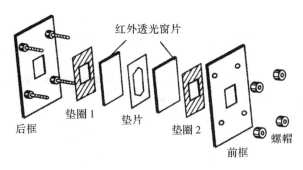

图 4-37 可拆卸式液体样品池

（3）固体样品

固体样品的制样方式较多，包括压片法、糊状法、薄膜法、溶液法等。

① 压片法：它是固体红外光谱测试最常用的方法，其基本流程如图 4-38 所示。它将固体样品与固体分散介质（粉末）按一定比例混合，通常为 1∶（100～200），研磨至均匀的细粉，然后将研细的粉末放入压片装置压成薄片，最后测量薄片的红外光谱。固体分散介质应该是红外透明材料，常用 NaCl 和 KBr。使用 KBr 时要注意，KBr 易潮解，所以不可避免会有游离 OH 键的吸收峰出现在光谱中，可以用同时测量同样条件下制备的纯 KBr 薄片的红外光谱做参比，在光谱分析时也要注意来自 OH 键的干扰峰的影响。

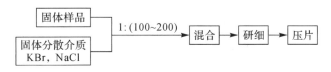

图 4-38 压片法的基本流程

② 糊状法：它是将样品粉末与糊剂（比如：重烃油或六氯丁二烯）一起研磨成糊状，然后再进行测量的方法。调成的糊状物可以用组合窗片组装后测定。重烃油为长链烷烃，它仅有 2850～3000 cm^{-1} 的 CH 伸缩振动、1456 cm^{-1} 和 1379 cm^{-1} 的 CH 变形振动以及 720 cm^{-1} 的 CH_2 平面摇摆振动，而六氯丁二烯则仅在 600～1700 cm^{-1} 有多个吸收峰，它们可以互为补充使用，在光谱分析时应注意糊剂红外谱带的影响。

③ 薄膜法：它是将固体样品制成薄膜再来测定的方法，它一般用于聚合物的红外光谱测量。聚合物一般很难研磨成细粉，可先将它们溶解在易挥发的有机溶剂中，再滴在红外窗片、抛光的金属或平滑的玻璃上，待溶剂挥发后即可制成薄膜。薄膜法的基本流程如图 4-39 所示。

图 4-39 薄膜法的基本流程

④ 溶液法：它是将固体溶于溶剂中制成溶液，然后再按液体样品的方法进行测量。它要求溶剂不会对被测固体产生干扰，红外光谱测量中常用溶剂的透明波段如图 4-40 所示，黑色区域表示有干扰波段。

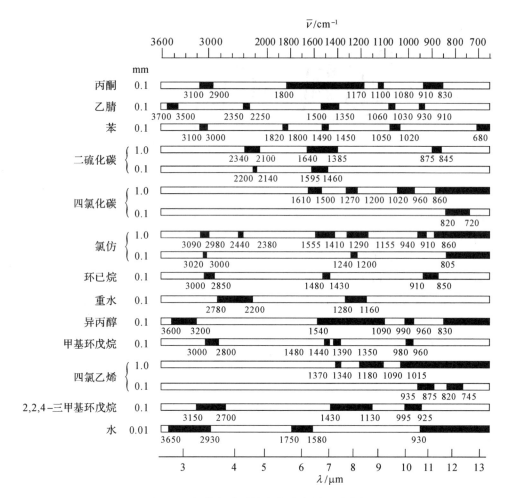

图 4-40 红外光谱测量中常用溶剂透明波段

（4）特殊的红外光谱测量方法

有时候样品可能无法用上面所提到的方法进行制样，有时候样品信号太弱需要想办法增强光谱信号，这时我们可以采用一些特别的方法来测量红外光谱，这些方法包括全反射法（ATR）、反射吸收法（RAS）和粉末反射法。

①全反射法[26]：它用一上下表面平行的梯形棱镜，如图 4-41（a）所示，将样品夹在其上下表面间，光从棱镜一个侧面入射，在上下表面经过多次反射后从另一个侧面出射。光在上下表面反射时会进入到样品中的一定深度，所以出射光中将携带样品的信息。全反射法可用于测定不易溶解、熔化、难于粉碎的弹性或黏性样品，比如涂料、橡胶、合成革、聚氨基甲酸乙酯等，也可用于表面薄膜的测定。由于光在上下表面可以多次反射，因此会增加光与样品相互作用，从而增强光谱信号。

②反射吸收法：它可用于样品表面、金属板上涂层薄膜的测定，甚至单分子层的解析。它测量的是经样品反射的入射光信号，如图 4-41（b）所示。

③粉末反射法：又称扩散反射法，它能用于粉末状样品的红外光谱检测，一般压片法不适用的样品可以用该法进行测定。图 4-41（c）显示了粉末反射法的光路。入射光照在粉末

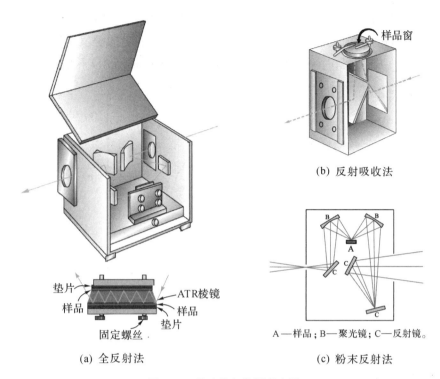

(b) 反射吸收法

A—样品；B—聚光镜；C—反射镜。

(a) 全反射法　　　　　　　　　(c) 粉末反射法

图 4-41　特殊的红外测量方法

上，有一部分光会直接被表面反射，而另一部分光会进入样品内部，经过多次反射和散射后再出射，所以粉末反射法测量的是多次透过样品的光信号，这与压片法是不同的。

4.3.5　红外光谱的解析方法

红外光谱在定量分析准确性上远不如紫外-可见光谱，其测量误差一般较大，不适合于精确测量，这是因为：

①红外谱图复杂，相邻峰重叠的情况较多，难以找到合适的检测峰；

②红外光源强度低，探测器的灵敏度低，需要在光路中使用较宽的狭缝（对色散型红外光谱仪而言），这些因素会导致吸收定律的偏离。

③测量红外光谱时，样品池的厚度往往不确定，因为样品池的厚度要求非常小，很难控制和精确测量。

红外光谱更多的是用于定性分析，特别是有机化合物的结构鉴定，即利用测得的红外谱图上的特征吸收峰推断分子结构，也称为红外光谱解析。如果知道待测样品的分子式，利用红外光谱很容易确定其中的官能团或官能团之间的连接；如果待测样品完全未知，单依靠红外光谱来确定化合物则相当困难，需要结合其他的谱图信息，比如紫外-可见光谱、拉曼光谱等。

在进行红外光谱解析时，不能仅关注官能团的特征吸收峰的位置，还需要关注吸收峰的强度和形状，它们对官能团或化合物的鉴定也非常重要。比如：羰基（—C=O）的吸收峰一般为最强峰或次强峰，如果在 $1690\sim1760cm^{-1}$ 有吸收峰，但是吸收峰强度较低，这表明样品分子并不存在羰基，而是样品中含有少量的羰基化合物，它以杂质形式存在；缔合羟基

（OH）、缔合伯氨基（NH₂）和炔氢（≡C—H）的吸收峰位置只是略有差别，主要差别在峰的形状上，缔合羟基峰宽、圆滑且钝，缔合伯氨基吸收峰有一个小的分叉，炔氢则为尖锐的峰，这些差别从图 4-42 中它们在 $3000 cm^{-1}$ 附近的吸收峰（虚线框所示）不难看出。

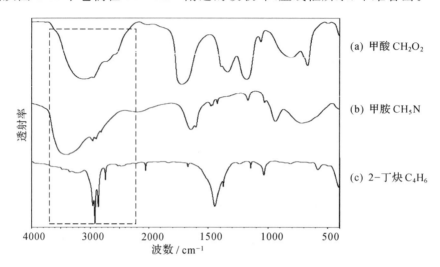

图 4-42　甲酸、甲胺和 2-丁炔在 $3000 cm^{-1}$ 附近的吸收峰

此外，判断化合物中含有某个官能团，不能以官能团局部的特征峰作为依据，因为如果官能团存在的话，其对应的不同区域的特征峰应该均会出现在红外图谱中，所以只有当不同区域的特征吸收峰同时出现时，才能确认存在该官能团。比如：甲基（CH₃）的特征吸收峰会出现在 $2960 cm^{-1}$、$2870 cm^{-1}$、$1460 cm^{-1}$、$1380 cm^{-1}$ 处，长链亚甲基（CH₂）的特征吸收峰出现在 $2920 cm^{-1}$、$2850 cm^{-1}$、$1470 cm^{-1}$、$720 cm^{-1}$ 处，所以要判断是否存在长链亚甲基必须要检查 $720 cm^{-1}$ 附近的吸收峰。

在知道未知样品的分子式（通过质谱、元素分析等手段获得）和测得其红外光谱后，光谱解析一般可以按如下步骤进行：

（1）计算分子不饱和度 U

根据分子的不饱和度可以初步推断化合物的碳链骨架类型。分子不饱和度可由如下公式计算：

$$U = n + \frac{t}{2} - \frac{m}{2} + 1 \tag{4.16}$$

式中，n、t 和 m 分别为四价原素数目、三价原素数目和一价原素数目。比如：苯环含有 6 个碳原子和 6 个氢原子，碳原子为四价，氢原子为一价，所以 $n = 6$，$m = 6$，$t = 0$，代入公式（4.16）可以得到不饱和度 $U = 4$。表 4-15 给出了一些化学结构的不饱和度。

表 4-15　一些化学结构的不饱和度

化学结构	苯　环	脂　环	三　键	双　键	饱和链状
不饱和度	4	1	2	1	0

（2）确定碳链骨架，由高波数区到低波数区，CH 伸缩振动→不饱和碳碳伸缩振动→CH 面外弯曲振动

首先,看 3000cm^{-1} 附近的 CH 伸缩振动谱带。高于 3000cm^{-1} 为不饱和 CH 伸缩振动,可能为烯、炔、芳香化合物;而低于 3000cm^{-1} 为饱和 CH 伸缩振动,可能为饱和烃。

其次,如果上一步判断可能为烯、炔、芳香化合物,则应在 1500～2500cm^{-1} 范围分析不饱和碳碳键的伸缩振动特征吸收峰,根据它们吸收位置的差别判断样品究竟属于哪种不饱和化合物。

最后,如果上一步判断可能为芳香化合物,还应进一步观察指纹区(910cm^{-1})以下,以确定取代基的数目和取代位置。

上述过程具体如图 4-43 所示。

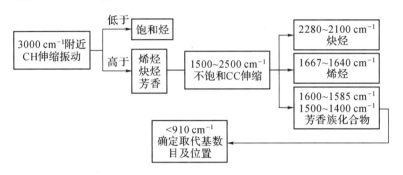

图 4-43　碳链骨架确定的基本流程

(3)确定其他官能团,如C=O、OH、C=N等

根据这些官能团的特征吸收进行判断。到此为止,根据碳链结构和可能的官能团拼凑出未知样品可能的分子结构。

注意:在此需要强调一下,红外光谱中并不是每个峰都可以给出确切的归属,在光谱解析时往往只要给出 10%～20% 的谱峰的确切指认,就可以推断分子中可能的官能团。

4.3.6　红外光谱解析实例

在此,根据几个红外光谱解析的实际例子来加深对上述光谱解析方法的认识。更多的实例大家可参看文献[27]。

【例 1】　某化合物的分子式为 C_6H_{14},红外光谱如图 4-44 所示,试推导其结构。

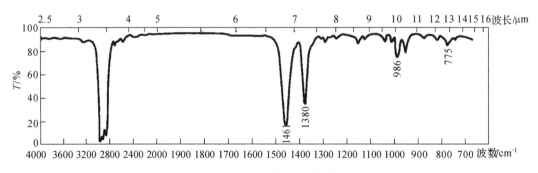

图 4-44　C_6H_{14} 红外光谱

解:

①首先计算不饱和度，$U=6+\dfrac{0}{2}-\dfrac{14}{2}+1=0$，因为化合物仅由 C 原子和 H 原子构成，所以它应该为饱和烷烃。这点从图中稍低于 3000cm^{-1} 处的强吸收峰也可以判断出来。

②1461cm^{-1} 和 1380cm^{-1} 处吸收峰表明存在甲基或亚甲基，但是 1380cm^{-1} 处没有发生分裂，说明不存在两个甲基连在同一个 C 原子上。

③根据上面的推论可以得到两种可能的结构：

$$CH_3{-}CH_2\underset{\underset{\displaystyle CH_3}{|}}{-}CH{-}CH_2{-}CH_3 \qquad\qquad CH_3{-}CH_2{-}CH_2{-}CH_2{-}CH_2{-}CH_3$$

④根据 775cm^{-1} 处吸收峰可以判断亚甲基不可能连续 4 个连在一起，所以化合物的结构不是直链结构，而是

$$CH_3{-}CH_2\underset{\underset{\displaystyle CH_3}{|}}{-}CH{-}CH_2{-}CH_3$$

【例 2】 某化合物的分子式为 C_4H_5N，红外光谱如图 4-45 所示，试推断该化合物。

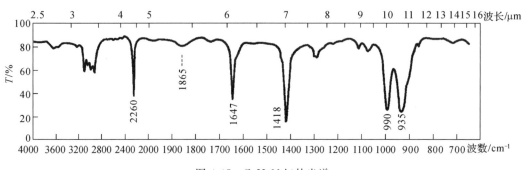

图 4-45 C_4H_5N 红外光谱

解：

①首先计算不饱和度，$U=4+\dfrac{1}{2}-\dfrac{5}{2}+1=3$，因此有存在 1 个双键、1 个三键和 3 个双键两种可能。

②2260cm^{-1} 和 1647cm^{-1} 的中等强度吸收峰分别为氰基（—C≡N）的伸缩振动和 C=C 伸缩振动，据此可以断定化合物中应该含有 1 个三键和 1 个双键。

③根据上面的推论可以得到两种可能的结构：

$$CH_2\underset{\underset{\displaystyle CH_3}{\|}}{=}C{-}C{\equiv}N \qquad\qquad CH_2{=}CH{-}CH_2{-}C{\equiv}CH_2$$

④990cm^{-1} 和 935cm^{-1} 处吸收峰来自末端乙烯基（R—CH=CH$_2$）的面外弯曲振动，所以可以确定化合物结构为

$$CH_2{=}CH{-}CH_2{-}C{\equiv}N$$

【例 3】 推断 C_7H_9N 的分子结构，其红外光谱如图 4-46 所示。

解：

①首先计算不饱和度，$U=7+\dfrac{1}{2}-\dfrac{9}{2}+1=4$，分子中可能存在 1 个苯环，或 2 个三键，

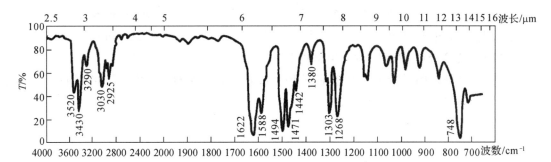

图 4-46　C_7H_9N 红外光谱

或 1 个三键、2 个双键，或 4 个双键。

②1622cm^{-1}、1588cm^{-1}、1494cm^{-1} 和 1471cm^{-1} 的吸收峰为苯环的骨架振动，证明了分子中存在苯环。

③3520cm^{-1} 和 3430cm^{-1} 的中等强度吸收峰为—NH_2 的反对称伸缩振动和对称伸缩振动吸收。至此，我们已经知道分子式包含 1 个苯环和 1 个 NH_2 基团，并可推算出还有 1 个 CH_3 基团（1442cm^{-1} 和 1380cm^{-1} 的吸收峰也证明了甲基的存在）。下面需要分析的是，NH_2 基和 CH_3 基在苯环上的取代位置如何。

④748cm^{-1} 处吸收峰表明苯环取代为 1,2 邻位取代，所以分子式的结构为

【例 4】　推断 C_8H_8O 的分子结构，其红外光谱如图 4-47 所示。

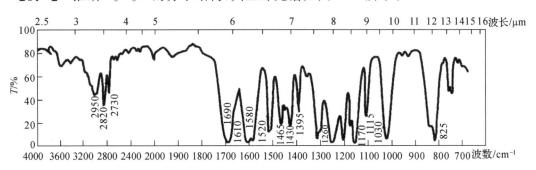

图 4-47　C_8H_8O 红外光谱

解：

①计算不饱和度，$U = 8 + \dfrac{0}{2} - \dfrac{8}{2} + 1 = 5$，分子中可能存在 1 个苯环和 1 个双键。下面将进一步证实该初步结论。

②1610cm^{-1}、1580cm^{-1}、1520cm^{-1} 和 1430cm^{-1} 的吸收峰为苯环的骨架振动，证明了分子中存在苯环，从而也确认了分子中存在一个双键，那么双键是 C=O 还是 C=C？

③1690cm^{-1} 的吸收峰表明 C=O 双键的存在，向低波数方向移动，可能受到共轭作用的影响，所以 C=O 双键应该与苯环直接相连。

④以上已经确认分子中存在 1 个苯环和 1 个醛基（—C=O），而且苯环与C=O基直接相连，那么容易知道分子中还存在 1 个甲基（CH₃）。2950cm⁻¹、2820cm⁻¹、1465cm⁻¹ 和 1395cm⁻¹ 四个特征吸收峰也证明了甲基的存在。

⑤最后需要分析的是醛基和甲基在苯环上的取代情况如何。825cm⁻¹的吸收峰表明苯环取代为 1,4 对位取代，所以分子结构为

$$CH_3-\!\!\!\!\bigcirc\!\!\!\!-C\!=\!O$$

4.3.7　红外光谱的应用

红外光谱技术虽然在定量分析上比不上紫外-可见光谱技术，但是在定性分析方面功能非常强大，所以它在药物、医学、生物、石化、食品、环境监测等领域也有广泛应用。

在药物分析方面，人们利用红外光谱测量药物成分，鉴别药物的真假和品质，在各国药典中红外光谱都被列为药物鉴别的主要方法。中药材是我国制作中药的主要原料，近年来红外光谱技术也被用于对中药材的定量和定性分析上。利用红外光谱人们可以区分不同产地、不同品种的中药材，可以辨别中药材的真假和好坏。特别地，孙素琴专门出版了《中药二维相关红外光谱鉴定图集》[28]，其中收集了多种中药材的红外光谱图，为复杂中药的鉴别提供了依据。

在生物医学领域，生物大分子（如：核酸、蛋白质、脂类、糖原等）大多具有特征红外吸收谱带。比如：蛋白质的酰胺Ⅱ和酰胺Ⅰ谱带主要分布在 1539cm⁻¹ 和 1655cm⁻¹ 处，酰胺Ⅰ谱带又由多个子谱带组成，它们分别对应蛋白质的不同二级结构，1681cm⁻¹ 和 1670cm⁻¹ 归属为 β 转角，1655cm⁻¹ 归属为 α 螺旋，1645cm⁻¹ 归属为无规则卷曲等。利用红外光谱的这些特征吸收谱带可能可以对恶性肿瘤进行早期诊断，因为肿瘤组织与正常组织在核酸含量、糖原或胶原含量等方面存在差异，这些差异都会反映到红外光谱的谱型、吸收频率、峰强度等上面，利用红外光谱人们对胃癌、食道癌、结肠癌、前列腺癌、宫颈癌、卵巢癌、乳腺癌等诸多肿瘤进行了研究，但目前的研究成果还没有达到实用化阶段。

在食品安全领域，用红外光谱对食品成分进行鉴定也变得越来越普遍。比如：用红外光谱检测奶粉中是否掺有三聚氰胺、分析牛奶中的成分（脂肪、蛋白质、乳糖等）、食物中的糖分含量、小米中蛋白质含量等。值得注意的是，这方面的定量分析大多要借助复杂的化学计量学方法进行建模，特别是要做到无损检测的话，往往需要利用近红外波段。

4.4　近红外光谱

近红外光介于可见光和中红外光区之间，它比中红外光更早被人们发现和应用，但是由于近红外光强度弱、谱带重叠严重，所以在早期仪器性能和信息提取技术的限制下，人们难以利用近红外光谱展开有效的定量和定性分析。19 世纪中叶，在中红外光谱快速发展期间，近红外光谱几乎停滞不前，而被人们称为"被遗忘的谱区"。20 世纪 80 年代，化学计量学（chemometrics）引入近红外光谱分析中，再加上计算机数据处理能力的不断提高，近红外光谱技术才受到人们的广泛关注，并得到了全面发展。现在，近红外光谱已经在农作物、饲

料、食品、石油化工、制药、生物医学等诸多领域得到了广泛应用[29-31]。

4.4.1　近红外光谱的特点

在介绍近红外光谱技术的特点前，首先有必要了解一下近红外光谱技术的发展历史。

首次发现近红外光可以追溯到 1800 年，天文学家 Herschel W 在研究不同颜色光的温度效应时发现，温度效应最高处在红光以外，他所指的"红光以外"实际上就是近红外光区。在 19 世纪前期，对近红外光谱的分析已经得到了相当大的发展，但是由于当时理论和技术水平的限制，无法充分地将近红外光谱中的丰富信息提取出来。

到 19 世纪中叶，有机结构分析和研究的重点开始转移到中红外光区，这促使了中红外光谱技术的迅速发展，而同时期近红外光谱技术则处于"沉寂"状态，几乎已经被人遗忘。

现代近红外光谱技术是从农业分析开始的。20 世纪 50 年代，美国的 Norris K H 等[32]利用近红外光测定农产品中的水分、蛋白质、脂肪等的含量，他们同时测定了几个波长位置的透射率或反射率，然后使用统计学的方法来计算含量。由于他们所用的方法与传统的光谱分析方法有很大的不同，所以他们的工作在当时并没有受到人们关注。

1970 年，美国一家公司按照 Norris K H 等的工作研制了用于农产品水分、蛋白质等含量分析的近红外品质分析仪，这种仪器即使给不熟悉光谱的人员使用也能够迅速得到分析结果，满足了仓库、港口等对粮食品质分析的需求。因此，到 20 世纪 80 年代，数以千计的近红外光谱仪被使用，并且出现了许多应用论文。值得注意的是，当时从事近红外光谱分析的人员并不是专业的光谱分析工作者，而是普通的品质检验人员。

20 世纪 80 年代以后，光谱分析领域的有关专家开始注意近红外光谱技术，并将化学计量学引入近红外光谱的信息提取中，再加上计算机处理技术的进步，促使了近红外光谱技术飞速发展。

虽然近红外光谱技术检测极限不如中红外光谱，但是它能够同时分析样品的多个参量，不需要对样品进行预处理，可以采用透射、反射或漫反射等多种测量方式，是一种"多快好省""绿色安全"、适合于在线或活体分析的无损分析技术，所以近红外光谱技术目前在食品、农业、环境、化学、药物、石油化工、生物医学等多个领域中得到了广泛应用。

然而，不得不提的是，近红外光谱技术虽然可以沿用传统光谱技术的光学系统，但是在光谱分析方面却不得不借助于复杂算法和建模，它是建立在化学计量学和计算机技术基础上的一种光谱技术，这是它与传统光谱技术的本质差别。而近红外光谱分析方法的复杂来自近红外光谱自身的特点。

(1)近红外光谱谱带重叠严重

近红外光区为分子振动倍(合)频区，其吸收谱带多为基团的倍频和合频，且大部分基团在近红外区均有倍频或合频谱带。因此，近红外光谱的谱峰数目一般相对较多，而且同一波段往往是多个基团信息的叠加，这样导致近红外光谱往往谱峰重叠严重、谱峰较宽。图 4-48 显示了谷物中水、油、淀粉、纤维和麦蛋白的 1100~2500nm 区域的近红外光谱，可以看出它们的谱峰大多比较宽，而且有些吸收区域并没有形成明显的峰。另外，谷物中这几种成分的吸收峰重叠在一起，在实际谷物的近红外光谱中很难将它们单独分离开来。

因此，一方面近红外光谱携带丰富的基团信息(虽然仅是振动的倍频或合频)，使得利用近红外光谱可以同时测量多个参量;但是,另一方面这些信息因谱带重叠而无法直观地提取,而不得不依赖于复杂的数学方法,这也是近红外光谱技术与化学计量学密切相关的原因。

(2)近红外光谱变动性大

近红外光谱多用于样品不经处理、非破坏性的分析测量中,但是这也造成了近红外光谱的变动性(或不稳定性),即容易受到测量环境中诸多因素的干扰。如图 4-49 所示,1 和 2 是在同一天测量的蛋白含量分别为 10.7% 和 15.8% 的谷子(粉状样品)的近红外光谱,而 3 是在另一天测量的蛋白含量为 10.7% 的同一样品,可以看出测量条件的不同比蛋白含量的不同造成的谱图偏移更大。

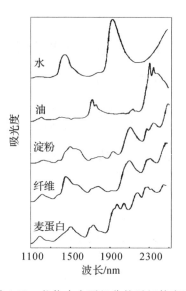

图 4-48　谷物中主要组分的近红外光谱

近红外光谱的变动性是近红外光谱分析的又一个难点,它使得近红外光谱容易叠加干扰信号,因而需要借助复杂的分析方法减弱或消除干扰信号的影响;但是从另一个方面考虑,变动性使得近红外光谱可以用于测量与变动性相关的物理或化学参量。

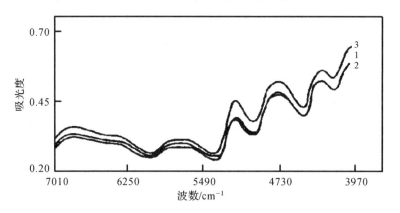

图 4-49　谷子(粉状样品)的近红外光谱

(3)近红外光谱吸光度低

由于是倍频或合频谱带,所以近红外谱带通常吸收较弱,如图 4-49 中的吸光度在 1 以下。吸收弱一方面影响了近红外光谱的检测限,使得很难直接用于定量分析;但是,另一方面使得近红外光能够进入样品内部,测量深层样品信息。由于近红外光的吸收较弱,在测量液体时近红外光谱不需要像红外光谱那样使用厚度很薄的样品池,而且液体可以不经稀释直接测量。

4.4.2　官能团的近红外谱带

倍频包括一级倍频、二级倍频、三级倍频等形式,倍频数越大谱带的吸收强度越小。以 CH 键伸缩振动为例,它的基频、合频和各级倍频的相对吸收强度如表 4-16 所示,一般认为三级倍频以上的信号太弱以致对分析没有什么用处。

表 4-16　CH 键伸缩振动基频、合频和各级倍频的对比

	基　频	合　频	一级倍频	二级倍频	三级倍频	四级倍频
波长范围	2900~3200nm	2200~2450nm	1600~1800nm	1150~1250nm	850~940nm	700~780nm
相对吸收强度	1	0.01	0.01	0.001	0.0001	0.00005
建议光程	0.1~4mm	0.1~2cm	0.1~2cm	0.5~5cm	5~10cm	10~20cm

以 1300nm 为界,可把近红外光区划分为短波近红外和长波近红外,前者主要是高级倍频吸收谱带,后者主要是一级倍频吸收谱带。

在近红外光谱分析中,有用的基团以含 H 的基团为主,比如 OH、NH、CH 等,也有一些其他基团(如C═O等)的信息,但强度较弱。主要官能团的合频和各级倍频在近红外光谱中的分布情况如图 4-50 所示。

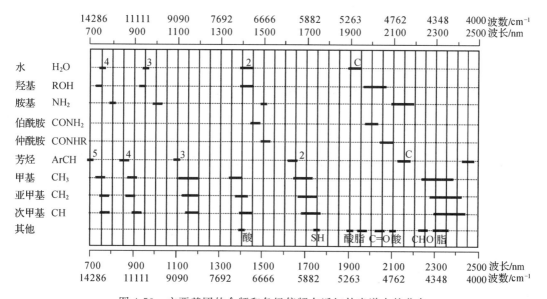

图 4-50　主要基团的合频和各级倍频在近红外光谱中的分布

注:"—"表示基团吸收位置;C 表示合频;2,3,4,5 分别表示一级、二级、三级、四级倍频。

(1)CH 键

观察一下苯的近红外光谱,如图 4-51 所示。1685nm(5935cm^{-1})与 1145nm(8734cm^{-1})分别为 CH 伸缩振动的一级倍频和二级倍频吸收带,2150nm(4651cm^{-1})与 2460nm(4065cm^{-1})是 CH 伸缩振动与 CH 弯曲振动的合频吸收带,其中二级倍频吸收带相当稳定,受苯环的影响很少,可用于定量分析,只是灵敏度小。此外,在短波区还有三级倍频吸收谱带 875nm(11429cm^{-1})和四级倍频吸收谱带 714nm(14006cm^{-1})。与饱和烃的倍频谱带波长相比,苯的相应谱带波长更短(或频率更高)。

(2)NH 键

NH 键是有机分子中的一种重要结构,一般与生命相关的有机物,比如胺类、酰胺类、氨基酸及蛋白质分子中均含有 NH 键,其中蛋白质及氨基酸在近红外区的吸收在农产品分

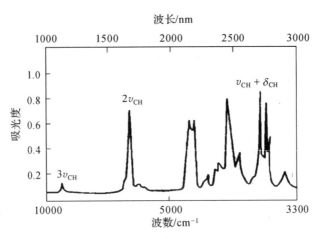

图 4-51　苯的近红外光谱

析中很有用。NH基团伸缩振动和弯曲振动合频吸收带在 2174nm（4600cm^{-1}）。伯酰胺（R—CO—NH）和仲酰胺（R—CO—NH—R）的近红外光谱与对应胺类物质相似，一级倍频吸收谱带在 1500nm（6666cm^{-1}），合频吸收谱带在 2000nm（5000cm^{-1}）。

（3）OH 键

有机物中的醇、酚、酸，以及生命活动中起重要作用的各种单糖和多糖，都含有 OH 键。可以大致推算 OH 键在近红外区的伸缩振动一级倍频和二级倍频分别在 1430nm（6993cm^{-1}）附近和 950nm（10530cm^{-1}）附近，合频（伸缩振动与面内弯曲振动）在约2000nm（5000cm^{-1}）附近。从图 4-52 中的乙醇的近红外光谱中可以观察到上面提到的吸收谱带。

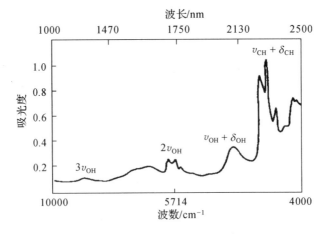

图 4-52　乙醇的近红外光谱

水是含 OH 键的最常见的物质，它在中红外区有很强的吸收，对中红外光谱分析影响极大，而水在近红外区的吸收比中红外弱得多。水在近红外区有一些特征性很强的合频吸收带，它们可用于研究水分子的结构和测定物质中的水分含量[33]。液态水由于分子缔合，吸收带的细节消失，形成较宽谱带。水分子 OH 伸缩振动一级倍频在 1440nm（6944cm^{-1}），二级倍频在 960nm（10420cm^{-1}），合频吸收带有两个，较强的在 1940nm（5155cm^{-1}），较弱的在 1220nm（8197cm^{-1}），如图 4-48 所示。

（4）C＝O键

C＝O键伸缩振动会受到诸多因素的影响，比如取代基、电效应、氢键作用等，它的一级、二级和三级倍频分别在 $2615\sim3549nm$（$3824\sim2818cm^{-1}$）、$1761\sim2473nm$（$5679\sim4044cm^{-1}$）和 $1333\sim1936nm$（$7502\sim5165cm^{-1}$）。酰胺中的羰基受氢键作用的影响特别大，其稀溶液的羰基伸缩振动的一级、二级和三级倍频分别在 $3091\sim3334nm$（$3235\sim2999cm^{-1}$）、$2081\sim2323nm$（$4805\sim4305cm^{-1}$）和 $1576\sim1818nm$（$6345\sim5500cm^{-1}$）。

最后需要注意，近红外光区溶剂的选择相对比较困难，因为要求溶剂不含 CH、NH、OH 等基团，可供选择的溶剂有 CCl_4 和 CS_2。

4.4.3 近红外光谱仪器系统

与其他光谱仪器类似，近红外光谱仪器也包括光源、色散组件、样品室、探测器和显示及记录系统等部分。

（1）光源

近红外光谱仪中常用光源为钨灯或卤钨灯，它们也是常用的可见光源，具有强度高、稳定性好、寿命长等优点。在便携式近红外光谱仪中，发光二极管使用较多，它功耗低、寿命长、价格低廉、容易调控。

（2）色散组件

近红外光谱仪的色散组件有滤光片、光栅、傅里叶变换干涉仪和声光可调滤光器四种类型。早期的近红外光谱仪有用棱镜做色散元件的，但随着光栅技术的完善，目前已很少使用棱镜。在后面介绍各类近红外光谱仪时会进一步介绍这些色散组件。

（3）探测器

在近红外光谱中一般使用基于半导体材料的光电探测器，半导体材料决定了所能探测的波长范围。表 4-17 给出了一些材料的波长响应范围。

表 4-17　常用半导体材料的波长响应范围（近红外波段）

材　料	Si	Ge	PbS	InSb	InAs	InGaAs
波长范围/nm	$700\sim1100$	$700\sim2500$	$750\sim2500$	$1000\sim5000$	$800\sim2500$	$800\sim2500$

（4）样品室

由于近红外光谱的样品差别很大，所以样品室的设计也不一样。样品室材料使用普通玻璃即可，但形状应该结合具体样品考虑。

此外，在近红外光谱仪中，光纤和积分球也是常用的附件。

光纤包括透射式光纤和漫反射式光纤两种，如图 4-53 所示。光纤材料主要有两类，一类为用于短波近红外区的低 OH^- 的石英光纤，另一类为用于长波近红外区的氧化皓光纤。

积分球如图 4-54 所示，圆球为积分球球体，内壁涂白色的硫酸钡，其反射率高达 96% 以上。当光束照射到样品上时，被样品漫反射的光经球体内部多次反射，绝大部分进入探测器被接收。这样可以增加信号的信噪比，减小杂散光的影响以及提高测量的灵敏度。另外，使用积分球也可以使用双光路探测方式，让参比光束打在积分球的空白部分即可。

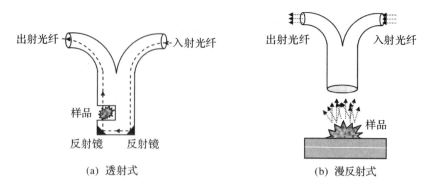

图 4-53   光纤

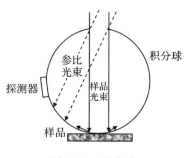

图 4-54   积分球

（5）显示及记录系统

计算机是近红外光谱仪中的必要部件,它不仅承担显示、记录、控制等任务,还需要完成光谱数据的分析和处理,特别要能够实现用于光谱分析的化学计量算法。

4.4.4   近红外光谱仪类型

按色散组件对近红外光谱仪进行分类,分别有滤光片型、色散型、傅里叶变换型和声光可调滤光型。色散型和傅里叶变换型近红外光谱仪分别与紫外–可见光栅光谱仪和傅里叶变换红外光谱仪类似,下面不再赘述。

图 4-55 显示了滤光片型近红外光谱仪的基本结构。近红外光源发出的光经过斩光器,斩光器每隔 1/4 圆周区域交替透光和不透光,如果斩光器以一定频率转动,那么入射光就会交替地透过和被吸收,这样吸收部分就可作为参考零点用于自动校正。入射光经过斩光器后被滤色片滤波成为窄带的单色光,旋转滤光片架可选择滤光片。最后单色光照射在样品上,透射或反射的光信号被探测器接收。

声光可调滤光型近红外光谱仪被认为是 20 世纪 90 年代近红外光谱技术最突出的进步,它的结构原理可参看 3.3.4 节中的图 3-34。该类型仪器的特点是:测量速度快(波长调节速度是 4000nm/s)、分辨率高(0.01nm)、无机械移动部件、稳定性好。声光可调滤光器是根据各向异性双折射晶体的声光衍射原理制成的,晶体一般采用具有较高声光品质因素和较低声衰减的双折射晶体,比如 TeO_2、石英、锗等,其中 TeO_2 由于具有较高的声光品质因素而被广泛使用。

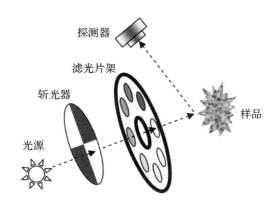

图 4-55 滤光片型近红外光谱仪

4.4.5 近红外光谱的分析方法

在测得样品的近红外光谱后,接下来要做的就是如何从光谱中提取有用的信息来衡量样品的物理或化学性质,这就是近红外光谱分析。由于近红外光谱信号较低,谱峰重叠严重且易受许多其他因素的干扰,所以它不像其他光谱分析那么直观。近红外光谱分析需要借助化学计量方法来建立分析模型,然后利用分析模型去预测样品[34-36]。

近红外光谱分析包括校正(calibration)和预测(validation)两个过程,其中基于化学计量学的数学模型是近红外光谱分析的核心,如图 4-56 所示。

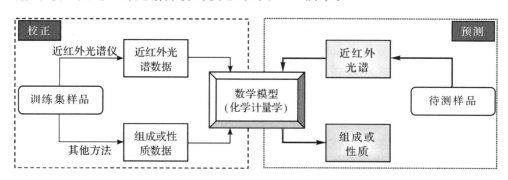

图 4-56 近红外光谱分析过程

校正是数学模型建立的过程。首先选择一定数量的训练样本,使用近红外光谱仪测量它们的近红外光谱,利用其他标准方法测量需要分析的样品组成或性质(比如水分含量、浓度、颗粒大小等)。然后将训练样品的近红外光谱数据和组成或性质数据输入计算机中,利用数学方法对近红外光谱和组成或性质进行关联,确立两者之间的定量或定性关系。

预测是利用数学模型测量样品的组成或性质。测量待测样品的近红外光谱,将其光谱数据输入数学模型中,通过分析得到样品的组成或性质。

在实际应用中,数学模型的建立并不像上面描述的那么简单,它是一个非常复杂且工作量庞大的任务:

(1)首先,训练集样本的选择很有讲究。样本数量不能太少,如果是定性分析,样本数量需要 20 个左右,定量分析则需要 50~80 个,天然产物(如农作物、烟草等)需要的样本数更多,大概为非天然产物样本数的 3～5 倍。样本要具有代表性,具体说就是样品的性质参数范围要涵盖所期望的变化范围,而且样品的性质参数的分布是均匀的。

(2)要尽量消除各种干扰因素对近红外光谱的影响。近红外光谱容易受到外界因素的影响,它们对光谱的影响可能超过样品成分或性质变化所带来的影响,这样就会严重影响数学模型的准确性。好的数学模型应该能够把干扰因素的影响也考虑进去,将这些干扰转变为近红外光谱能够测量的一个对象,要做到这点则需要更为复杂的数学模型和更多的训练样本。

(3)模型有效性确认。数学模型建立后,还不能直接用于测量分析,需要对其有效性进行确认。选择一组成分或性质已知但未参与模型建立的合格样品,用以建立的数学模型对它们进行分析测试,只有当误差在可接受范围内才认为该模型是有效的。如果测试结果表明模型无效,则需要修改模型参数,或者更多的情况是需要引入新的样品训练集或者在原有训练集的基础上增加建模样品数量。

(4)模型的扩展。模型所适用的范围越宽越好,但是范围越宽,所需的训练样本集就越大,所以要建立一个更稳定、适用范围更广的数学模型,就需要不断地扩充模型的数据库。在检测过程中,如果发现未知样品超出了模型的测量范围,但又不是远离模型的测量范围,那么就可以把该样品包括到训练集中,重新建立模型,从而实现模型的扩充和完善。由此可见,模型建立并不是一次性的过程。

尽管数学模型的建立非常复杂,但是一旦建立稳定的模型,就可以实现快速准确地分析样品。我们可以针对近红外光谱与样品的多个组分或性质参量建立多个数学模型,利用计算机快速的数学处理能力,就能够通过测量一张近红外光谱图实现对多个参数的测量。

如果用矩阵 S 和 P 分别表示近红外光谱数据和样品的组成或性质数据,那么数学模型的建立就是通过合适的算法找到一个矩阵 C,能够让光谱 S 和样品组成(或性质)P 联系起来,

$$P = C \cdot S \tag{4.17}$$

即求解矩阵 C。预测则是将光谱 S 输入上述公式中,计算得到样品参量 P。要注意:光谱矩阵不是由所有的光谱数据点组成的,通常会选择若干个波长位置的光谱数据,所以需要建立一套确定矩阵 S 的方法和步骤,或者说波长筛选机制,这实际上也是建模的一个关键。

数学模型的建立通常会利用化学计量学的各种算法,在此我们仅简单地阐述一下常用方法,而不会涉及它们的数学原理,如果感兴趣可以参考有关"化学计量学"方面的书籍[17]。

近红外光谱定量和定性分析的基础是多元线性回归(multivariate linear regression,MLR),它通过最小二乘法拟合确定光谱与样品参量之间的关系,不具备自动优化分析模型的功能。逐步回归法(stepwise regression)是能够选择合适波长点的光谱数据建立"最优化"回归方程的分析方法。主成分回归法(principle component regression,PCR)是针对多元线性回归中由于自变量矩阵病态而无法得到预测结果而提出的。

此外,在近红外光谱的定量分析中常用的算法还有偏最小二乘法(partial least square,PLS)、非线性偏最小二乘法(non-linear partial least square,NLPLS)、局部回归法(local regression，LR)、人工神经网络的 BP(back propagating)算法。

在近红外光谱的定性分析中常使用聚类分析和贝叶斯判别分析，可对样品进行分类。

近红外光谱技术在农业、石油化工、纺织、制药、食品分析、地质、生物医学、农业遥感、过程分析等诸多领域已得到广泛应用，在实际应用中具体如何建模和分析大家可参看相关文献[34—38]。

小　结

本章介绍了各种吸收光谱技术。吸收光谱是相对于发射光谱而言的，它仅对光信号产生吸收而并不会产生新的波长或频率。按波长范围，我们把吸收光谱技术分为紫外-可见光谱、红外光谱和近红外光谱，它们在光谱测量方面具有相似性，但是在光谱产生机理、光谱解析和具体应用上却大相径庭。本章首先概括性地阐述了吸收光谱技术，然后从光谱产生机理、光谱测量、光谱分析、应用等方面分别介绍了紫外-可见光谱、红外光谱和近红外光谱技术。

思考题和习题

4.1 有机化合物的电子轨道之间哪几种跃迁形式是允许的？它们所需光子能量大小顺序如何？并说明它们与有机分子结构特征的关系。

4.2 无机化合物的紫外-可见光谱主要来源于什么跃迁形式？

4.3 在可见光区，颜色与波长有一定的对应关系，如表 4-1 所示。如果某溶液能够强烈地吸收 $580\sim610nm$ 波长的光，那么该溶液会呈什么颜色？如果某溶液呈红紫色，那么该溶液的可见光谱在哪个波段会缺失？

4.4 某化合物的相对分子量为 251，取该化合物 37.65mg 溶于甲醇中配成 1L 溶液，在 480nm 处用 2cm 的样品池测得透光率 $T=39.8\%$，求该化合物在 480nm 处的摩尔吸光系数。

4.5 维生素 B12 的水溶液在 361nm 处的百分吸光系数为 207。精密称取 B12 样品 25.0mg，用水溶液配成 100ml；精密吸取 10ml，又置 100ml 容量瓶中，加水至满刻度。然后取此溶液在 1cm 的样品池中，在 361nm 处测定吸光度为 0.507。求维生素 B12 的百分含量（或纯度）。

（提示：百分吸光系数是吸光系数的另一种表示方法，它等于浓度为 1g/100ml 的样品溶液在 1cm 的光程下的吸光度大小）

4.6 氧气在 760nm 附近的吸收截面约为 $10^{-27}cm^2$，假设在一个光程为 1m 的气体容器中充入氧气，测得吸光度为 0.1，试问容器中单位体积内有多少个氧气分子？

4.7 试证明在入射光为非单色光和不平行的情况下，吸收定律会发生偏离。

4.8 解释如下术语：

①生色团　②助色团　③红移　④蓝移

4.9　说明共轭效应和空间阻碍效应对紫外-可见光谱的影响。

4.10　试给出单光束、双光束和双波长的光路示意图,并说明它们的测量原理和优缺点。

4.11　说明采用线阵探测器的光谱仪如何进行波长标定。

4.12　说明差示光度法、双波长光度法和导数光度法的基本原理和特点。

4.13　化学反应 $CS_2 + CH_3CHO \xrightarrow{NH_3} C_5H_{10}N_2S_2$ 的生成物有两种可能结构(a)和(b),

已知化合物 的最大吸收波长为 246nm 和 276nm,化合物 的最大吸收波长为 217nm。如果实测生成物的最大吸收波长为 243nm 和 288nm,那么该生成物应该为哪种结构?

4.14　"饱和碳氢化合物可作为近紫外光谱测量的溶剂",这种说法对不对? 试从电子跃迁角度进行说明。

4.15　近红外、中红外和远红外的频率范围分别为多少? 它们分别与分子的什么运动形式相关? 通常意义上的"红外"指哪一个波段?

4.16　氯仿($CHCl_3$)的红外光谱说明 C—H 键的伸缩振动频率为 $3100cm^{-1}$,对于氘代氯仿($CDCl_3$),其 C—D 键的伸缩振动频率是否会改变? 如果变化的话,是向高波数还是低波数移动? 如果可能请给出半定量的计算结果。

4.17　根据以下力常数 k 的数据计算各化学键的红外振动频率,根据计算结果可以得出哪些结论?

(1)乙烷,C—H,$k = 5.1N \cdot cm^{-1}$;

(2)乙炔,C—H,$k = 5.9N \cdot cm^{-1}$;

(3)乙烷,C—C,$k = 4.5N \cdot cm^{-1}$;

(4)苯,C—C,$k = 7.6N \cdot cm^{-1}$;

(5)乙腈 CH_3CN,C≡N,$k = 17.5N \cdot cm^{-1}$;

(6)甲醛,C—O,$k = 12.3N \cdot cm^{-1}$。

4.18　如果 C—C、C—N 和 C—O 键的力常数相等,那么它们伸缩振动的红外吸收频率大小关系如何?

4.19　解释红外活性,并分析水分子(H_2O)的各种振动模式的红外活性如何。

4.20　下列两个分子的 C—C 对称伸缩振动在红外光谱中是活性的还是非活性的?

(1)$CH_3—CH_3$;(2)$CH_3—CCl_3$

4.21　将水分子(H_2O)的各种振动模式的红外频率按由小到大顺序排列。

4.22 不饱和键的伸缩振动区频率范围为多少？指纹区频率范围为多少？X—H 单键伸缩振动的频率范围为多少？

4.23 说明下列异构体在红外光谱上的差别：

(1)$CH_3CH_2CH_2CH_2OH$ $CH_3CH_2OCH_2CH_3$

(2)CH_3CH_2COOH CH_3COOCH_3

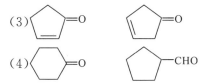

4.24 试解释费米共振效应。

4.25 说明红外光谱测量中固体样品的各种制备技术。

4.26 由下列红外光谱推断固体化合物 $C_{14}H_{14}$，其熔点为 $51.8\sim52℃$。

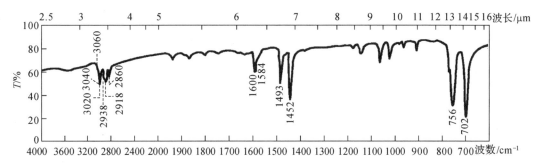

4.27 由下列红外光谱推断固体化合物 $C_4H_{10}O$。

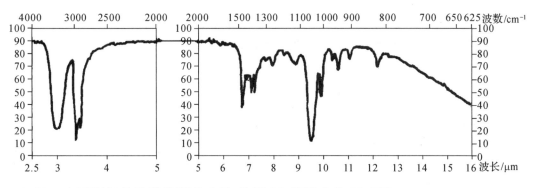

4.28 由下列红外光谱推断化合物 C_8H_7N，其熔点为 $29.5℃$。

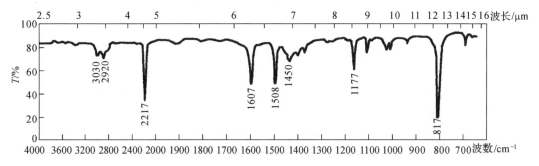

4.29 由下列红外光谱推断化合物 $C_8H_{14}O_3$。

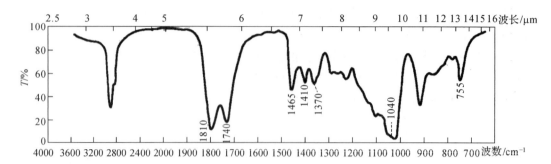

4.30 某化合物在 $3640\sim1740cm^{-1}$ 区间的红外光谱如下图所示,该化合物应该是氯苯、苯或 4－叔丁基甲苯中的哪一个? 说明理由。

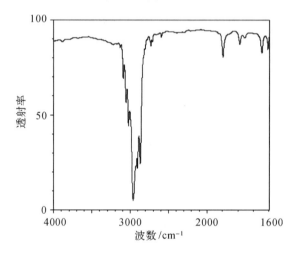

4.31 一种溴甲苯 C_7H_7Br 在 $801cm^{-1}$ 有一个单吸收峰,试写出其分子结构。

4.32 下列两个化合物在红外光谱上的主要差别是什么?

$$\langle\text{苯环}\rangle-CH_2-NH_2 \qquad H_3C-\overset{\overset{\displaystyle O}{\|}}{C}-N(CH_3)_2$$

4.33 近红外光谱形成的物理机制是什么? 长波和短波近红外光的波长范围分别为多少? 分子振动的高级倍频吸收谱带出现在长波近红外区还是短波近红外区?

4.34 请说明近红外光谱的特征,并由此分析近红外光谱技术的特点。

4.35 如何理解近红外光谱技术是一种"多、快、好、省"的分析方法?

4.36 列举近红外光谱分析中有用的基团。写出水分子在近红外区的 4 个主要特征吸收谱带以及它们的归属。

4.37 硅探测器是常用的光电探测器,它既能用于长波近红外光探测,也能够用于短波近红外光探测。请判断上述说法是否正确? 如果是锗探测器呢?

4.38 说明积分球的工作原理及其优点。

4.39 说明近红外光谱分析的基本过程。

4.40 列举几种在近红外光谱分析中常用的数学建模方法。

第 5 章

发射光谱技术

学习目标

1 掌握发射光谱的基本概念；

2 了解和掌握原子发射光谱、荧光光谱和拉曼光谱的基本原理、测量和应用。

发射光谱是相对吸收光谱而言的，它是一个体系在外部激发下向外发射出的，包含入射光频率（或波长）以外的特征光信号，外部激发的方式可以是高温燃烧、化学反应、电磁辐射等。在本章中，将首先介绍一些发射光谱的基本概念；然后依次介绍原子发射光谱、荧光光谱和拉曼光谱技术，包括它们的产生机理、测量方法和具体应用。

5.1 基本概念

发射光谱的典型特征是其光谱信号中包含入射光频率（或波长）以外的特征光信号，即会产生新的波长。我们先来了解一下发射光谱的产生和它的具体形式。

5.1.1 发射光谱的产生

从能量转移的角度来说，吸收光谱是入射光的能量转移到原子或分子上使得原子或分子从基态或较低能级跃迁至较高能级而产生；而发射光谱则正好相反，它是由于原子或分子由高能级向低能级或基态跃迁时向外发射出光子而产生。如图 5-1 所示。

图 5-1　吸收与发射

但是，原子或分子通常处于基态，所以要形成发射首先需要通过外部激发把分子或原子"搬运"到高能级上，然后才能向低能级跃迁产生发射光谱。外部激发的形式有多种，包括高温燃烧、电磁辐射、化学反应等。以前经常用到的蜡烛,其发光方式就是典型的燃烧发光;白炽灯是通过电加热的方式使钨丝达到很高的温度从而发光;生活中使用的日光灯,其发光是一种光致发光的形式,日光灯的管壁涂有一层荧光材料,在高压汞灯的照射下向外发射出荧光;在化学反应过程中某物质吸收了反应所产生的化学能跃迁至高能级,然后再回到低能级也会导致发光,比如荧光棒,就是在揉搓棒时使里面的过氧化物和酯类化合物混合发生反应,释放的化学能传递给荧光染料从而发光。

5.1.2　发射光谱的分类

发射光谱技术主要包括原子发射光谱(atomic emission spectroscopy,AES)、荧光光谱(fluorescence spectroscopy)和拉曼光谱(Raman spectroscopy)等三种形式。原子发射光谱一般用于元素分析,通过电火花放电、电感耦合等离子体、辉光放电等方式激发原子到高能级,然后在返回低能级或基态时发射出相应的原子特征谱线。荧光光谱是物质吸收了外部光辐射后跃迁到激发态,然后再由激发态回到基态或邻近基态时,向各个方向发光的一种发射光谱,需要注意的是自然界中很多物质是没有荧光效应的。拉曼光谱是光照射到物质上发生了非弹性散射,被散射的光的频率发生了改变,它实际上也包含了先吸收(即激发)后发射的过程,拉曼光谱信号一般比较弱,这是其应用的一个难点,但是它和红外光谱一样是用于研究分子结构的有力工具。

5.2　原子发射光谱

从光谱技术的发展历史来看,光谱分析最早应用的是原子发射光谱:沃拉斯顿和夫琅和费观察到的太阳黑线,实际上就是太阳发射光谱被吸收的元素特征谱线;本生和基尔霍夫研制的第一台实用光谱仪,仪器中使用本生灯燃烧物质来激发元素的发射谱线。在原子发射光谱中,光源(或者说激发方式)是其中的核心部分,原子发射光谱分析技术的发展与光源的进步分不开。

5.2.1　激发方式

在原子发射光谱中,待测物获得能量后其组分被蒸发为气体分子,气体分子进一步获得能量被解离成原子,原子在外部激发下使其外层电子从基态跃迁到激发态,如果再进一步获得能量电子将脱离原子核束缚成为自由电子,而原子也被电离成离子,该过程如图 5-2 所示。待测物经过上述的激发过程后,将形成包含分子、原子、离子、电子等各种气态粒子的集合体,整个集合体在宏观上呈电中性,处于类似于等离子体的状态。

图 5-2　待测物被激发的基本过程

不同原子激发和电离的难易程度不一样,这是由元素本身的共振能和电离能的大小决定的。比如:钪(Sc)元素的共振能和一次电离能(分别为 1.45eV 和 3.89eV)最小,因此最易激发和电离;而氦(He)元素的共振能和一次电离能(分别为 21.13eV 和 24.48eV)最大,因此最难激发和电离。采取何种方式激发待测物,或者说在原子发射光谱中采用何种光源,主要考虑待测元素激发和电离的难易程度。但是需要注意的是:激发和电离的难易与蒸发和原子化的难易是两码事,Ba、Zr 和稀土元素很容易被激发和电离,但很难被蒸发及原子化,而 As、Zn、Se、Te 等原子很容易被蒸发和原子化,却很难被激发和电离。

在原子发射光谱中所用的光源主要有火焰、电弧、电火花、电感耦合(inductive coupled plasma,ICP)、辉光放电等形式,这些光源都会形成等离子态,但是习惯上我们仅将 ICP 放电光源称为等离子光源。

(1)电火花光源

电弧和电火花光源称得上是发射光谱中的经典光源,它们利用在电极之间发生电弧或电火花放电所产生的能量使分析物蒸发、原子化并激发,从而发射出元素的特征谱线。但是这两种光源的稳定性都不是特别好,不利于定量分析;而且光源本身的光谱背景比较大,在紫外区域更为严重,会影响谱线指认。电火花光源相比于电弧光源具有更高的温度,可以用于难激发元素分析。

在电火花电源中,导电金属固体作为一个极(如图 5-3 中电极 1),待测物填充在石墨或金属电极上作为另外一个极(如图 5-3 中电极 2),当两个电极间产生电火花时,电火花会击穿电极在它们之间形成放电通道,该放电通道呈现高电流密度和高温,电极被强烈灼烧,使电极 2 中的待测物迅速蒸发,从而形成高温喷射焰炬而激发,向外发射出元素特征谱线。电火花放电呈一束明亮、曲折而且分叉的细丝,如图 5-3 所示,它实际上是由放电通道和元素蒸气喷射焰炬构成的。

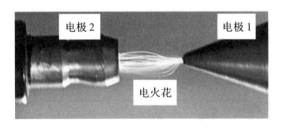

图 5-3　电火花光源

(2)电感耦合等离子体

ICP 光源从 20 世纪 60 年代才发展起来,从 1974 年起商品化的 ICP 原子发射光谱仪开始大量涌现。ICP 光源具有的优点是:较强的蒸发、原子化和激发能力,能够测量大部分元素;稳定性好,具有较高的检测精度,在检出限 100 倍的情况下,相对标准偏差为 0.1%~1%;样品组成的影响小,容易进行定量分析,并且由于在惰性气体下工作,避免了受空气带状光谱的影响。

典型的 ICP 光源如图 5-4 所示,它主要包括以下几个部分:

①射频感应线圈,高频发生器为线圈提供高频能量,使其尖端放电引入火种,让氩气局部电离为导体,进而产生感应电流。

②毛细喷射管,样品气溶胶通过该管道喷射出去,在射频感应线圈处与氩气一同被射频感应线圈激发为等离子体。

③等离子体管，里面通有氩等离子气体，它也称为辅助气，其作用是提高火焰高度和保护毛细喷管。

④冷却管，从切向通入氩气到冷却管内，它主要用于冷却 ICP 光源炬管。

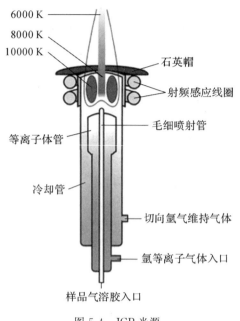

图 5-4　ICP 光源

高频电流通过线圈时，其周围空气会产生交变磁场，如果线圈放电引入几个火花，会使少量氩气电离，产生少许电子和离子；交变磁场会感应这些电子和离子，使其加速并在炬管内沿闭合回路流动形成涡流；被高频场加速的电子和离子在运动中会受到气流阻挡产生热进而达到高温，同时高温会使氩气和样品气溶胶发生电离，产生更多的电子和离子，从而形成等离子火炬。ICP 光源在射频感应线圈处的温度最高，由下至上温度逐渐降低。

（3）辉光放电

辉光放电是惰性气体在低气压下的一种放电现象，历史上作为一种有效的原子化和激发光源而用于光谱分析。在光源内部抽真空并充入放电气体（一般为氩气），在电极间加上电压（500～1500V）使体系内的气体被击穿离解成正离子及电子，在电场作用下正离子加速向阴极移动并与阴极发生碰撞，通常将待测样品放置在阴极上或者做成阴极材料，这样在氩离子的碰撞下样品原子将逸出样品表面扩散进入负辉区，与氩离子和电子形成等离子体，样品原子在等离子体中将与高能电子等经历一系列碰撞，从而被激发或离子化。

辉光放电时将在阴极和阳极之间出现明暗相间的 8 个区域，如图 5-5 所示。

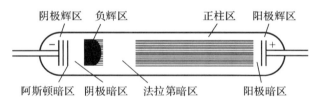

图 5-5　辉光放电区域

①阿斯顿暗区，为一很薄靠近阴极的暗区层。

②阴极辉区，为一个或几个微弱发光的、薄的阴极层，它是朝阴极运动的正离子与阴极发射出的电子复合而产生的。

③阴极暗区，是电子和离子的主要加速区。

④负辉区，是一个紧邻阴极暗区的较宽且明亮的区域，在该区域内高能电子、亚稳态氩原子和样品原子发生频繁碰撞，产生最有用的光谱分析信息。

⑤法拉第暗区，在负辉区中发生非弹性碰撞的电子将失去能量而变成低速电子，它们将集中在此区。

⑥正柱区（正辉区），该区发出所充惰性气体的特征光，从法拉第暗区一直延伸到阳极

附近。

⑦阳极辉区,比正辉区的发光强度更强。

⑧阳极暗区,是阳极电子加速区域。

辉光放电产生的发射光谱具有稳定性高、背景干扰小、谱线锐等优点。

5.2.2 典型的原子发射光谱仪器

下面给出两种典型的原子发射光谱仪。

图 5-6 为电火花光源的直读型原子发射光谱仪,它由电火花光源、样品架、分光系统、检测系统、电学控制系统及数据处理系统六个部分组成。后两部分在现代仪器中均由电子计算机实行程序控制、实时监控和数据处理。电火花光源部分为火花放电发生器;样品架用于放置样品,也是样品的激发台;分光系统与前面提到的色散方式及装置类似,在这里需要将分光系统的入射口与样品激发台衔接好;检测系统用于记录分光后的强度,可以用单点探测器,但是需要扫描,也可以用阵列探测器。

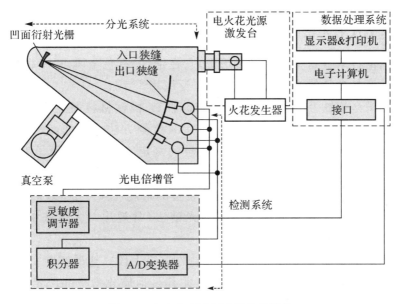

图 5-6 电火花直读原子发射光谱仪

图 5-7 为 ICP 扫描型发射光谱仪,它由 ICP 光源、分光系统和检测系统构成,图中没有给出数据处理系统。样品溶液通过雾化器后以气体形式进入 ICP 光源的毛细喷管中,然后与氩气一同被高频感应线圈激发为等离子体而发光;ICP 光源所发出的光经收集后进入分光系统中,利用全息双光栅对光信号进行色散;最后利用探测器检测色散后的光信号,由于采用的是单点探测器,所以需要转动光栅以获得不同波长处的光信号。图 5-7 所示的光谱仪除了主分光器外,还有一个内标分光器,ICP 所发出的光经分束镜分为两束,一束进入主分光器;另一束则经光纤进入内标分光器,内标分光器的焦距更短、光栅面积小、灵敏度不高,这样可以更快地获得内标分析结果。

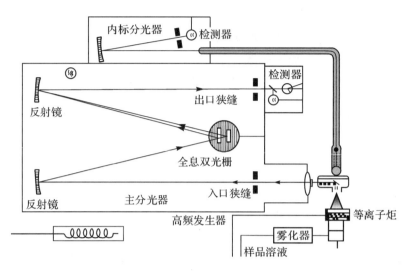

图 5-7　附有内标分光器的 ICP 原子发射光谱仪

5.2.3　原子发射光谱的应用

原子发射光谱技术具有很长的发展历史，它在钢铁、有色金属、稀土材料、岩石矿物、石油、化工材料、甚至是食品等成分分析上具有广泛应用[39-41]。

原子发射光谱是钢铁及合金冶炼、有色金属加工、机械材料加工等过程中产品质量控制最有效的手段，它们已经成为这些行业的标准检测方法。比如：我国国家标准 GB/T 4336—2016《碳素钢和中低合金钢　多元素含量的测定　火花放电原子发射光谱法（常规法）》是常规钢铁产品及普通商品钢材检验的常规方法；行业标准 YS/T 482—2005《铜及铜合金分析方法光电发射光谱法》规定了铜和铜合金的常规检验方法；GB/T 24234—2009《铸铁　多元素含量的测定　火花放电原子发射光谱法（常规法）》为铸铁中元素含量的检验方法。

原子发射光谱也是地质样品分析的最重要的常规手段。地质实验室 70%～80% 的日常分析任务可用 ICP 原子发射光谱分析完成，尤其是地质化学样品测定，ICP 原子发射光谱是不可缺少的手段。矿物种类繁多，它们在工业上均有很高的应用价值，而它的主成分和杂质含量则是划分矿物等级的主要依据，而利用原子发射光谱则可以精确地测量矿物成分，为矿物分级提供证据。

利用原子发射光谱可以对食品中的营养元素、有害元素、微量元素进行测定。在测量前首先有一个很重要的环节就是消化食品，即将食品溶解成透明清亮的液体，在消化过程中要求不能污染食品，也不能损失试样。消化食品的方法有很多，包括低于 500℃ 干法灰化法、$HNO_3 - HClO_4$ 湿法消化法、HNO_3 或 $HNO_3 - H_2O_2$ 或 $HNO_3 - H_2O_2 - HF$ 微波消化法等。比如：对大米中的元素进行测定，可以先称取 0.5～1.0g 样品，置锥形瓶中加硝酸和高氯酸，在电炉上加热消解至透明，再用离子水定容 5mL 进行测定，对其中 8 种元素的分析波长如表 5-1 所示。

表 5-1　大米中元素的分析波长

元　素	分析波长/nm
Ca	393.3
Cu	324.7
Fe	259.9
Mg	279.5
Mn	257.6
Zn	202.3
Pb	220.3
Al	396.1

此外,原子发射光谱在环境监测领域也发挥了重大作用。利用它可以分析水中的无机污染物,采用超声波雾化装置的 ICP 原子发射光谱可以对水质样品不经任何预处理就进行测定除 Hg 以外的所有元素;原子发射光谱可以分析大气中的悬浮物,测定灰尘、雾霾、汽车尾气等主要成分,测定其中的 Sb、Cr、Zn、Co、Hg、Sn、Ce、Se、Tl、Ti 等元素及化合物;此外,还可以对土壤成分进行分析。

5.3　荧光光谱

荧光是一种光致发光,早在 16 世纪人们就在矿物和植物油提液中发现了荧光。随着人们对荧光本质认识的逐步深入,荧光光谱技术在科学研究和应用实践中也得到了进一步发展。目前,荧光光谱已被广泛用于生物、化学、医药、工业、环境保护等各个领域。

荧光的产生包括吸收和发射两个过程,首先吸收光子跃迁到高能级,然后再向低能级跃迁,向不同方向发射出光子,所以荧光光谱也属于发射光谱。下面我们将从荧光产生机理、影响荧光的因素、荧光信号的探测方法及荧光光谱的分析技术等几个方面来学习荧光光谱技术。

5.3.1　荧光产生机理

当物质吸收特定波长的光辐射时,会从基态跃迁到激发态,但是处于激发态的物质粒子是不稳定的,在适当的条件下,它们会向外辐射光而重新回到基态,这样的发光过程就称为光致发光。光致发光可以发生在不同的波长范围内,比如紫外-可见光区、红外光区和 X 射线区等,在这里我们仅关注于紫外-可见光区。

光致发光有荧光和磷光两种形式,它们的物理机制不一样,在此利用图 5-8 的能级跃迁图对其进行说明:

①无辐射跃迁(激发态→第一电子激发态的最低能级),在物质粒子被激发到高能级后,在很短的时间内,它们首先会因相互撞击而以热的形式损失掉一部分能量,从当前激发能级下降至第一电子激发态的最低能级。

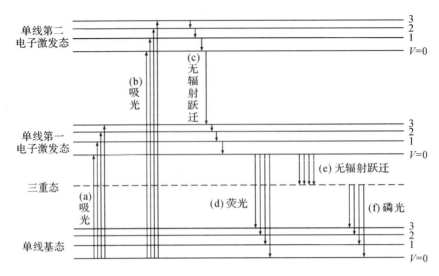

图 5-8   荧光和磷光的能级跃迁

②荧光发射(第一电子激发态的最低能级→基态能级),如果物质粒子由第一电子激发态的最低能级继续向下直接跃迁至基态能级,那么就会以光的形式释放能量,所发出的光就是荧光。

③磷光发射(三重态→基态能级),如果被激发的物质粒子不直接向下跃迁至基态能级,而是先无辐射跃迁至亚稳状的三重态,逗留较长时间后再跃迁至基态能级,那么在从三重态跃迁到基态能级的过程中就会向外发射磷光。

由此可见,荧光与磷光的主要区别在于:

(a)从激发态跃迁到基态的路径不同。

(b)从激发到发光的时间长短不同,荧光发光时间为 $10^{-9} \sim 10^{-7}$ s,磷光发光时间为 $10^{-3} \sim 10$ s,比荧光的发光时间要长得多。

(c)发光的波长不同,荧光波长比对应的磷光波长短。

荧光光谱与吸收光谱密切相关,如果把某一荧光物质的荧光光谱和它的吸收光谱进行比较,会发现这两种光谱之间存在"镜像"关系。确切地说,荧光光谱好像吸收光谱照在镜子里的像,但又比吸收光谱缺少一些短波长方向的吸收峰。图 5-9 为蒽乙醇溶液的紫外-可见波段的吸收光谱和荧光光谱。

从图 5-8 所描述的荧光光谱形成的物理机制不难理解为什么荧光光谱与吸收光谱会呈现"镜像"关系,我们从以下 3 个方面对荧光光谱和吸收光谱的特征进行比较。

(1)形状相似

吸收光谱是物质粒子从基态最低能级向激发态跃迁产生的,荧光光谱则是物质粒子由第一激发态的最低能级向基态各个能级跃迁产生的,它们分别反映了激发态和基态的振动能级结构,而基态和激发态的振动能级结构是相似的。

由于荧光光谱是由第一激发态的最低能级向基态振动能级跃迁产生的,所以它与物质粒子被激发到哪个激发态无关,换句话说,荧光光谱与激发光的波长无关。

(2)镜像对称

第一电子激发态的振动能级越高,与基态最低能级的能量差越大,则吸收波长越短;而

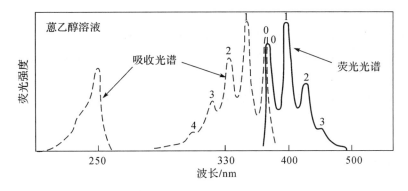

图 5-9　蒽乙醇溶液的吸收光谱和荧光光谱

基态的振动能级越高,与第一电子激发态最低能级的能量差越小,则吸收波长越长,所以吸收光谱和荧光光谱呈镜像对称。

　　需要注意的是,这种"对称"是按频率或波数对称,而不是按波长对称。另外一个可以得到的结论是,荧光光谱的波长总是比对应吸收光谱的波长长。

　　(3)谱带数

　　由于存在多个电子激发态,所以存在多个吸收谱带,而荧光谱带只有一个,因为只有从第一电子激发态最低能级向下跃迁才能发出荧光。

　　在实际应用中,荧光光谱相对于吸收光谱具有两个显著优点:①灵敏度高,荧光光谱的检测限比吸收光谱低 1～3 个数量级,可以达到 ppb 量级(parts per billion,10^{-9});②选择性好,能吸收光的物质不一定能发射荧光,而在一定波长下不同物质的荧光光谱也不尽相同,所以荧光光谱具有比吸收光谱更高的选择性。

　　但是,荧光光谱仍没有吸收光谱使用广泛,主要是因为许多物质本身不能产生荧光,而且荧光分析对环境因素(比如:温度、酸度、污染物等)非常敏感。

5.3.2　影响荧光的因素

　　物质能否发射荧光需要满足两个条件:第一,入射光要能被物质粒子吸收,使粒子能够跃迁到激发态,这样才可能经第一电子激发态的最低能级跃迁至基态振动能级而向外发光;第二,物质粒子要具有高的荧光效率,因为如果荧光效率不高,在向下跃迁的过程中能量容易转化为非辐射能量,从而使荧光很弱甚至没有。

　　下面我们具体讨论一下荧光效率。荧光效率 η 可以表示为发射荧光光子数 n_F 与吸收光子数 n_A 之比:

$$\eta = \frac{n_F}{n_A} \tag{5.1}$$

荧光发射过程涉及许多无辐射和辐射跃迁过程,荧光效率 η 与这些过程的速率常数相关:

$$\eta = \frac{k_F}{k_F + \sum_i k_i} \tag{5.2}$$

式中,k_F 为荧光过程速率常数,k_i 为其他辐射和非辐射过程速率常数。由此可见,要提高荧光效率,应该尽量提高荧光过程速率常数,且降低其他过程速率常数,而 k_F 一般取决于物质粒子本身。

许多会吸光的物质并不一定发射荧光,就是由于它们的荧光效率不高,而将所吸收的能量消耗于与溶剂分子或其他溶质分子相互碰撞中。那么,物质分子结构与荧光效率之间存在什么关系呢?对此做了如下归纳:

(1)具有大共轭双键的分子更容易发射荧光

能强烈发射荧光的物质几乎都是通过 $\pi \rightarrow \pi *$ 跃迁过程吸收辐射,$\pi \rightarrow \pi *$ 跃迁的量子效率高、寿命短($10^{-9} \sim 10^{-7}$ s),因此荧光发射速率会更快。

(2)共轭效应越大,荧光效率越高

共轭效应会增大物质的摩尔吸光系数,从而产生更多的激发态粒子,因此有利于荧光发射。比如:苯(⬡)、萘(⬡⬡)和蒽(⬡⬡⬡)的共轭效应依次增加,所以它们的荧光效率也依次增大,另外它们的荧光发射波长也是依次增大的(发射波长分别为283nm、321nm 和 400nm),这也是共轭效应的结果。

(3)刚性平面结构分子具有更高的荧光效率

刚性平面结构会减小分子振动,从而减小物质分子与溶剂分子和其他溶质分子碰撞的可能性。比如:芴(的荧光效率(接近于 1.0)比联苯的荧光效率

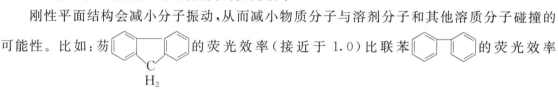

(0.18)高得多,就是因为芴平面结构更为稳固;间苯酚甲酸没有荧光,而邻苯酚

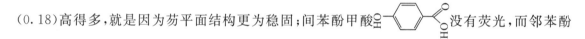

甲酸(也称水杨酸)则具有荧光效应,这是因为邻苯酚甲酸的羧酸基与羟基之间会形成很强的氢键作用,从而保持分子的平面刚性结构。

(4)取代基也会影响荧光效率

给电子基(如—NH_2、—OH 等)会产生共轭作用,使最低电子激发态与基态之间的跃迁概率增大,导致荧光增强;吸电子基(如—NO_2、—C═O、—C═NH、—9COOH、—I 等)则会减弱甚至猝灭荧光。此外,取代基的空间阻碍作用会减小共轭作用,所以也会减弱荧光。

比如:—COOH、—NO_2 和—I 在苯环上加入吸电子基后就不具有荧光效应,而

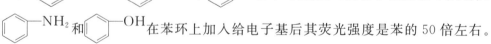

—NH_2 和—OH 在苯环上加入给电子基后其荧光强度是苯的 50 倍左右。

表 5-2 给出了一些化合物的荧光效率。

表 5-2　一些化合物的荧光效率

化合物	溶　剂	荧光效率
荧光素	水,pH7	0.65
荧光素	0.1N,NaOH	0.92

续表

化合物	溶　剂	荧光效率
罗丹明 B	乙醇	0.97
1-二甲基氨基-萘-4-硫酸盐	水	0.48
1-二甲基氨基-萘-5-硫酸盐	水	0.53
1-二甲基氨基-萘-7-硫酸盐	水	0.75
1-二甲基氨基-萘-8-硫酸盐	水	0.03
9-氨基吖啶(9-氨基氮蒽)	水	0.98
蒽	乙醇	0.30
叶绿素	苯	0.32
酚	水	0.45
萘	乙醇	0.12
核黄素(维生素 B_2)	水，pH7	0.26

除了物质分子本身外,还存在一些影响荧光发射的外部因素,比如入射光、溶剂、温度、pH 值等。

①入射光:不难理解,入射光越强,激发的物质粒子数越多,所发射的荧光强度也越大,所以荧光强度与入射光强度成正比。此外,入射光波长的选择也会影响荧光强度。我们知道荧光是一个先吸收后发射的过程,吸收越大激发到上能级的粒子数越多,那么荧光发射强度也会越大。如何使吸收最大呢? 从图 5-10 中不难看出,当选择吸收光谱中最大吸收波长作为入射光波长时可以做到吸收最大。

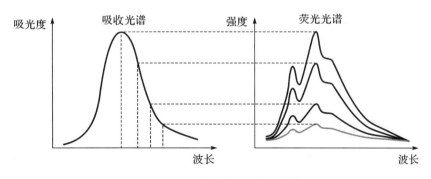

图 5-10　入射光波长与荧光光谱

②溶剂:溶剂的影响可分为一般溶剂效应和特殊溶剂效应。一般溶剂效应指溶剂折射率和介电常数的影响,特殊溶剂效应指荧光物质与溶剂分子的特殊化学作用(如氢键、化合作用等),特殊溶剂效应对荧光发射的影响要大于一般溶剂效应。通常增大溶剂极性会导致荧光光谱向长波方向移动,并且增强荧光强度。

③温度:升高温度会使物质粒子运动更剧烈,使它们的碰撞概率增大,所以升高温度会导致荧光强度下降。

④溶液 pH 值:不同 pH 值下,化合物所处状态不同,不同化合物分子与其离子在电子

构型上有所不同,所以荧光强度和荧光光谱就有差别。当荧光物质本身是弱酸碱时,pH 值对荧光发射的影响较大。比如:⌬—NH₂在 pH 值为 7～12 时会正常发出蓝色荧光,但是当 pH 值小于 2 或者大于 13 时就没有荧光。

⑤内滤光和自吸收:如果溶液中存在能吸收所发射荧光的物质,就会使荧光减弱,这就是"内滤光"。当溶液浓度较大时,所发射的部分荧光会被荧光物质自身吸收,从而降低荧光强度,这就是"自吸收"。

5.3.3 荧光信号的探测方法

测量荧光的装置称为荧光光谱仪,它与紫外-可见光谱仪(或吸收光谱仪)的结构非常相似,但又有本质的区别。

图 5-11 综合了荧光光谱仪和吸收光谱仪的光路,图中实线箭头表示吸收光谱仪的光路,而虚线箭头表示荧光光谱仪的光路。从图 5-11 中可以看出荧光光谱仪和吸收光谱仪的区别在于:第一,荧光光谱仪在与入射光垂直的方向上探测光谱信号,这样能够减小入射光对荧光信号的影响,实际中在探测器前还会加入一块滤光片,它能够阻止入射光而让荧光通过,从而能进一步减小入射光的干扰;第二,荧光光谱仪在探测器前还有一个额外的发射单色器。

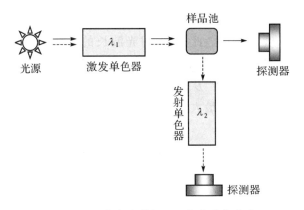

图 5-11　荧光光谱仪和吸收光谱仪光路

在此关注一下荧光光谱仪的两个单色器,激发单色器用于选择激发光波长,发射单色器用于对荧光信号进行波长扫描。两个单色器的使用使荧光光谱有荧光激发光谱和荧光发射光谱两种形式。荧光激发光谱是在固定的荧光发射波长 λ_{em} 下探测荧光信号,通过扫描荧光激发波长 λ_{ex} 得到,它实际上与吸收光谱类似;荧光发射光谱则是固定荧光激发波长 λ_{ex},通过扫描荧光发射波长 λ_{em} 探测荧光信号得到。

荧光光谱仪也包括光源、单色器、样品池、探测器、显示及记录系统等部分,除了光源外,其余部件的选择与紫外-可见光谱类似,所以下面仅阐述荧光光谱仪中的光源。

荧光光谱中的光源主要作用是激发,即将物质粒子从基态激发到激发态,所以一般需使用低波长(或高能量)的高强度光源。光源可以是单色光,也可以是光谱连续光源。

激光无疑是荧光光谱中较理想的激发光源,包括氩离子激光器(488nm,514.5nm)、氦氖激光器(632.8nm)、倍频的 Nd:YAG 激光器(532nm)以及合适的半导体激光器等。

除此之外,常用的光源还有汞灯、氙灯、氖灯和碘灯。汞灯发射不连续光谱,外罩为玻璃时主要发射谱线为 365nm,外罩为石英时主要发射谱线为 253.7nm。氙灯能发射 250～700nm 波段的连续光谱,但是它对电源稳定性的要求很高。氖灯和碘灯分别可发射 220～450nm 和 300～700nm 波段的连续光谱。

荧光光谱仪的光路可采用单光束或双光束光路,图 5-12 显示了日本日立公司的 F-4500 荧光光度计的光路。它采用 150W 的氙灯光源,入射光由光栅型的激发单色器选择单色激发光,单色激发光经分束镜分为两束,一束作为参考光直接被光电管接收,另一束被轮状遮光器调制后入射到样品池上,然后在与激发光入射的垂直方向对荧光散射光进行收集,散射光由另一个光栅型单色器选择单色光出射,该出射光最后被光电倍增管检测到。

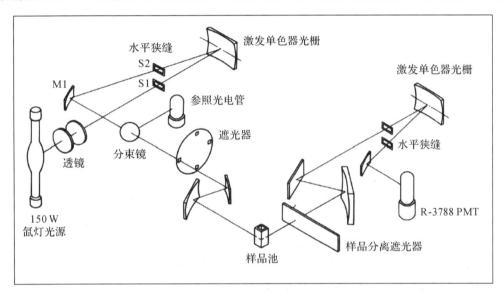

图 5-12　日立 F-4500 荧光光度计光路

在实际的应用中可能经常碰到这种情况,物质自身不会发射荧光或者荧光效率很低,这样就没有办法利用荧光光谱进行直接测量。此时,可以采用间接测量方法,即引入具有强荧光发射的荧光团(或称为荧光探针剂),让荧光团分子与待测物质分子通过共价或非共价的方式结合,形成能够发出强荧光的络合物。荧光探针分子一般需要满足两个条件:第一,荧光探针分子能够与待测物质专一而牢固地结合;第二,这种结合不会破坏待测物质的分子结构和空间构象。

图 5-13 给出了一些典型的荧光团,图中给出了它们各自的分子结构和最大吸收波长。

(1)色氨酸(tryptophane)是蛋白质的组成成分之一,利用它的荧光可以对蛋白分子直接进行探测。色氨酸的最大吸收波长和最大发射波长分别为 280nm(近紫外)和 348nm(近紫外)。

(2)4′,6-二脒基-2-苯基吲哚(DAPI)是一种能够与 DNA 强力结合的荧光染料,由于它可以透过活细胞,所以可以对活细胞和固定细胞染色。DAPI 的最大吸收波长和最大发射波长分别为 355nm(近紫外)和 461nm(蓝色)。

(3)绿色荧光蛋白(GFP)是近年来出现的一种革命性的荧光探针分子,它最初从水母体内提取得到,在蓝光照射下能直接发出绿色荧光。GFP 的荧光效应不需要外加底物或其

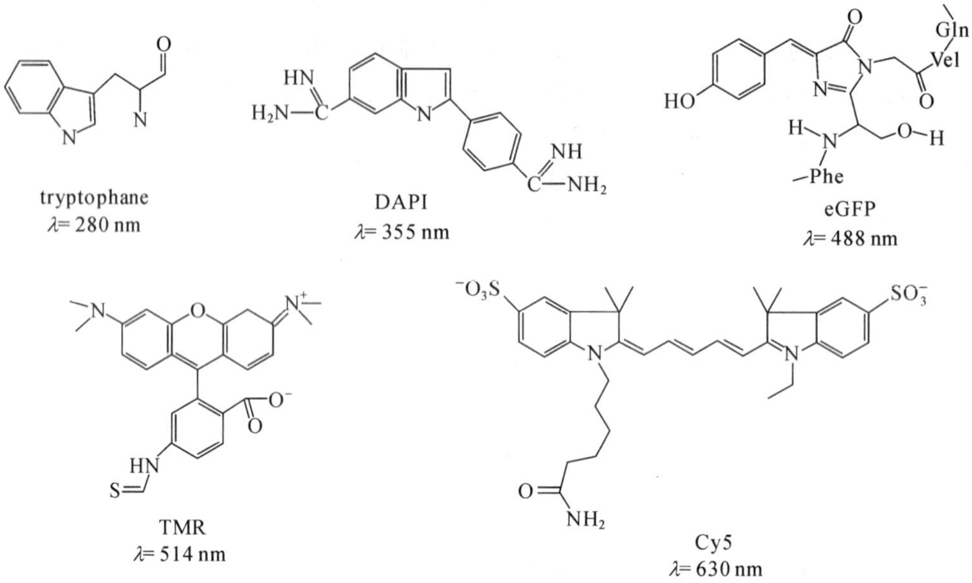

图 5-13　典型荧光团

他辅助分子,所以检测方便;它能够长时间承受光照,而且对高温、碱性、大多数有机溶剂等具有较强抗性,所以荧光稳定性好;它对活体细胞无毒害,因此能够进行活体定位观测。eGFP 是一种 GFP 的突变体,它通过双氨基酸取代增强了 GFP 的荧光效应,其最大吸收波长和最大发射波长分别为 488nm(绿蓝色)和 509nm(绿色)。

(4)罗丹明(rhodamine)是一类常用于生物分子标记的荧光酮杂环化合物,它具有荧光稳定、pH 不敏感、荧光量子产率高等优点。图 5-13 中四甲基罗丹明(TMR)的最大吸收波长和最大发射波长分别为 514nm(绿色)和 576nm(黄绿色)。

(5)Cy 系列染料是一类近红外荧光染料,由于其荧光波长一般在 600~1000nm,因此能够避免生物分子自身荧光背景的干扰。常用的 Cy 类染料有 Cy3、Cy5 和 Cy7。图 5-13 中 Cy5 染料的最大吸收波长和最大发射波长分别为 630nm(橙色)和 667nm(红色)。

在使用荧光团时,激发波长的选择非常重要。根据前面的分析知道,选择最大吸收波长作为激发波长可以获得最强的荧光强度。比如:染料 Cy3 的吸收光谱和荧光光谱如图 5-14所示,其吸收光谱的最大吸收波长位于 550nm 附近,所以选择 550nm 作为激发波长能够获得最强的荧光,其荧光光谱的最大发射波长位于 570nm(黄绿光)。但是从图 5-14中也可以看出,550nm 的激发光对荧光光谱的影响将比较大,所以在进行荧光探测时往往还需对激发光进行滤除,或者使用更短波长的激发光(使激发光与荧光光谱没有重叠)。想进一步了解荧光团可参看文献[42-44]。

5.3.4　荧光光谱的分析技术

利用荧光光谱可以进行定性分析,因为特定荧光物质的荧光光谱具有独特性,利用它可以对不同的荧光物质进行鉴别;此外,荧光光谱也可用于定量分析,下面对其定量分析基础做一简单说明。假设吸收光强和荧光强度分别为 I_A 和 I_F,荧光效率为 φ,那么吸收光强和荧光光强存在如下关系:

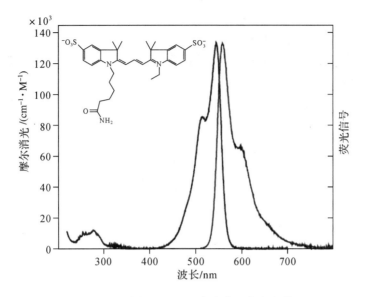

图 5-14　染料 Cy3 的吸收光谱和荧光光谱

$$I_F = \varphi I_A \tag{5.3}$$

如果入射光强为 I_0，ε 为摩尔吸光系数，b 为光程，c 为浓度，那么根据朗伯比尔吸收定律可得

$$(I_0 - I_A) = I_0 \cdot 10^{-\varepsilon bc} \tag{5.4}$$

联合式(5.4)和式(5.3)可得

$$I_F = \varphi I_0 (1 - 10^{-\varepsilon bc}) \tag{5.5}$$

在稀溶液的情况下，上式按泰勒级数展开并取一阶小量可得

$$I_F = 2.303\varphi I_0 \varepsilon bc \tag{5.6}$$

从上式中可以看出，在稀溶液的情况下，荧光强度 I_F 与溶液浓度 c 成正比，所以利用荧光光谱也可以测量物质含量。此外，由式(5.6)知道荧光强度与入射光强成正比，所以提高入射光强可以起到提高荧光探测灵敏度的目的。公式(5.6)就是荧光光谱定量分析的基础。在紫外-可见光谱技术中使用的定量分析方法，如直接比较法、标准曲线法、差示法、混合物分析法等，都适用于荧光光谱技术。

随着科学技术的发展和应用需求的增长，出现了一些特殊的荧光光谱技术，比如同步荧光光谱、三维荧光光谱、时间分辨荧光光谱等。

(1)同步荧光光谱[45-46]

同步荧光光谱技术在同步扫描激发单色器和发射单色器波长的情况下测量荧光光强，由测得的荧光强度对发射或激发波长作图，即得到同步荧光光谱。同步荧光光谱有两种基本同步扫描形式——固定波长和固定能量。所谓固定波长就是使激发波长和发射波长保持固定的波长间隔，而所谓固定能量就是使激发波长的光子能量与发射波长的光子能量保持固定的能量差，由于能量与光波频率成正比，所以固定能量也可以称为固定频率。

同步荧光光谱的特点是：

①它与激发光谱及发射光谱都有关系，同时利用了化合物的吸收特性和发射特性，所以能使荧光光谱的选择性进一步增强。

②有利于多组分混合物分析，因为它能够增强强谱带，而抑制弱谱带，使谱带窄化，减

小光谱重叠现象。

③可以减小瑞利散射和拉曼散射光信号的影响。

图 5-15 显示了丁省的同步荧光光谱,可以看出它增强了主荧光峰,压制了弱荧光峰,使荧光光谱变得更简洁。

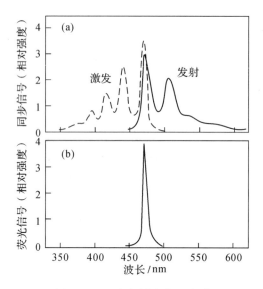

图 5-15   丁省的同步荧光光谱

需要注意:同步荧光光谱的波长间隔选择非常重要,只有当波长间隔相当于吸收谱带和发射谱带的间隔时,才能够观察到有效的同步荧光信号。

（2）三维荧光光谱

三维荧光光谱由激发波长、发射波长和荧光强度三维坐标来表征,可以更完整地描述物质的荧光特性,它也被称为总发光光谱（total luminescence spectra）、等高线谱、激发-发射矩阵、全扫描荧光光谱（dimensional full range scanning fluorescence spectra）等。

三维荧光光谱的表达形式有等角三维投影图和等高线图两种,如图 5-16 所示。前者可以直接观察到荧光峰的强度信息,而后者更方便观察荧光峰所对应的激发波长和发射波长。在三维荧光光谱中,如果沿与发射波长坐标轴或激发波长坐标轴成 45° 角进行直线扫描,就可以得到不同波长间隔的同步荧光光谱。

（3）时间分辨荧光光谱[47]

荧光发光过程中,荧光强度会随时间而逐渐衰减,如下式所示:

$$F(t) = F_0 e^{-\frac{t}{\tau}} \tag{5.7}$$

式中,t 为时间,τ 为荧光寿命。这是一个时间非常短的衰减过程,时间分辨荧光光谱就是用于测量这个过程,如果能够获得时间分辨荧光光谱,就可以描述上述衰减过程,从而获得粒子的荧光寿命。

如何测量上述的快瞬变衰减过程？我们可以采用脉冲取样、时间相关单光子计数、相移法等技术,这些技术我们在"第 6 章   激光光谱"中将做详细介绍。

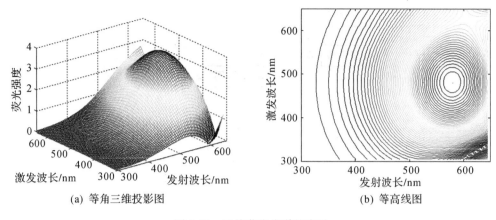

(a) 等角三维投影图　　　　　　　(b) 等高线图

图 5-16　三维荧光光谱的表示

（4）激光诱导荧光光谱

它与普通荧光光谱的最大差别是使用了激光作为激发光源，激光光源自身的优点使得激光诱导荧光光谱具有如下特点：

①信噪比高，灵敏度高。因为激光光强大，能够轻易地激发更多的分子至激发态，所以使得荧光信号可以更强。此外，激光方向性好，对荧光信号的干扰会更小，而且激光谱线窄，也容易从信号光中把它滤除。

②选择性高。因为只有与分子能级间隔相匹配的激光才能被吸收，而后才能发射出荧光，所以使用激光可以选择性激发荧光物质或荧光标记物。

③适合于微区分析。因为激光光束可以汇聚成很小的光斑（10～100μm），这样就可以用于单细胞甚至是细胞核研究。

④由于激光本身就是单色光，这样在荧光测量系统中可以省去激发单色器。

激光诱导荧光检测系统主要包括斜射式、透射式和共聚焦式，其中共聚焦式检测系统在光路中采用样品和检测针孔共轭设计的方式[43]，可以更有效地提高信噪比，如图 5-17 所示。

5.3.5　荧光光谱的应用

荧光光谱在化合物的定性/定量分析以及环境监测、工业生产过程监测、农业等诸多领域得到了应用。

（1）无机化合物的定性/定量分析

无机化合物本身大多不具有荧光效应，所以一般只能将待测的无机离子与具有有机荧光试剂结合后再利用荧光光谱进行测定。具体有如下几种方法：

①直接法。它利用无机离子与有机荧光试剂形成能发荧光的络合物，直接测量络合物发射的荧光强度。可用该方法测量的元素很多，比如：Al、Au、B、Be、Ca、Cd、Cu、Eu、Ga、Gd、Ge、Hf、Mg、Nb、Pb、Rh、Ru、S、Sb、Se、Si、Sn、Ta、Tb、Th、Te、W、Zn、Zr 等。但是一些过渡金属离子不能使用直接法，因为这些离子为顺磁性，这会增加向三重态跃迁的速率，因此有可能观察到磷光而不是荧光。

②荧光猝灭法。某些无机离子虽然不能形成荧光络合物，但是可以从金属-有机荧光

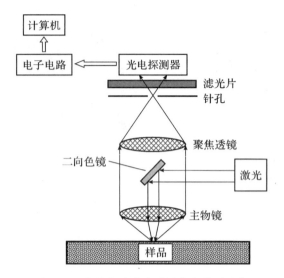

图 5-17 共聚焦式激光诱导荧光检测系统

试剂络合物中夺取金属或有机试剂,形成更稳定的络合物,从而导致金属-有机荧光试剂络合物的荧光强度降低,这种现象也称为荧光猝灭。可使用荧光猝灭法测定的元素有 S,Fe,Co,Ag,Ni 等。

③催化荧光法。某些无机离子形成荧光络合物的过程很慢,这时加入微量金属离子可起到催化作用,它能使形成荧光络合物反应迅速进行,此时通过测定一定时间内的荧光强度来测量该金属离子浓度。

在无机元素分析中,常用的有机荧光试剂有四种,它们分别是 s-羟基喹啉、茜素紫酱R、黄烷醇和 8-羟基喹啉,其分子结构如图 5-18 所示。这些有机荧光试剂可用于某些特定无机离子的检测,具体如表 5-3 所示,表中同时给出了它们对应的最大激发波长和最大荧光发射波长。

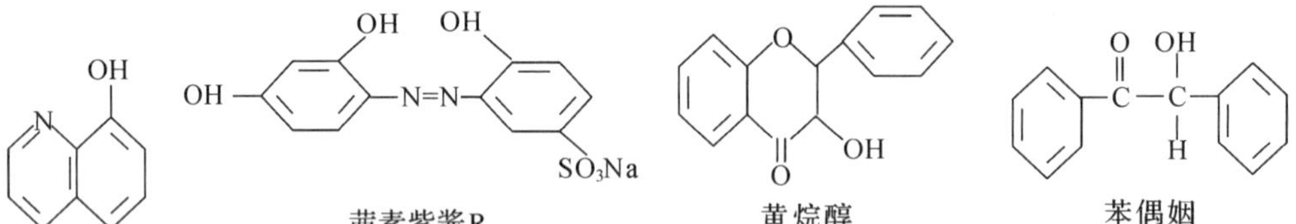

茜素紫酱R
（Al, F$^-$用试剂）

黄烷醇
（Zr和Sn用试剂）

苯偶姻
（B, Zn, Ge, Si用试剂）

s-羟基喹啉

图 5-18 典型的有机荧光试剂

表 5-3 常用的有机荧光溶剂及其可测无机离子

待测离子	荧光试剂	最大激发波长	最大荧光发射波长
Al_3^+ ,Fe^-	茜素紫酱 R	470nm	500nm
$B_4O_2^{2-}$	苯偶姻	370nm	450nm
Sn^{4+}	黄烷醇	400nm	470nm
Li^+	8-羟基喹啉	370nm	580nm

（2）有机化合物的定性/定量分析

在有机化合物方面，荧光光谱的使用更广泛，因为有些有机化物自身就具有荧光效应，比如：高度共轭化合物或脂环化合物（如维生素 A、萝卜素等）、具有共轭不饱和结构的芳香族类化合物、蛋白质中的部分氨基酸等。

一些简单的有机化合物通常不具有荧光效应，但是可以通过化学反应生成具有荧光效应的化合物，然后再利用荧光光谱进行测量。比如：用荧光分析法测定丙三醇，首先将丙三醇与蒽酮的硫酸溶液共热，丙三醇脱水后形成丙烯醛，然后将丙烯醛与丙酮发生缩合作用产生会发荧光的苯并蒽酮，最后用 $350\sim500nm$ 波长光激发，在 $575nm$ 处测量荧光强度，该方法可测定 $5\sim75\mu g$ 的丙三醇。

在构成蛋白质的 20 多种氨基酸中，只有色氨酸（Trp）、酪氨酸（Tyr）和苯丙氨酸（Phe）三种氨基酸能够直接发射荧光，它们均属于芳香族氨基酸，其发射的荧光强弱为：Trp＞Tyr＞Phe。由于苯丙氨酸需要更短的激发波长才能激发，蛋白质的荧光一般来自色氨酸和酪氨酸。

（3）荧光光谱在生产、生活等领域中的应用

尽管荧光光谱在使用上受到被测物荧光效应的限制，但是荧光光谱在检测灵敏度和特异性上的优越性能，使得它在环境污染监测、工业生产过程监测、农业等许多领域也得到了广泛应用。

利用荧光光谱可以检测水中石油污染物，石油中包含了很多荧光物质，占主导的是芳香族化合物和含共轭双键的化合物，比如：萘、蒽、菲、苯并芘、卟啉、二甲苯、三甲苯等。利用荧光光谱还可以监测大气污染[48]，SO_2 是大气中数量最多、分布最广，对人危害最大的一种大气污染物，而它在受到外部光激发的情况下会发射出荧光，SO_2 在波长 $190\sim230nm$ 范围内的吸收最强，而且空气中的 N_2 和 O_2 不会引起荧光淬灭，是常用的激发波长区，荧光大约出现在 $200\sim240nm$ 范围；NO_x 也是一类大气主要污染物，它们在激光诱导下也会发出荧光，比如 NO 在 226nm 激光的激发下会发出 $226\sim300nm$ 范围的荧光，最小可检测浓度可达 8ppt。

在造纸行业中，荧光光谱可用于纸张生产的在线监测，主要可用于纸浆卡伯值和纸张表面均匀度的测量[49]。纸浆卡伯值是造纸原料经蒸煮后纸浆中残留木质素和其他还原性有机物的量，它直接影响纸浆的质量和产量。在木质素浓度很低的情况下，理论上其荧光强度与其浓度成正比，这样测得所激发的荧光强度就可以衡量纸浆卡伯值，有人利用氙灯经 $420\sim490nm$ 滤光片作为激发光源，然后分别探测 590nm 以上的红色荧光和 $500\sim580nm$ 的绿色荧光，发现两者的比值与卡伯值的线性相关度在 0.995 以上。纸张匀度表征了纸张在微观上纤维的定量分布变化，当纤维含量不同时所激发的荧光强度也会不同，在纸张生产过程中可以用荧光探头连续采集生产线上纸张的荧光强度，根据荧光强度的波动情况来衡量纸张匀度。

5.4 拉曼光谱

1928 年，印度科学家拉曼（C. V. Raman）和苏联科学家曼杰斯塔姆（манде－пъшам Л

И)分别在液体和晶体的散射中发现,散射光中除了有与入射光频率 ν 相同的瑞利散射光外,还有频率为 ν±Δν₁,ν±Δν₂,… 的非弹性散射光,后者就称为拉曼散射光。印度科学家拉曼也因为首次观察到拉曼散射现象而在 1930 年获得诺贝尔物理学奖。

拉曼光谱是基于拉曼散射效应的一种光谱技术,也属于发射光谱范畴,它是另一种形式的分子振动光谱,也能够用于分子结构分析。但是,拉曼光谱的产生机理、光谱特征等各方面与红外吸收光谱均存在差异,在实际的光谱分析中它与红外吸收光谱互为补充。

5.4.1 拉曼散射的基本原理

拉曼光谱利用了散射光,关于光散射的一些基本原理可参看 2.3.5 节,在此不赘述。

拉曼光谱的基本原理可用图 5-19 所示的能级跃迁来解释。在此引入了"虚态"这个概念,它并不是一个实际存在的能级,但有助于我们理解拉曼光谱的原理。

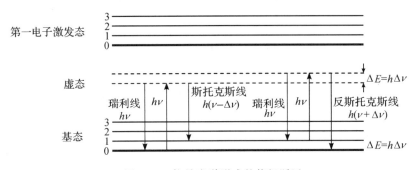

图 5-19　拉曼光谱形成的能级跃迁

当物质分子吸收外部光辐射 hν 后,它被激发从基态振动能级跃迁到虚态,如果它再跃迁回起始的基态振动能级,则会发射出频率为 ν 的光,这就是瑞利散射。但是,如果它向下跃迁到比起始基态振动能级更高或更低的振动能级,则发射光频率将不同于 ν,这就是拉曼散射。若向下跃迁到比起始基态振动能级更高的振动能级,就会发射出频率为 ν−Δν 的光,Δν 为振动能级间的频率差,这就是斯托克斯(Stokes)线;若向下跃迁到比起始基态振动能级更低的振动能级,就会发射出频率为 ν+Δν 的光,这就是反斯托克斯(Anti-Stokes)线。

结合上面的能级跃迁理论,对拉曼光谱的特点再做如下几点说明:

(1)散射光强度由大到小的顺序为:瑞利散射>斯托克斯线>反斯托克斯线。

拉曼散射光非常弱,它仅为瑞利散射光强的千分之一,所以在激光器出现以前要得到一幅完整的拉曼光谱很费时间,激光的引入使拉曼光谱技术发生了革命性的变化。

那么斯托克斯线为什么会比反斯托克斯线强呢?关于这个,我们可以利用量子力学理论和玻尔兹曼热力学分布理论进行推导,具体推导过程大家可参阅文献[50]。推导得到的拉曼散射光强度为

$$I_{\text{Raman}} = KI_0 \frac{(\nu - \Delta\nu)^4}{\mu\Delta\nu(1 - e^{-\frac{h\Delta\nu}{kT}})}\left(\frac{\partial\alpha}{\partial Q}\right)^2 \tag{5.8}$$

式中,K 为常数,h 和 k 分别为普朗克常数和玻尔兹曼常数,T 为绝对温度,μ 为折合质量,$\frac{\partial\alpha}{\partial Q}$ 为极化率随简振坐标的变化率,I_0 和 ν 分别为入射光强度和频率,Δν 为频移(注意:斯托克斯线时 Δν 为正值,反斯托克斯线时 Δν 为负值)。从式(5.8)可以看出,拉曼散射光的强度除了

与入射光强成正比外,还近似与入射光频率的 4 次方成正比,所以选择短波激光激发时拉曼光谱的灵敏度会更高。从式(5.8)还可以看出,拉曼散射光强度随着温度的升高而增大。此外,由式(5.8)还可以推导出斯托克斯线与反斯托克斯线的强度比为

$$\frac{I_{\text{Stokes}}}{I_{\text{Anti-Stokes}}} \approx (\frac{\nu - \Delta\nu}{\nu + \Delta\nu})^4 e^{\frac{h\Delta\nu}{kT}} \qquad (5.9)$$

上式中的因子 $e^{\frac{h\Delta\nu}{kT}} \gg 1$,这样就不难理解为什么斯托克斯线比反斯托克斯线强。并且可以知道提高温度会使斯托克斯线与反斯托克斯线的强度差变小。

(2)斯托克斯线与反斯托克斯线是以入射光频率 ν 对称分布的。

从能级跃迁图 5-19 上不难理解上述结论,它们都反映了分子振动能级结构情况。由于斯托克斯线的强度要高于反斯托克斯线,所以通常拉曼光谱会利用斯托克斯线。

(3)拉曼位移与分子振动能级相关。

拉曼位移是相对于入射光频率 ν 的频率位移 $\Delta\nu$,由能级跃迁图 5-19 知道该频率位移与振动能级间的能量差相关,所以拉曼光谱的横坐标一般为拉曼位移,而不是绝对频率,这与红外光谱是不同的。

(4)激发光频率应如何选择?

在前面刚刚提到过,激发光频率越大,拉曼散射光的强度越大,那么是不是激发光频率越大越好呢?答案是否定的。

拉曼散射光信号通常会受到荧光信号的干扰,而荧光是粒子从第 1 激发态的最低能级向基态能级跃迁的过程中产生的(见 5.3.1 节),所以要避免荧光最好能做到不把粒子从基态激发到激发态,这样就要求激发光的光子能量小于粒子的电子能级间隔。另外,为了能够探测振动能级结构,又要求激发光的光子能量大于粒子的振动能级间隔。

这样在选择激发光频率时可以这样考虑,激发光的光子能量大于振动能级间隔而小于电子能级间隔,在该范围内光子能量越大越好。

为了加深对上述拉曼光谱特点的理解,图 5-20 给出了 CCl_4 的拉曼光谱,该光谱是在频率为 20492cm^{-1}(即 488.0nm)的激发光下测得的。

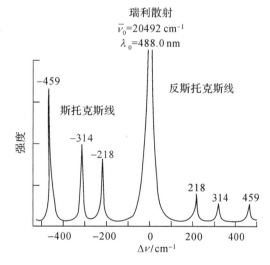

图 5-20　CCl_4 的拉曼光谱

5.4.2　拉曼活性与红外活性

与红外光谱类似,并不是所有的振动模式都能产生拉曼散射线。

拉曼散射线与分子在外电场 E 作用下产生的诱导偶极矩相关:

$$\mu_{\text{ind}} = \alpha \cdot E \qquad (5.10)$$

式中,α 为分子极化率。根据跃迁定律"只有引起电偶极矩变化的跃迁才是允许的"(见 2.3.4

节），所以在拉曼光谱中只有引起极化率 α 变化（$\frac{\partial \alpha}{\partial q} \neq 0$）的能级跃迁才是允许的，这就是拉曼活性。

所谓极化就是让正、负电荷分开的过程。分子可以看作一个具有电荷分布的粒子，当分子形状发生变化时，正、负电荷之间的距离也会随之改变，所以极化率实际上也反映了分子变形的大小。比如：双原子分子，当两个原子间距最大时极化率最大，间距最小时极化率最小，如图 5-21 所示。

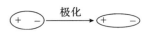

图 5-21　双原子分子的极化

为了更好地认识拉曼活性，在此仍然以二氧化碳为例，对它们的拉曼活性和红外活性进行对比，如图 5-22 所示。可以看出，二氧化碳分子的对称伸缩振动不会引起分子电偶极矩变化，但是会引起极化率变化，所以它具有拉曼活性，而不具有红外活性；而反对称伸缩振动和弯曲振动则正好相反。由此可见，拉曼光谱和红外光谱所提供的分子结构信息可以互为补充。

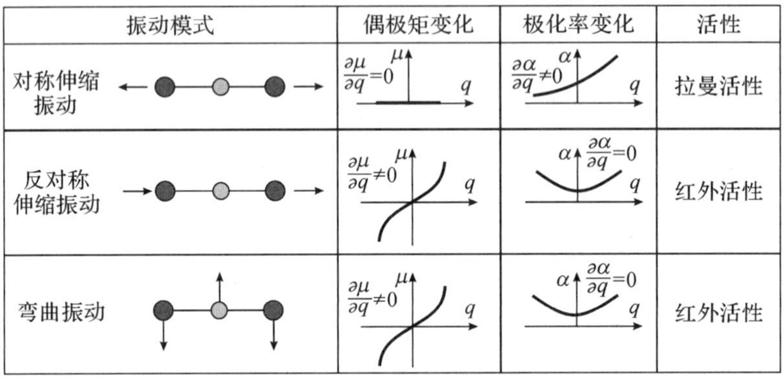

振动模式	偶极矩变化	极化率变化	活性
对称伸缩振动	$\frac{\partial \mu}{\partial q}=0$	$\frac{\partial \alpha}{\partial q}\neq 0$	拉曼活性
反对称伸缩振动	$\frac{\partial \mu}{\partial q}\neq 0$	$\frac{\partial \alpha}{\partial q}=0$	红外活性
弯曲振动	$\frac{\partial \mu}{\partial q}\neq 0$	$\frac{\partial \alpha}{\partial q}=0$	红外活性

图 5-22　二氧化碳分子振动模式的拉曼活性和红外活性

图 5-23 给出了 1,3,5 -三甲苯和茚的拉曼光谱和红外光谱，可以看出有些振动峰在两个光谱中均出现，而有些振动峰则仅出现在某个光谱中，所以拉曼光谱和红外光谱可共同用于物质鉴别，以便更全面地认识分子结构。

尽管拉曼光谱与红外光谱均属于分子振动光谱，但是它们在产生机理、探测方法、光谱特点等许多方面又存在差别。

（1）光谱产生机理不同。首先拉曼光谱与红外光谱产生的能级跃迁理论完全不同；其次两者的光谱活性机理不同，引起分子电偶极矩变化的能级跃迁才能产生红外吸收，而引起分子极化率变化的能级跃迁才能产生拉曼散射线。

（2）光谱范围不同。红外光谱的入射光和检测光均为红外光，而拉曼光谱的入射光和散射光可以都是可见光，换句话说拉曼光谱可以把光谱测量区域从红外波段移到可见光波段，更便于光源、探测器等的选择。

（3）光谱坐标不同。首先，红外光谱测量的是光的吸收，拉曼光谱测量的是光的散射，所以红外光谱的纵坐标是透射率或吸收度，而拉曼光谱的纵坐标是散射强度。其次，红外光谱的横坐标一般用波数，而拉曼光谱的横坐标则是拉曼位移（相对于入射光频率的差值），红外光谱中的绝对频率与拉曼光谱中的相对位移频率是等价的。

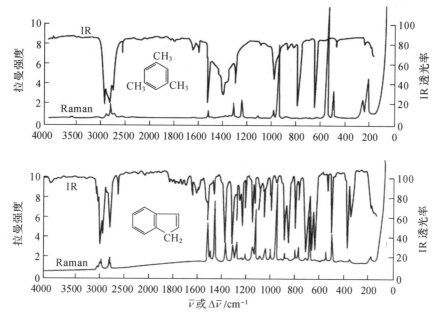

图 5-23　1,3,5-三甲苯和茚的拉曼光谱和红外光谱的比较

(4)峰的特征不同。一般情况下,拉曼光谱峰很陡且分辨率高,而红外光谱的峰重叠现象非常严重。

(5)水对光谱的影响不一样。水的拉曼光谱很简单,但水的红外吸收峰则很多[51],所以水对拉曼光谱的干扰较小,使得拉曼光谱更适合于水溶液中成分的测量。比如:研究水溶液中的蛋白质,如果使用红外光谱,在分析前首先需要扣除水的背景光谱的影响,而利用拉曼光谱则可以直接进行分析。

(6)灵敏度。拉曼光谱具有更高的灵敏度,因此在测量时消耗的样品更少,而且拉曼光谱测量固体样品时对样品不需做任何处理,可直接测量。

(7)其他:利用公式(5.9),可以通过测量斯托克斯线与反斯托克斯线的强度比测定样品温度;因为激光具有很好的准直性,拉曼光谱的空间分辨率很高,适合于微区分析。

但是,拉曼光谱也存在一些缺点,比如:拉曼散射信号非常小,不利于探测,或者需要采用高强度的激发光或对样品进行特殊处理;如果采用强度大的激光进行激发,可能会对样品造成破坏;拉曼散射光与荧光信号之间会相互干扰等。

5.4.3　拉曼光谱的测量

拉曼光谱仪可分为色散型光谱仪和干涉型光谱仪两类。色散型光谱仪多以光栅为色散组件,干涉型光谱仪则以迈克尔逊干涉仪为色散组件,与前面提到的色散组件类似,不再赘述。

为了减小光谱受入射光的影响,拉曼光谱仪的信号探测方向一般与入射光束传播方向垂直,如图 5-24 所示,这与荧光信号收集的方式类似。图中凹面反射镜的作用是让光束多次通过样品,提高信号收集效率。为了减小瑞利散射光的影响,在检测光进入单色器前会加一块陷波滤波器(notch filter),它能够截止入射光中心频率附近的窄谱带以消除入射光对拉曼光谱的影响。

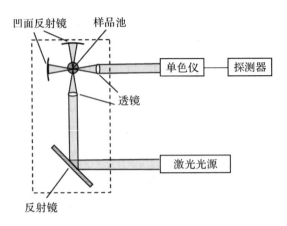

图 5-24　拉曼光谱仪的光路

现代拉曼光谱仪中的光源几乎都用激光光源,激光光源的高强度有利于提高拉曼散射信号的强度。在激光频率(或波长)的选择上,为了避免受到荧光信号的干扰,可参照 5.4.1 节提出的要求进行选择。

除了拉曼位移、拉曼散射光强外,退偏度 ρ 是拉曼光谱能够测量的另一个物理参量,这是其他光谱所没有的。退偏度可以反映分子的对称性,退偏度越小对称性越高。退偏度 ρ 定义如下:

$$\rho = \frac{I_\perp}{I_\parallel} \qquad (5.11)$$

式中,$I_\perp$ 和 $I_\parallel$ 分别为偏振方向与入射光偏振方向垂直和平行的散射光强。对 $I_\perp$ 和 $I_\parallel$ 的探测具体如图 5-25 所示。对于分子和晶体,某振动模式的退偏度也可以用下式表示:

$$\rho = \frac{3r^2}{45\alpha^2 + 4r^2} \qquad (5.12)$$

式中,α 是该振动模式拉曼导数极化率张量的各项同性部分,r 则是其各项异性部分。当 $r = 0$ 时,退偏度 ρ 为 0,则该振动模式完全偏振;当 $\alpha = 0$ 时,退偏度 ρ 为 $3/4$,则该振动模式完全退偏;退偏度 ρ 取中间值则为部分偏振。

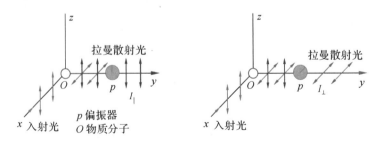

图 5-25　退偏度测量

5.4.4　拉曼光谱增强

散射强度太低是拉曼光谱的致命弱点,在常规拉曼光谱测量中,拉曼散射强度只有瑞

利散射的 $10^{-6}\sim10^{-3}$,所以增强拉曼光谱信号始终是拉曼光谱技术中人们感兴趣的研究热点。除了提高激光光强外,拉曼增强技术有表面增强拉曼光谱、共振拉曼光谱等。

(1)表面增强拉曼光谱(surface enhanced Raman spectroscopy,SERS)[52]

1974 年,Fleischmann 等从吡啶在粗糙银电极表面上发现了表面增强拉曼效应。它是将分子吸附在极微小金属(如:金、银、铜等)颗粒表面或其附近,然后测量拉曼光谱,这样得到的拉曼散射强度比常规拉曼光谱要强 $10^3\sim10^6$ 倍。SERS 效应在银表面上最强,在金或铜的表面上也可观察到,并且在表面增强拉曼光谱中荧光的干扰可有效地得到抑制。

关于 SERS 增强机理目前有两类理论:物理增强和化学增强。物理增强理论认为,SERS 效应是一种与粗糙表面相关的增强效应,主要由金属表面基质受激而使局部电磁场增强所引起(故又称为电磁增强),其强弱取决于与光波长对应的金属表面粗糙度大小和与波长相关的金属电介质作用的程度,表面等离子模型、天线共振子模型和镜像场模型都属于物理增强机制。化学增强理论则认为,SERS 增强是由吸附在粗糙金属表面的物质分子极化率改变而引起的,活位模型和电荷转移模型均属于化学增强机制。

不同化合物的 SERS 效应是不同的:带孤对电子或 π 电子云的分子呈现的 SERS 效应最强,芳氮或含氧化合物(如芳胺和酚)也具有强的 SERS 效应,电负性功能团(如羧酸)也能观察 SERS 效应。

前面提到拉曼散射强度与金属表面粗糙度大小有关,王健等[53]对金/PATP/Au 三明治结构的表面增强拉曼散射信号进行了测量,结果如图 5-26 所示,图中 a~d 光谱分别对应粒子半径为 15.7nm、26.7nm、40.3nm 和 66.0nm 的情况,可以看出随着粒子粗糙度增加,表面增强拉曼信号越来越强,另外有报道表明粒子半径为 80~100nm 时表面拉曼增强效果最佳。

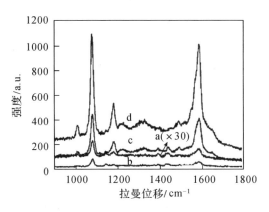

图 5-26　金/PATP/Au 纳米粒子体系的 SERS 随粒子半径的变化[53]

(2)共振拉曼光谱(resonance Raman spectroscopy)[54]

根据前面的理论,拉曼光谱形成过程是一个双光子过程,它先吸收一个光子跃迁到中间态,然后再从中间态发射出散射光子。在常规的拉曼光谱中,这个中间态是个虚态,而不是分子实际的本征态,这样使得吸收和散射的概率都很小,因此拉曼散射强度也很小。

共振拉曼光谱的思路是,选择激发光源频率,使分子吸收该频率光子后能跃迁到电子激发态,使原来的虚态变成本征态,提高拉曼散射概率,如图 5-27 所示。共振拉曼光谱实验技术与常规拉曼光谱技术基本相同,要求光源频率可调谐,以方便本征态的选择和激发。需要注意,如果样品本身具有荧光效应,共振拉曼光谱受荧光影响较大。

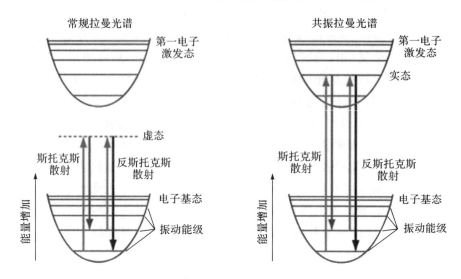

图 5-27 常规拉曼光谱与共振拉曼光谱的区别

共振拉曼谱带比常规拉曼谱带的强度要大 $10^4 \sim 10^6$ 倍,并且在共振拉曼光谱中,分子非生色团部分的拉曼散射没有得到加强,仅成为弱的背景,从而使得生色团的信号凸显,此外共振拉曼光谱中会出现与基频强度相当的多级倍频和合频谱带,所以共振拉曼光谱技术具有高度的选择性和灵敏性。但是,在共振拉曼光谱技术中通常需要采用波长连续可调激光器,以满足不同样品共振拉曼光谱激发的需要。

图 5-28 显示了 $[Fe(O\text{-}phen)_3]^{2+}$ 离子分别在 647.1nm、568.2nm、514.5nm 和 488nm

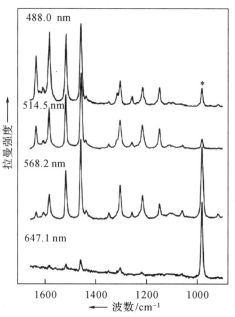

图 5-28 $[Fe(O\text{-}phen)_3]^{2+}$ 离子在不同激发光下的拉曼光谱[54]

激光激发下的拉曼光谱,其中 $983cm^{-1}$ 的吸收峰来自 $0.5M$ 的 SO_4^{2-},作为一个参考内标峰。从图中可以看出,随着入射光波长的减小(或者频率的增加),内标峰的强度在减小,表明 $[Fe(O\text{-phen})_3]^{2+}$ 离子的拉曼散射强度在逐渐增强,而这正是共振拉曼效应。

(3)非线性拉曼光谱[55]

激光强度增加到一定程度时,拉曼散射光强度与入射激光强度有非线性关系,拉曼散射光强随激光强度增加而非线性增加,

$$P = \alpha E + \beta EE + \gamma EEE \qquad (5.13)$$

这时候就会产生非线性拉曼效应,包括受激拉曼效应(stimulated Raman effect)、反拉曼效应(inverse Raman effect)、超拉曼效应(hyper Raman effect)等。

相干反斯托克斯拉曼光谱(coherent anti-stokes raman spectroscopy,CARS)是其中一种典型的非线性拉曼光谱技术。CARS 是一个非线性四波混频过程,输入一束泵浦光和一束斯托克斯光,当它们的频率差正好等于振动能级间隔时(即 $\omega_{vib} = \omega_{pump} - \omega_{Stokes}$),就可以得到增强的 CARS 信号($\omega_{CARS} = 2\omega_{pump} - \omega_{Stokes}$),其基本原理如图 5-29 所示。

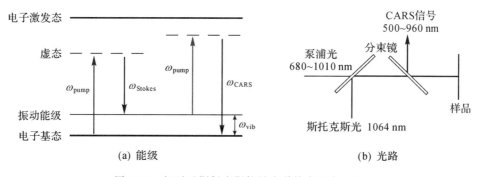

图 5-29　相干反斯托克斯拉曼光谱技术基本原理

5.4.5　拉曼光谱的应用

拉曼光谱是一种有力测定物质结构的工具,它在生物、医学、环境、食品安全、化工等领域已经得到广泛应用。

(1)在有机化合物方面

拉曼光谱在不饱和碳氢化合物、杂环化合物、染料以及有机化合物的结构表征等方面均获得了成功,相比于红外光谱,它在以下官能团的特征吸收的检测中更为方便:

①同种分子的非极性键,如S—S、C=C、N=N、C≡C等,会产生强拉曼谱带,并且强度随单键→双键→三键依次增加;

②C≡N、C=S、S—H的伸缩振动产生的红外吸收谱带一般较弱,而在拉曼光谱中则是强谱带;

③环状化合物的对称呼吸振动(即C—C键的全对称伸缩振动)往往是强拉曼谱带;

④在拉曼光谱中,X=Y=Z、C=N=C、O=C=O这类键的对称伸缩振动是强谱带,反对称伸缩振动是弱谱带,而红外光谱与此相反;

⑤C—C 伸缩振动在拉曼光谱中是强谱带;

⑥醇与烷烃的拉曼光谱相似,主要是 OH 键的拉曼谱带较弱的缘故。

（2）在无机化合物方面

拉曼光谱可用于对各种矿化物如碳酸盐、磷酸盐、呻酸盐、饥酸盐、硫酸盐、锢酸盐、鸽酸盐、氧化物和硫化物等的分析，也能鉴定红外光谱难以鉴定的高岭土、多水离岭土及陶土等。在对过渡金属配合物、生物无机化合物以及稀土类化合物等的研究中也都取得了良好的效果。用拉曼光谱还可测定硫酸、硝酸等强酸的解离常数等。

（3）其他方面

拉曼光谱也用于高聚物的硫化、风化、降解、结晶度和取向性等方面的研究。在生物体系研究方面，拉曼光谱可直接对生物环境中（水溶液体系、pH 接近中性等）的酶、蛋白质、核酸等具有生物活性物质的结构进行研究。人们还尝试利用拉曼光谱技术研究各种疾病和药物的作用机理。

（4）应用举例

实例一：翡翠鉴定

翡翠为了抛光需要使用石蜡，所以填有石蜡的翡翠仍是 A 货，但是填充了 AB 胶、环氧树脂等却是以次充好的翡翠 B 货，AB 胶、环氧树脂与石蜡的分子结构不同，从而显示出不同的拉曼特征峰，如图 5-30 所示。所以，只要在拉曼光谱中检测到了 AB 胶、环氧树脂等的特征峰就可以鉴定该翡翠样品为 B 货无疑。

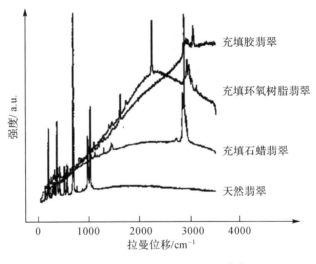

图 5-30　真假翡翠的拉曼光谱[56]

实例二：食品安全

食品安全已成为一个全社会关注的问题，一些对人体有害的物质添加到食品中会对人的健康造成伤害，甚至危及生命。比如：添加在牛奶中的三聚氰胺，容易在体内吸附会引起结石的草酸、鞣酸及钙等物质，从而沉积在泌尿系统中，最终会引起膀胱及肾结石。这些有害物质都有自己的特征拉曼光谱，再加上拉曼光谱有很高的灵敏度，所以能够用于检测食品中的少量或微量有害物质。

A. Kim 等[57]研发了基于 SERS 的便携式三聚氰胺检测仪（同图 5-31），它包括高性能的金纳米手指 SERS 传感芯片和便携式拉曼光谱仪，利用三聚氰胺在 $710cm^{-1}$ 处的特征峰对三聚氰胺进行检测，可以在不做任何样品预处理的情况下检测出水中 1ppt 的三聚氰胺含量。

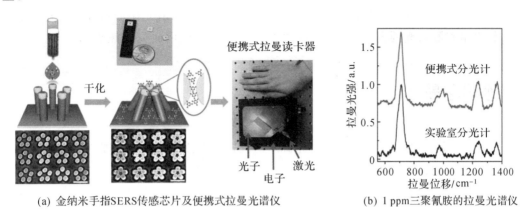

(a) 金纳米手指SERS传感芯片及便携式拉曼光谱仪　　　　(b) 1 ppm三聚氰胺的拉曼光谱仪

图 5-31　基于 SERS 的便携式三聚氰胺检测仪[57]

实例三：司法鉴定

在司法鉴定方面，拉曼光谱技术也能发挥作用。图 5-32 显示了宝克、得力、施耐德和斑马四种品牌圆珠笔的拉曼光谱，可以看出它们的拉曼光谱存在显著差别，以此可以对它们进行鉴别，为司法审判与执行提供依据。

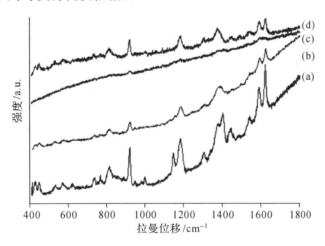

图 5-32　不同品牌圆珠笔的拉曼光谱[58]

小　结

本章介绍了各种发射光谱技术。发射光谱是相对于吸收光谱而言的，它通常包括激发和发射两个过程，在发射过程中会发射出与入射光波长不同的光信号。我们首先简单介绍了发射光谱的基本概念和分类，然后分别从光谱产生机理、光谱测量、光谱应用等方面分别介绍了原子发射光谱、荧光光谱和拉曼光谱技术。原子发射光谱一般采用电火花、等离子体放电和辉光放电等形式进行激发，是测量物质元素成分的有力手段；荧光光谱首先要吸收外界光使粒子跃迁到激发态，然后在从第一激发态往基态能级跃迁的过程中形成，但是荧光效率受物质粒子自身结构和环境影响较大,对于没有荧光效应的物质只能采用荧光物标记的方法;拉曼光谱是一种非弹性散射的结果,它形成于入射光中心频率的两侧,强度比中心频率的瑞利散射光要弱很多,所以拉曼增强技术是其应用研究的热点。

思考题和习题

5.1　给出原子发射光谱中常用的光源形式,并解释它们的工作原理。

5.2　试用能级跃迁理论解释荧光和磷光,并说明它们之间的差别。

5.3　比较吸收光谱和荧光光谱在光谱形状上的差别,并试利用能级跃迁理论对这些差别给予解释。

5.4　分别说明以下因素对荧光发光的影响:(a)共轭效应;(b)刚性平面结构;(c)取代基;(d)溶剂;(e)温度;(f)pH 值。

5.5　请解释:内滤光和自吸收。

5.6　如图 5-11 所示荧光探测光路,能否迎着入射光的方向探测荧光?如果可以,试比较它与垂直入射光方向探测的利弊。

5.7　给出以下荧光团的最大吸收(激发)波长和最大发射波长:

(a)tryptophane;(b)DAPI;(c)eGFP;(d)TMR;(e)Cy5。

5.8　激发波长的选择对荧光发光强度有较大影响。如下图所示为两种染料 Cy3 和 Cy5 的吸收和发射光谱,请说明该如何选择激发波长,并简单地说明理由。

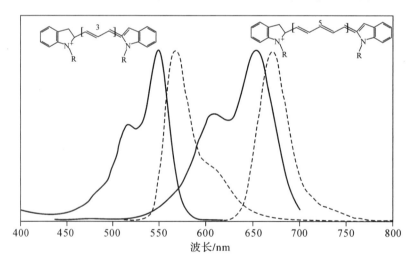

5.9　请解释同步荧光光谱的测量原理。利用它测得的激发波长与荧光强度曲线相当于吸收光谱,这种说法对不对?为什么?

5.10　测量如下离子时可使用的有机荧光试剂分别是什么?

(a)Al^{3+};(b)Zn^{2+};(c)F^-;(d)Sn^{4+};(e)$B_4O_2^{2-}$;(f)Li^+。

(供选择:茜素紫酱 R,苯偶姻,黄烷醇,n-羟基喹啉)

5.11　荧光峰极易受到瑞利散射和拉曼散射光的影响,请问这两种散射光对荧光吸收峰的具体影响如何? 如何减小拉曼散射光的影响?

（提示:瑞利散射光的波长与入射光波长相同,拉曼散射光的波长以入射光波长为中心,在短波和长波方向分别有特定的发射谱线）

5.12　请选择:

(1)下列化合物中荧光最强的化合物是　　　　　　　　　　　　　　　　(　　)

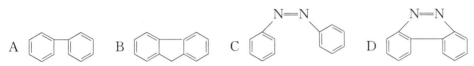

(2)下列荧光信号不显著的化合物是　　　　　　　　　　　　　　　　　(　　)

5.13　判断对错:

(1)荧光光谱的形状与激发波长有关。选择最大激发波长,可以得到最佳荧光信号。

　　　　　　　　　　　　　　　　　　　　　　　　　　　　　　　　　(　　)

(2)荧光过程中电子能量的转移没有电子自旋的改变;磷光过程中电子能量的转移伴随电子自旋的改变。　　　　　　　　　　　　　　　　　　　　　　(　　)

(3)荧光量子效率 φ 总是小于 1。　　　　　　　　　　　　　　　　　(　　)

(4)具有 $\pi \to \pi^*$ 跃迁共轭的化合物,易产生更强的荧光;具有 $n \to \pi^*$ 跃迁共轭的化合物,易产生更强的磷光。　　　　　　　　　　　　　　　　　　　(　　)

(5)物质的荧光强度与该物质的浓度总是呈线性关系。　　　　　　　　(　　)

5.14　用能级跃迁理论解释拉曼光谱,说明为什么斯托克斯线比反斯托克斯线强?

5.15　说明激发光波长对拉曼光谱的影响,并给出建议应该如何选择激发光波长。

5.16　选择 308nm 的激光作为激发光,测得的拉曼光谱不会受荧光的影响。这种说法对不对? 为什么?

5.17　假设某分子的特征振动频率为 $3300cm^{-1}$,以 488nm 的激光激发该分子,问特征振动的斯托克斯线和反斯托克斯线分别位于哪个波长位置?

5.18　说明拉曼光谱相对于红外光谱的优缺点。

5.19　具体说明拉曼活性,并分析水分子(H_2O)的各种振动模式的拉曼活性。

5.20　下列两个分子的 C—C 对称伸缩振动是否具有拉曼活性呢?

(1)CH_3—CH_3;(2)CH_3—CCl_3

5.21　拉曼光谱技术中,退偏度是什么? 退偏度有什么用?

5.22　给出两种拉曼光谱增强手段,并简单说明其原理。

5.23　假设某物质的吸收截面面积为 $\sigma = 10^{-15} cm^2$,用功率为 10mW、波长为 $\lambda = 500nm$ 的激光激发荧光。如果聚焦体积为 $5mm \times 1mm^2$,荧光量子效率为 0.5,荧光收集效率为 10%,用量子效率为 $\eta = 25\%$ 的光电倍增管探测,那么可以探测到的最小分子浓度 N_i 是多少? 假设光电倍增管的暗电流为每秒 10 个光生电子,信噪比大于 3:1。

第6章

激光光谱技术

学习目标

1　掌握激光光谱的基本原理和探测方式；
2　掌握几种提高灵敏度的光谱探测方法；
3　掌握几种提高分辨率的光谱探测方法；
4　理解时间分辨光谱的基本原理和实验方法；
5　了解激光光谱方面的前沿技术。

激光对光谱技术发展的影响是不可估量的，它以其高强度和单色性开辟了一种新型的光谱技术，使得可以用这种新的光谱技术更加细致地研究原子和分子，它为光谱学家提供了各种新的实验可能，使得以前由于光源强度不够或分辨率不够而无法做的实验，现在都可以很容易地实现，比如我们在前面讲过的"荧光光谱"和"拉曼光谱"。

激光的基本原理及各种激光器可参看 2.3.2 和 3.2.2 节，如果要更为深入地了解，可阅读专门介绍激光的教科书[11,59]。在本章中，首先阐述激光光谱探测的基本原理，其次讨论如何利用激光提高光谱探测灵敏度，接下来介绍提高光谱分辨率的几种激光光谱方法，然后介绍时间分辨光谱技术，最后粗略地介绍若干激光光谱方面的前沿技术。如果对本章中提到的激光光谱技术还需做深入了解，可阅读参考书目[60－62]。

6.1　基本原理

在介绍各种实用的激光光谱技术之前，我们首先简单回顾一下激光的基本特性，并介绍激光光谱探测的基本方法和原理。

6.1.1　普通光源与激光光源的比较

在 3.2.2 节中，我们介绍过激光的基本性质。在此，我们就功率密度将激光光源（连续单模染料激光）与普通光源（射频放电灯）做了一个如表 6-1 所示的对比。从中可以看出激光在单位面积单位频率上的功率密度约是普通光源的 10^9 倍，如果使用脉冲光源，功率密度还会更大。

表 6-1　普通光源与激光光源的比较

基本特性	射频放电灯	连续单模染料激光
线宽/MHz	1000	1
总输出功率/W	10^{-1}	10^{-1}
有用立体角内的功率/W	10^{-2}	10^{-1}
辐射区域/cm²	10	10^{-4}
功率密度 $I(\nu)$/(W·cm^{-2}·MHz^{-1})	10^{-6}	10^{3}

6.1.2　饱和效应

由于激光光源的功率密度非常高,所以它与物质相互作用时有可能将基态粒子的大部分激发到激发态,而使得多余的光能没有办法再被物质接收,我们可以说此时的物质相对于光源而言是透明的,这就是饱和效应的一种比较通俗的解释。

对于图 6-1 所示的光吸收实验,光束先通过吸收物质再通过衰减片和先通过衰减片再通过吸收物质,探测器接收到光强是不是一样的? 如果是普通光源,那么答案是肯定的;但是如果是激光,则(a)所探测到的光强可能比(b)要大。这其中就是饱和效应在起作用。

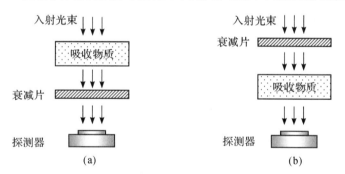

图 6-1　光的吸收实验

下面我们推导一下入射光功率需满足什么条件才能达到饱和效应。

假设粒子在能级 E_1 和 E_2 之间发生跃迁,如图 6-2 所示,容易得到在稳定场中总发射等于总吸收:

$$N_2A + N_2B_{21}\rho(\nu) = N_1B_{12}\rho(\nu) \tag{6.1}$$

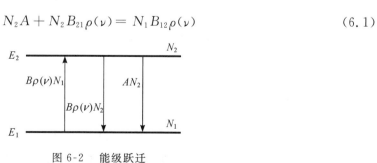

图 6-2　能级跃迁

式中，N_1 和 N_2 分别为处于能级 E_1 和 E_2 的粒子数，$\rho(\nu)$ 为入射光的能量密度，A 为自发辐射系数，B_{21} 为受激辐射系数，B_{12} 为受激吸收系数。由玻尔兹曼分布理论可以得到，平衡状态下两能级的粒子数比为

$$\frac{N_2}{N_1} = \frac{g_2}{g_1} e^{-\frac{E_2-E_1}{kT}} = \frac{g_2}{g_1} e^{-\frac{h\nu}{kT}} \tag{6.2}$$

式中，g_1 和 g_2 分别为能级 E_1 和 E_2 的简并度，$\nu = \dfrac{E_2-E_1}{h}$ 为光子频率，T 为绝对温度，h 和 k 分别为普朗克常量和玻尔兹曼常数。利用普朗克黑体辐射公式(2.55)，以及辐出度等于能量密度乘以 $c/4$(c 为光速)，可以得到能量密度 $\rho(\nu)$ 为

$$\rho(\nu) = \frac{8\pi h\nu^3}{c^3} \cdot \frac{1}{e^{h\nu/kT}-1} \tag{6.3}$$

联合式(6.1)、(6.2)和(6.3)可以得到

$$\frac{c^3}{8\pi h\nu^3}(e^{\frac{h\nu}{kT}}-1) = \frac{B_{21}}{A_{21}}\left(\frac{g_1 B_{12}}{g_2 B_{21}}e^{\frac{h\nu}{kT}}-1\right) \tag{6.4}$$

上式要在任意频率下均满足，所以有

$$\frac{g_1 B_{12}}{g_2 B_{21}} = 1 \tag{6.5}$$

$$\frac{B_{21}}{A_{21}} = \frac{c^3}{8\pi h\nu^3} \tag{6.6}$$

对于式(6.5)，在能级不存在简并的情况下(即 $g_1 = g_2 = 1$)，受激发射系数等于受激吸收系数，即 $B_{21} = B_{12} = B$，如果再用 A 代替 A_{21}，那么式(6.6)可以改写为

$$\frac{B}{A} = \frac{c^3}{8\pi h\nu^3} \tag{6.7}$$

将 A 和 B 代入公式(6.1)中，并稍作变型可以得到

$$\frac{N_2}{N_1+N_2} = \frac{1}{2 + \dfrac{A}{B\rho(v)}} \tag{6.8}$$

在饱和吸收的情况下，上式中 $B\rho(v) \gg A$，所以

$$\frac{N_2}{N_1+N_2} \approx \frac{1}{2} \tag{6.9}$$

即在饱和吸收时，基态和激发态的粒子数比约为 $1:1$。

入射光的能量密度 $\rho(\nu)$ 与入射光的功率密度存在如下关系：

$$I(\nu) = c\rho(\nu) \tag{6.10}$$

其中 c 为光速。所以可以得到在饱和吸收时，入射光的功率密度应满足

$$I(\nu) \gg c\frac{A}{B} \tag{6.11}$$

将式(6.7)代入上式可以得到

$$I(\nu) \gg 8\pi\frac{h\nu^3}{c^2} = 16\pi^2\frac{h\nu^3}{c^2} \tag{6.12}$$

假设入射光波长为 600nm，如果要达到饱和吸收，根据式(6.12)计算可以得到入射光的功率密度应该满足

$$I(\nu) \gg 8\pi \frac{hc}{\lambda^3} = 8\pi \frac{6.62 \times 10^{-34} \cdot 3 \times 10^8}{(600 \times 10^{-9})^3} \approx 2.3 \times 10^{-3} [W/(cm^2 \cdot MHz)]$$

如此高的功率密度用普通光源是很难达到的,但是用激光则很容易满足上述条件。

6.1.3　激发方法

在激光光谱中可以使用多种跃迁激发方式,包括单步激发、多步激发、多光子吸收等,分别如图 6-3(a)、(b)和(c)所示。

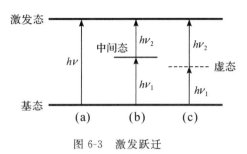

图 6-3　激发跃迁

图 6-3(a)为单步激发方式,即直接将粒子从基态激发到目标激发态。

图 6-3(b)为两步激发方式,它先将粒子激发到中间态然后再激发到目标激发态,由于饱和效应,粒子可以在中间态上停留较长时间,从而利用激光容易实现多步激发。

图 6-3(c)为双光子吸收方式,它是激光的一种非线性效应,能够让粒子同时吸收两个光子,从而跃迁到目标激发态,基态与激发态之间的能量差等于双光子的能量和,即 $h\nu = h\nu_1 + h\nu_2$,它与多步激发方式不同,不需要中间态的存在。

6.1.4　激光光谱的探测方法

图 6-4 显示常规光谱和激光光谱的探测方法。

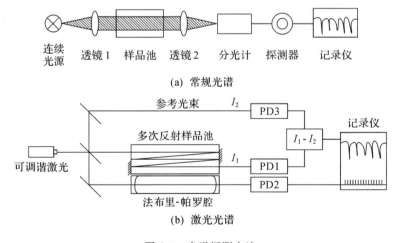

图 6-4　光谱探测方法

图 6-4(a)为常规吸收光谱探测方法,光源通过样品池被吸收后,经分光计分光,然后用探测器记录光强信号,由此获得吸收光谱。

图 6-4(b)为激光吸收光谱探测方法,出射的激光束一般被分为三束,其中两束用于样

品测量,分别作为参考光束和测量光束经过参考光路和样品池,另外一束用于波长定标,它通过法布里-帕罗干涉仪后被探测器接收。

波长标定在激光光谱学中是非常重要的一个步骤,如图 6-4(b)所示,它通常利用法布里-帕罗干涉仪来实现波长标定。根据 3.3.3 节理论,法布里-帕罗干涉仪的相邻最大光强输出位置的间距为自由光谱范围:

$$\begin{cases} \Delta\lambda = \dfrac{\lambda^2}{2nl} \\ \Delta\nu = \dfrac{c}{2nl} \end{cases} \tag{6.13}$$

式中,n 和 l 分别为干涉腔内介质的折射率和干涉仪的腔长,并假设入射光束垂直反射面。把法布里-帕罗干涉仪记录的干涉曲线与所测光谱放在一起,就可以利用自由光谱范围"度量"光谱中吸收峰的相对位置以及峰半宽度。对于最大光强间的位置可以采用线性或非线性内插的方法来获取。

图 6-5 显示了示波器上得到的铷原子激光光谱和法布里-帕罗标准具的干涉信号,对比自由光谱范围与 Rb 原子光谱就可以估计其中吸收峰的间距、半宽度等参量。

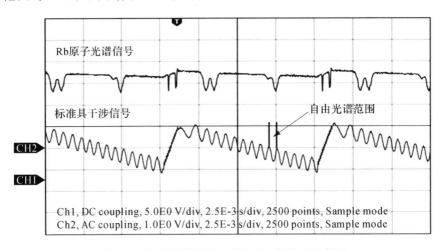

图 6-5　Rb 原子的激光光谱和 F-P 标准干涉信号

如果要知道波长或频率的绝对值,则需要与一个已知波长进行比较。比如:测量时将激光波长稳定在所研究谱线中心,然后通过法布里-帕罗干涉仪,如果光束稍有发散,那么会形成干涉环,将该环与已知波长的干涉环进行比较,就可以测量出当前的实际波长。

6.1.5　激光光谱的优点

根据激光的特性和上面对激光光谱测量技术的阐述,我们将激光光谱的优点简单地总结如下:

(1)使用可调谐激光器,不需要色散系统,吸光度可直接由透射光强和参考光强比较得到。

(2)使用法布里-帕罗干涉仪进行波长标定,可以提高波长测量的准确度,从而更加准确地测量谱线的线形和轮廓。

（3）激光的发散度小，可以来回多次反射通过样品池，增大光程，有利于测量吸收系数很小的粒子跃迁。

（4）由于激光强度大，因此探测器带来的噪声可以忽略，增大了信噪比，提高了探测的灵敏度；另外，激光强度大可以使受激态产生可观的粒子数，更利于实现受激态的吸收，比如：在荧光光谱中，使用激光可以显著地提高荧光强度。

（5）激光光谱分辨率很高，可以使用多种去多普勒技术来减小多普勒展宽效应，从而减小谱线线宽。

（6）激光脉冲可以快速调谐，从而能够利用激光光谱测量一些快变过程。

关于激光光谱的高灵敏度、高分辨率和可快速测量的优点，我们在后面的章节中将逐一介绍。

6.2　提高光谱探测灵敏度的方法

常规吸收光谱的测量基于吸收定律：

$$I(\omega) = I_0 e^{-\alpha(\omega)x} \tag{6.14}$$

式中，$\omega = 2\pi\nu$，α 为吸光系数（将样品浓度考虑在内）。假设 $\alpha(\omega) \ll 1$，那么上式可以表示为

$$I(\omega) \approx I_0 [1 - \alpha(\omega)x] \tag{6.15}$$

这样吸光系数可以表示为

$$\alpha(\omega) = \frac{I_0 - I}{I_0} \cdot \frac{1}{x} \tag{6.16}$$

由于 $\alpha(\omega)$ 很小，因此按上述方法进行测量相当于测量两个大数（即 I_0 和 I）之间的小差异，所以会导致测量不准确。因此就发展起了几种测量技术，使吸收测量的准确度和灵敏度能够增大几个数量级，这些方法包括：

（1）频率调制，它以单色入射光频率调制为基础，通过吸收信号与调制信号之间的相敏探测以实现高灵敏度检测。

（2）腔内吸收，它以激光强度对激光共振腔内吸收损失的灵敏度依赖关系为基础，将样品池置于共振腔内。

（3）激发光谱，它不是测量强度差值 $I_0 - I$，而是直接测量吸收能量，即将吸收转化为其他形式的能量，比如荧光、热能等。

6.2.1　频率调制

3.4.6 节的"锁相放大技术"主要从幅度调制的角度进行解释，实际上在信噪比和灵敏度上，频率调制技术优于幅度调制。

频率调制用于光谱测量的基本原理如图 6-6 所示。激光频率 ω 以频率 Ω 调制，周期性地从 ω 到 $\omega + \Delta\omega$（假设 $\Delta\omega$ 足够小）扫描，然后再用锁相放大的方法进行相敏检测，下面通过理论推导分析一下该方法的灵敏度提高作用。

在频率调制的情况下，激光光强按泰勒展开为

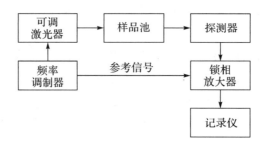

图 6-6　频率调制光谱测量的原理

$$I(\omega + \Delta\omega) = I(\omega) + \frac{\mathrm{d}I}{\mathrm{d}\omega}\Delta\omega + \frac{1}{2!}\frac{\mathrm{d}^2 I}{\mathrm{d}\omega^2}\Delta\omega^2 + \cdots \tag{6.17}$$

假设 $\Delta\omega = a\sin\Omega t$（即激光频率的调制频率为 Ω），则上式可以写为

$$I(\omega + a\sin\Omega t) = I(\omega) + \frac{\mathrm{d}I}{\mathrm{d}\omega}a\sin\Omega t + \frac{1}{2!}\frac{\mathrm{d}^2 I}{\mathrm{d}\omega^2}a^2\sin^2\Omega t + \cdots \tag{6.18}$$

上式中，$\sin^n\Omega t$ 可以变形为 $\sin(n\Omega t)$ 和 $\cos(n\Omega t)$ 的线性组合，所以，

$$
\begin{aligned}
I(\omega + a\sin\Omega t) =\ & \left(I(\omega) + \frac{a^2}{4}\frac{\mathrm{d}^2 I}{\mathrm{d}\omega^2} + \frac{a^4}{64}\frac{\mathrm{d}^4 I}{\mathrm{d}\omega^4} + \cdots\right) \\
& + \left(a\frac{\mathrm{d}I}{\mathrm{d}\omega} + \frac{a^3}{8}\frac{\mathrm{d}^3 I}{\mathrm{d}\omega^3} + \cdots\right)\sin\Omega t \\
& - \left(\frac{a^2}{4}\frac{\mathrm{d}^2 I}{\mathrm{d}\omega^2} + \frac{a^4}{48}\frac{\mathrm{d}^4 I}{\mathrm{d}\omega^4} + \cdots\right)\cos(2\Omega t) \\
& - \left(\frac{a^3}{24}\frac{\mathrm{d}^3 I}{\mathrm{d}\omega^3} + \frac{a^5}{384}\frac{\mathrm{d}^5 I}{\mathrm{d}\omega^5} + \cdots\right)\sin(3\Omega t) \\
& + \cdots
\end{aligned}
$$

上式表明，经调制后的光强包含了多次谐波信号，并且每个括号中的第一项对该次谐波的信号贡献是最主要的，利用锁相放大器就能够实现对特定谐波信号的探测。假设利用锁相放大器探测一次谐波信号，由式（6.19）可以得到

$$I(\omega + a\sin\Omega t) - I(\omega) \approx \frac{\mathrm{d}I}{\mathrm{d}\omega}a\sin\Omega t$$

$$= -xI(\omega)\frac{\mathrm{d}\alpha(\omega)}{\mathrm{d}\omega}a\sin\Omega t \tag{6.20}$$

进一步整理可以得到

$$\frac{I(\omega + a\sin\Omega t) - I(\omega)}{I(\omega)} = -x\frac{\mathrm{d}\alpha(\omega)}{\mathrm{d}\omega}a\sin\Omega t \tag{6.21}$$

从上式中可以看出，强度差与 $\dfrac{\mathrm{d}\alpha(\omega)}{\mathrm{d}\omega}$ 成正比，即与吸收光谱的一级导数成正比。

　　人们在利用激光二极管（laser diode，LD）进行气体监测的研究和应用中，通常会采用频率调制和锁相放大技术对光谱信号进行探测，如图 6-7 所示。使用低频三角波实现窄范围内的光谱扫描，使用高频正弦波调制每个波长下的光信号，低频三角波和高频正弦波叠加后作用到 LD 上，然后利用锁相放大器对 LD 经样品池后的谐波信号进行检测。所利用的谐波信号一般为二次谐波，因为二次谐波信号相对于其他高次谐波信号强度更大，而且绝大部分锁相放大器具有二次谐波信号探测的功能。

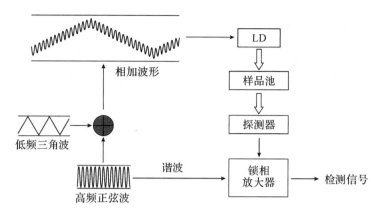

图 6-7 LD 光谱检测中的频率调制方法

频率调制方法具有显著优点,它可以利用相敏探测(即锁相放大),所以可以去除与频率无关的背景吸收,以及由激光的强度起伏或分子密度涨落造成的背景噪声,从而获得较高的信噪比和探测灵敏度。图 6-8 显示了频率调制方法测量得到的水的倍频吸收峰,它与未频率调制测得的结果相比在信噪比上提高了 2 个数量级。

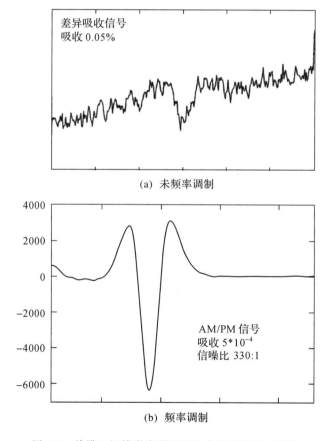

图 6-8 单模二极管激光器测量的水的倍频吸收光谱

6.2.2 腔内吸收

所谓腔内吸收是将吸收样品置于激光谐振腔内以达到提高探测灵敏度的目的,在此将先阐述一般的腔内吸收技术,然后介绍腔内回旋衰减技术。

(1)腔内吸收

如图6-9所示,如果将吸收样品置于激光谐振腔内,探测输出激光(探测器2)或者激光激发的荧光强度(探测器1),那么可以获得比常规吸收法高得多的灵敏度。

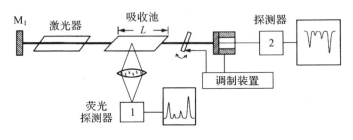

图 6-9　谐振腔内吸收

假设谐振腔两个反射镜的反射率分别为 $R_1 = 1$ 和 $R_2 = 1 - T_2$,那么输出功率和腔内功率有如下关系:

$$P_{in} = \frac{1}{T_2} P_{out} = q P_{out} \tag{6.22}$$

在 $\alpha L \ll 1$ 的情况下,频率 ω 吸收功率为

$$\Delta P(\omega) = \alpha(\omega) L P_{in} = q \alpha(\omega) L P_{out} \tag{6.23}$$

上式表明,如果功率可以直接测量,那么腔内吸收信号为腔外单程吸收的 q 倍。假设 $T_2 = 0.02$,在忽略饱和效应的情况下,增大因子 $q = 50$。灵敏度的 q 倍放大效果也可以从另一个方面进行理解:激光光子在离开共振腔前,在共振腔镜间来回平均通过 q 次,因此在样品中激光光子有 q 倍的机会被吸收。

实际上,谐振腔内吸收测量方式也可以用腔外多次反射方式代替,其本质是相似的,即让光束来回多次通过样品池以增加与样品作用的光程,如图6-10所示。它的缺点在于,谐振腔的长度必须随激光波长而变化,以保证谐振腔的共振效应。图6-10中使用了压电陶瓷调节外部谐振腔的长度。

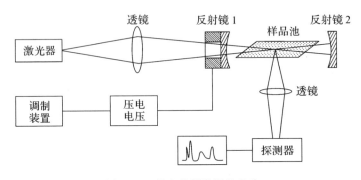

图 6-10　激光外部谐振腔吸收

（2）腔内回旋衰减（cavity ringdown）[63]

近年来出现了一种"腔内回旋衰减"的方法，其基本原理如图 6-11 所示。脉冲激光信号在谐振腔内多次反射后被光电倍增管接收，并使用示波器探测脉冲信号的时间衰减曲线，然后根据衰减曲线的时间常数计算相应的光强吸收，这样对波长进行扫描测量就可以获得光谱。腔内回旋衰减具有更好的信噪比和灵敏度。

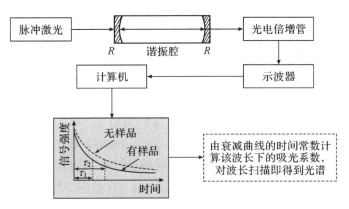

图 6-11　腔内回旋衰减的基本原理

在腔内回旋衰减测量中，样品放在高反射腔内，腔反射镜的反射率、透射率和吸收率分别为 R、T 和 $A(R + T + A = 1)$，那么经过一次吸收池的输出功率为 $P_1 = T^2 e^{-\alpha L} P_0$，经过 n 次往返后输出功率为

$$P_n = (Re^{-\alpha L})^{2n} P_1 = P_1 e^{-2n(\alpha L - \ln R)} \approx P_1 e^{-2n(T + A + \alpha L)} \tag{6.24}$$

相邻两次输出脉冲的时间延迟等于光子在腔内的往返时间 $T_R = 2L/c$，因此第 n 个脉冲在 $t = 2nL/c$ 时测到。如果探测器的时间响应常数可以和 T_R 比较，则探测器给出的信号为

$$P(t) = P_1 e^{-\frac{t}{\tau_1}} \tag{6.25}$$

其中，$\tau_1 = \dfrac{L/c}{T + A + \alpha L}$。在没有样品时，$\alpha = 0$，$\tau_2 = \dfrac{L/c}{T + A}$，所以

$$\alpha L = (1 - R)\frac{\tau_2 - \tau_1}{\tau_1} \tag{6.26}$$

因此，探测的灵敏度由反射率和延迟时间的测量精度决定。可以看出腔内回旋衰减技术测量的是光脉冲的衰减率而不是衰减量，这样就避免了脉冲激光强度波动对测量结果的影响。

6.2.3　激发光谱

激发光谱是将光吸收转化为其他形式的能量进行检测，在这里我们将荧光光谱、光声光谱、光热光谱、电离光谱、光伽伐尼光谱和斯塔克光谱同归为激发光谱。

（1）荧光光谱

荧光光谱的基本原理可参看 5.3 节，在此重点分析一下荧光的量子效率。能级 $E_i \rightarrow E_k$ 的跃迁，每秒在距离 Δx 内被吸收的光子数为

$$n_a = N_i n_L \sigma_{ik} \Delta x \tag{6.27}$$

式中，N_i 为吸收态 i 的粒子数，n_L 为入射激光光子数，σ_{ik} 为粒子吸收截面。这样每秒来自激

发能级的荧光光子数为

$$n_{fl} = N_k A_k = n_a \frac{A_k}{A_k + R_k} = n_a \eta_k \tag{6.28}$$

式中，η_k 为自发跃迁速率 A_k 与总去激活速率的比率，后者还可能包括无辐射跃迁速率 R_k。如果不存在无辐射跃迁速率，即 $\eta_k = 1$，则每秒发射的荧光光子数 n_{fl} 等于稳定情况下每秒吸收的光子数 n_a。

发射的荧光光子只有小部分 δ 可以被收集到探测器（比如，光电倍增管）的阴极上，而探测器阴极也具有一定的量子效率 η_{ph}（即只有部分到达阴极的荧光光子能够激发出电子），这样每秒测到的电子数 n_{pe} 为

$$n_{pe} = n_a \eta_k \eta_{ph} \delta \tag{6.29}$$

假设探测器的检测极限为 $n_{pe} = 100 \text{s}^{-1}$，考虑典型值 $\eta_{ph} = 0.2$ 和 $\delta = 0.1$，当 $\eta_k = 1$ 时可测得 $n_a = 5 \times 10^3 \text{s}^{-1}$ 的吸收速率，如果 $\lambda = 500 \text{nm}$ 处的激光功率为 1W，相当于每秒入射光子数 $n_L = 3 \times 10^{18} \text{s}^{-1}$，这意味着可探测的相对吸收或探测灵敏度 $\Delta I / I \leqslant 10^{-14}$。

由上分析可以看出总荧光强度 $I_{fl}(\lambda_L) \propto n_L \sigma_{ik} N_i$，它相当于吸收光谱的像，这就是荧光激发光谱。荧光强度正比于吸收系数 $\sigma_{ik} N_i$，且依赖于探测器阴极量子效率 η_{ph} 和荧光光子的收集效率。要保证谱线的相对强度在吸收光谱和荧光激发光谱中完全相同，要求所有受激态 E_k 下的量子效率 η_k 相同，光谱范围内探测器的量子效率 η_{ph} 为常数和探测器的荧光收集效率 δ 恒定。

（2）光声光谱

光声光谱为另一种形式的激发光谱，它将吸收通过粒子碰撞转化为热能，当在恒定密度的情况下，导致温度或压强增加，然后用灵敏的传声器监测，如图 6-12 所示。当必须在其他成分具有更高压强的场合中探测微小浓度分子时，可采用该光谱探测技术，比如：在大气中探测微小分子浓度的污染气体时可采用光声光谱。

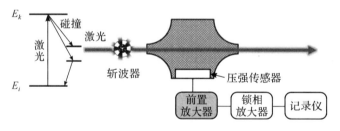

图 6-12　光声光谱装置

红外波段适合于使用光声光谱。在红外激光的作用下，分子会激发到较高的电子振动能级，假设受激分子的碰撞去激活截面面积为 $10^{-19} \sim 10^{-18} \text{cm}^2$，在 1 Torr（约 1 毫米汞柱）压强下能量均分仅需 10^{-5}s，而振动能级的典型自发辐射寿命为 $10^{-5} \sim 10^{-2} \text{s}$，这样在 1 Torr 以上的压强下被分子吸收的激光能量几乎会全部转化为热能。

光声光谱的基本思想产生于 1881 年，但是高灵敏度的光声光谱是在激光、灵敏电容传声器、低噪放大器和锁相放大技术的基础上发展起来的。使用前面提到的频率调制或腔内吸收技术可以进一步提高光声光谱的探测灵敏度。

（3）光热光谱

在测量粒子束中的振转跃迁时，使用荧光激发光谱或光声光谱均不合适，因为前者的长波灵敏度很低，而后者的碰撞很少。这种情况可采用光热光谱，如图 6-13(a) 所示。激光在与粒子束垂直方向与粒子作用，激发粒子到激发态，受激态的粒子在与测热计作用后会将动能转移给它，从而引起测热计温度的升高。为了提高探测的灵敏度，可以让激光束在粒子束上下来回反射，增加它与粒子的作用。

图 6-13(b) 给出乙炔分子 $\nu_5 + \nu_9$ 合频谱带的常规吸收傅里叶变换光谱、光声光谱和光热光谱，可以看出光声光谱与傅里叶变换光谱的结果类似，无法观察到振转结构，而光热光谱则具有更高的灵敏度。

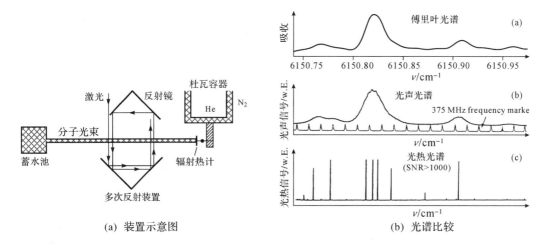

(a) 装置示意图　　　　(b) 光谱比较

图 6-13　光热光谱装置及吸收光谱、光声光谱、光热光谱的比较[64]

（4）电离光谱

电离光谱是将吸收转化为电子或离子进行测量的一种光谱技术，其基本原理为：分子处于受激态 E_k 时，通过某些方法产生电子或离子，然后探测这些电子或离子以检测分子跃迁中光子的吸收，如图 6-14 所示。对于上能级 E_k 易于电离的一切吸收跃迁，电离光谱是最灵敏的探测技术，优于其他一切方法。

电离方法包括光电离、自电离、直接电离、场电离、碰撞诱导电离等几种方式，其中在光电离中脉冲光比连续光更为合适。

（5）光伽伐尼光谱

光伽伐尼光谱是在气体放电中进行激光光谱学研究的一种极好而简单的技术，它可用于研究碰撞过程和电离概率。图 6-15 为光伽伐尼光谱的装置示意图，被测元素放置在空心阴极管的阴极上，当发生电离时，空心阴极管就会在回路中形成放电电流。原子从不同能级触发的电离概率是不一样的，当激光频率调谐到激发原子从能级 E_i 跃迁到 E_k 时，由于不同能级的原子数目的变化会造成放电电流发生改变，通过测量镇流电阻上的电压变化就可以探测 $E_i \rightarrow E_k$ 的吸收大小。

（6）激光磁共振和斯塔克光谱

上面讨论的方法大多需要调谐激光器频率使其恰好达到能级跃迁的吸收频率，对于具有永磁偶极矩或电偶极矩的粒子，则可以借助外磁场或电场把跃迁的吸收频率调谐到固定

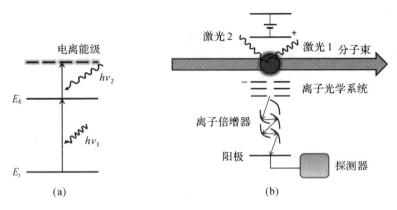

图 6-14　电离光谱的原理

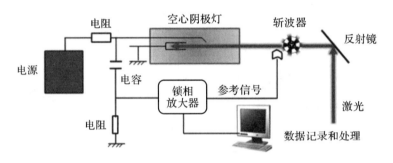

图 6-15　光伽伐尼光谱的装置

的激光频率,这就是激光磁共振和斯坦克光谱的基本原理。对于一些感兴趣的光谱区域,当有固定频率的激光器却没有可调谐激光器可用时,使用激光磁共振和斯塔克光谱的方式是非常方便的,比如:在红外光谱的指纹区,可用氧化氮、二氧化碳等激光器的强谱线。

图 6-16 显示了激光磁共振和斯塔克光谱的装置。

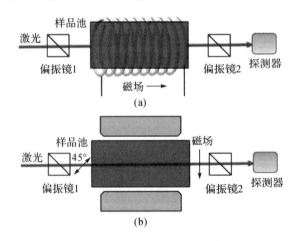

图 6-16　激光磁共振和斯塔克光谱的装置

我们将各种提高灵敏度的激光光谱技术总结如表 6-2 所示。

表 6-2　提高灵敏度的激光光谱技术

光谱技术	适用范围
频率调制和腔内吸收	可以用于提高多种激光光谱技术灵敏度的方法
荧光光谱	紫外和可见光区域
光声光谱	红外区域,其他分子压强大的微小浓度分子
光热光谱	红外区域,分子束
电离光谱	激发态与电离能级接近
光伽伐尼光谱	气体放电过程中可用的高灵敏光谱技术
磁共振光谱和斯塔克光谱	要求分子具有永磁偶极矩和电偶极矩

6.3　高分辨亚多普勒光谱技术

粒子本身的热运动会造成谱线增宽,这就是多普勒展宽,它的基本原理可参看 2.4.3 节。多普勒展宽是影响谱线线宽的一个非常主要的因素,它在很大程度上决定了光谱所能达到的极限分辨率。能不能突破多普勒展宽的限制,获得更高分辨率的光谱谱线呢? 答案是肯定的。下面我们将分别介绍 3 种高分辨亚多普勒光谱技术:分子束光谱、饱和吸收光谱和多光子光谱。

6.3.1　分子束光谱

分子束光谱和后面要讲的饱和吸收光谱,它们实现亚多普勒光谱分辨率的措施均是针对分子。前者是采取一定的措施限制粒子的运动方向,然后再对被限制的粒子进行探测;后者则是利用激光从杂乱无章运动的粒子中选择运动相似的粒子进行探测。

在分子束光谱中,按限制粒子运动方向的方式不同,分子束可分为准直分子束、绝热膨胀分子束、快离子束等,它们的基本原理稍有差别。

(1)准直分子束

准直分子束指在高真空中定向运动的原子或分子流,图 6-17 显示了准直分子束光谱技术的基本原理。

图 6-17(a)是准直分子束光谱的实验装置,炉 P 发射分子束,利用狭缝 B 来控制分子束的发散程度(或准直性),发散程度用准直比描述:

$$\varepsilon = \frac{v_x}{v_z} = \frac{b}{2d} \tag{6.30}$$

式中,v_x 和 v_z 分别为粒子速度在 x 和 z 方向的投影。激光束方向与分子束方向(即 v_z 方向)垂直。

在热平衡条件下,粒子在离源距离 r 处的速率分布可描述为

$$P(v, r, \theta)\mathrm{d}v = C\frac{\cos\theta}{r^2}v^2\exp\left(-\frac{v^2}{v_p^2}\right)\mathrm{d}v \tag{6.31}$$

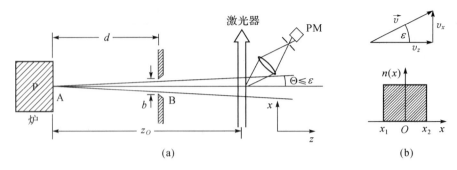

图 6-17　准直分子束光谱技术的基本原理

其中，$C = \dfrac{4}{\sqrt{\pi}\,v_p^3}$，$v_p = \sqrt{\dfrac{2kT}{M}}$（最概然速率）。注意公式（6.31）与公式（2.80）的差别，后者为

z 方向的速度分布公式。速率 $v = \dfrac{r}{x}v_x = \dfrac{v_x}{\sin\theta}$，将其代入公式（6.31）中并整理可得

$$P(v_x, r, \theta)\mathrm{d}v_x = C\frac{\cos\theta}{r^2\sin^3\theta}v_x^2\exp\left(-\frac{v_x^2}{v_p^2\sin^2\theta}\right)\mathrm{d}v_x \tag{6.32}$$

在激光束与粒子束作用的位置可将距离 r 视为不变量，$r = z_0$，这样对公式（6.32）按角度 θ 在范围 $-\varepsilon \sim \varepsilon$ 内积分可以得到

$$P(v_x)\mathrm{d}v_x = \frac{C}{z_0^2}v_p^2\exp\left(-\frac{v_x^2}{v_p^2\sin^2\varepsilon}\right)\mathrm{d}v_x$$

$$= \frac{4}{z_0^2}\sqrt{\frac{M}{2\pi kT}}\exp\left(-\frac{Mv_x^2}{2kT\sin^2\varepsilon}\right)\mathrm{d}v_x \tag{6.33}$$

类似于公式（2.80）可得到多普勒频率分布为

$$P(\nu)\mathrm{d}\nu = \frac{4}{z_0^2}\frac{c}{\nu_0}\sqrt{\frac{M}{2\pi kT}}\exp\left[-\frac{Mc^2(\nu-\nu_0)^2}{2kT\nu_0^2\sin^2\varepsilon}\right]\mathrm{d}v_x \tag{6.34}$$

因此，此时的谱线展宽为

$$\Delta\nu_{SD} = \frac{2\nu_0\sin\varepsilon}{c}\sqrt{\frac{2kT}{M}\ln2} \tag{6.35}$$

与公式（2.83）比较可知，此时的线宽与多普勒线宽存在如下关系：

$$\Delta\nu_{SD} = \Delta\nu_D\sin\varepsilon \tag{6.36}$$

在发散度很小的情况下，谱线线宽将远小于多普勒线宽。

　　图 6-18（a）和（b）分别显示了 SO_2 分子在分子池和分子束中的激发光谱，在分子池中受到多普勒展宽和碰撞展宽的影响，谱线分辨率较低，而在分子束中很好地消除了多普勒展宽的影响[65]。

　　（2）绝热膨胀分子束

　　绝热膨胀形成的超声分子束是分子束光谱技术的重要发展。如图 6-19 所示，它使气体从高气压区 A 通过微型喷口绝热膨胀到真空室 B，在此过程中，分子的部分内能转化为定向平移的动能，分子被冷却的同时分子束的定向移动速度也得到了提高。

　　分子内能为分子平动能、振动能和转动能的总和：

$$U = U_{\mathrm{trans}} + U_{\mathrm{rot}} + U_{\mathrm{vib}} \tag{6.37}$$

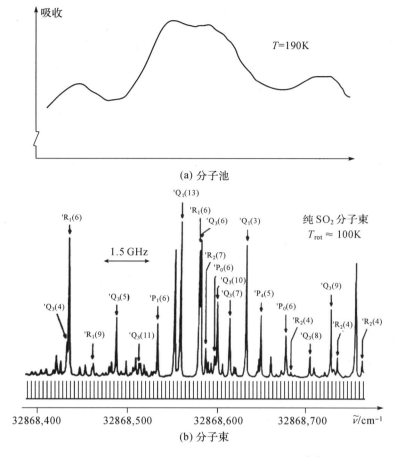

图 6-18　分子池和分子束中 SO_2 的激发光谱[65]

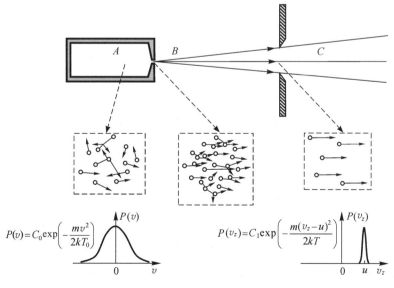

图 6-19　绝热膨胀

分子的总能量由分子内能、势能和分子束定向平移的动能构成,根据能量守恒定律有

$$U_0 + p_0 V_0 + \frac{1}{2} M u_0^2 = U + p V + \frac{1}{2} M u^2 \tag{6.38}$$

式中，p、V 分别为气体压强和体积，M 为总质量，u 为整体速度。假设单位时间内通过微型喷口喷射的气体量要远小于高压区的气体总量，则在热平衡的条件下可认为高压区的粒子整体速度 $u_0 = 0$；而且由于气体从高压区进入真空区，所以 $p \ll p_0$。因此式(6.38)可简化为

$$U_0 + p_0 V_0 = U + \frac{1}{2} M u^2 \tag{6.39}$$

从上式可以看出，如果大部分能量通过绝热膨胀后会转化为动能 $\frac{1}{2} M u^2$，那么就会获得一束具有很小内能 U 的"冷"粒子束。此时，经绝热膨胀后分子束沿喷射方向的速度分布为

$$P(v_z) = C_1 \exp\left[-\frac{m(v_z - u)^2}{2k T_{||}}\right] \tag{6.40}$$

温度 $T_{||}$ 的降低会减小多普勒效应造成的谱线展宽。如果再进一步用狭缝对绝热膨胀后的粒子束进行准直，那么进入 C 区后粒子束沿 x 方向的速度分布为

$$P(v_x) = C_2 \exp\left(-\frac{m v_x^2}{2k T_\perp}\right) = C_2 \exp\left(-\frac{m v^2 \sin^2 \varepsilon}{2k T_\perp}\right) \tag{6.41}$$

其中，温度 $T_\perp = T_{||} \sin^2 \varepsilon$，$\varepsilon$ 为式(6.30)定义的准直度。因此，使用狭缝对粒子束准直的方法通常也称为机械冷却。

（3）快离子束

图 6-20 为快离子束激光光谱的原理，它与准直分子束和超声分子束的最大差别在于，激光传播方向与粒子束方向共线。

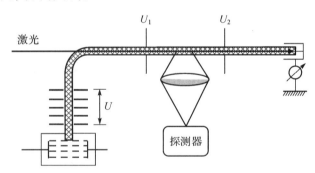

图 6-20   快离子束共线激光光谱

在共线的某一个区间有一个电场，利用它来加速离子，当加速电场足够大时，离子的运动速度将不依赖于初始的热运动速度：

$$\begin{cases} E_1 = \dfrac{m v_1^2}{2} = \dfrac{m v_1^2(0)}{2} + eU \\[2mm] E_2 = \dfrac{m v_2^2}{2} = \dfrac{m v_2^2(0)}{2} + eU \end{cases} \tag{6.42}$$

将上式相减可以得到加速前后的粒子运动速度的差别为

$$\Delta v = \frac{v_1(0) + v_2(0)}{v_1 + v_2} \Delta v_0 = \frac{v_0}{v} \Delta v_0 \approx \sqrt{\frac{E_{th}}{eU}} \Delta v_0 \tag{6.43}$$

式中，$v_0 = \dfrac{v_1(0) + v_2(0)}{2}$，$v = \dfrac{v_1 + v_2}{2} \approx \sqrt{\dfrac{2eU}{m}}$，$E_{th} = \dfrac{mv_0^2}{2}$。由于 $E_{th} \ll eU$，所以 $\Delta v \ll \Delta v_0$。
如果加速电场非常稳定，那么加速后离子的运动速度将基本一致，这样也就达到了消除多普勒展宽的目的。快离子束光谱技术要注意两点：一是加速电场强度要大，二是加速电压要稳定。

6.3.2　饱和吸收光谱

饱和吸收光谱[66]也是靠选择分子来消除多普勒展宽，不过它所采用的选择手段为"光"。

图 6-21 为饱和吸收光谱测量的原理，激光被分束镜 S 分为两束，一束为泵浦光，强度大；另一束为探测光，强度小。泵浦光从样品池的一个方向入射，产生饱和吸收；探测光则从与泵浦光相反的方向入射，通过样品池后被探测器接收。

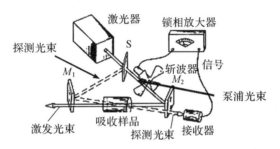

图 6-21　饱和吸收光谱测量的原理

泵浦光和探测光是与样品内不相同的一群粒子相互作用，被泵浦光选择了的粒子，探测光是没有"缘分享受"的。我们可以通过下面的解释来理解上面的这句话。

由于是从同一束激光分束得到的，所以泵浦光与探测光的频率相同，假设频率为 ν。但是这个频率在样品池中的原子"看来"却是不一样的，因为粒子总是在不停地运动，根据多普勒效应：只有当粒子运动方向与激光传播方向垂直时，粒子"看到"的频率才等于激光的实际频率 ν；当粒子运动方向与激光传播方向相对时，粒子"看到"的激光频率要更大；而当粒子运动方向与激光传播方向相同时，粒子"看到"的激光频率要更小。在图 6-21 所示的探测光路中，样品池中的粒子相对于泵浦光和探测光的运动方向总是相反的，假设某个粒子相对于泵浦光的速度为 v，那么它所"看到"的泵浦光和探测光的频率分别为

$$\begin{cases} \nu_{\text{pump}} = \nu\left(1 + \dfrac{v}{c}\right) \\ \nu_{\text{prob}} = \nu\left(1 - \dfrac{v}{c}\right) \end{cases} \tag{6.44}$$

假设 $h\nu_0$ 是使粒子从一个能级跃迁到另一个能级所需吸收的光子能量，那么当激光频率 ν 低于 ν_0 时，只有那些相对激光传播方向反向运动的粒子才能产生吸收，反之当激光频率 ν 高于 ν_0 时，只有那些沿激光传播方向运动的粒子才能产生吸收。由此可以看出，泵浦光和探测光是与运动方向相反的一群粒子相互作用。

但是，当激光频率正好等于 ν_0 时，只有速度 $v = 0$ 的粒子才能吸收激光，而且它们能同时吸收泵浦光和探测光。由于泵浦光比较强，它会让粒子产生饱和吸收，这样探测光通过时

就不会再被吸收,从而探测器上接收到一个强度比较高的信号。如图 6-22 所示,在吸收频率 ν_0 附近会形成一个反转的吸收峰,称为 Bennet 孔。Bennet 孔的形成是由泵浦光所选择的速度 $v=0$ 的粒子所产生的,所以它消除了由于粒子热运动造成的多普勒效应,一般而言,Bennet 孔的半宽度比原吸收峰的半宽度要小一个数量级以上。

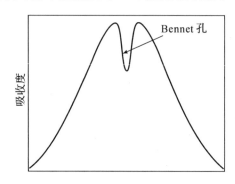

图 6-22　饱和吸收后形成的 Bennet 孔

上面分析的是两能级情况,即粒子在两个能级间跃迁,对于多能级情况,饱和吸收现象更复杂一些,它除了形成正常的饱和吸收峰外,还会形成交叉共振峰。以三能级系统为例,如图 6-23(a)所示,0 为基态能级,1 和 2 为靠得很近的两个激发态能级,0 和 1 以及 0 和 2 能级之间的能量差分别为 $h\nu_1$ 和 $h\nu_2$,所以不难知道其正常的饱和吸收峰将分别出现在 ν_1 和 ν_2 处。除此之外,在 $\nu = \dfrac{\nu_1 + \nu_2}{2}$ 处还将出现交叉共振峰,这是因为对于速度 $v = \pm c\left(\dfrac{\nu_1 - \nu_2}{\nu_1 + \nu_2}\right)$ 的粒子,探测光和泵浦光的频率将分别移动到 ν_1 和 ν_2,这样泵浦光就可以使该速度下的粒子达到饱和,使探测光的吸收程度大大降低,从而形成如图 6-23(b)所示的饱和吸收现象。从图 6-23(b)我们还可以看出:采用常规吸收光谱测量方法时,两个靠得很近的吸收峰不能分辨出来,它们叠合成了一个吸收峰;而采用饱和吸收光谱时则可以很明显地将两个吸收峰区分出来。这样利用饱和吸收光谱就有可能对分子或原子能级的精细结构或超精细结构进行分析。

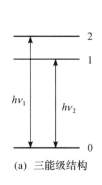
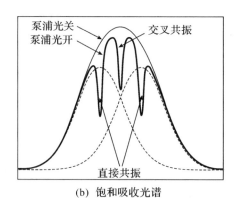

(a) 三能级结构　　　　　　　(b) 饱和吸收光谱

图 6-23　三能级结构及其饱和吸收光谱

图 6-24 显示了利用 780nm 的激光二极管测得的 ^{87}Rb 原子的 D2 谱线的饱和吸收光谱,可以看出饱和吸收光谱的线宽远小于多普勒线宽,这使得利用饱和吸收光谱可以分辨 ^{87}Rb

原子的超精细结构。

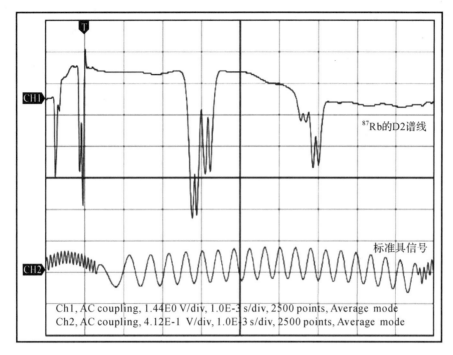

图 6-24　利用激光二极管测得的 ^{87}Rb 的 D2 谱线的饱和吸收光谱

　　在实际的实验当中，理想的饱和吸收结果不容易得到。因为泵浦光与探测光不可能完全重合，即探测光只是探测部分被泵浦光"选择"的粒子。为了提高饱和吸收光谱探测的灵敏度，人们提出了如图 6-25 所示的饱和吸收光谱实验装置，在这里探测光被分为两束，它分别通过吸收池的饱和区和不饱和区，将不饱和区的信号作为参比信号。

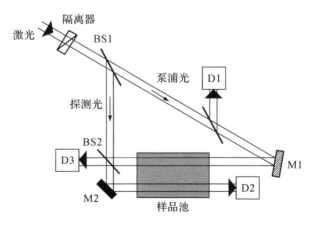

图 6-25　提高饱和吸收光谱测量灵敏度的方法

6.3.3　多光子光谱

　　分子束光谱技术和饱和吸收光谱技术均是通过选择被测粒子来提高光谱分辨率的，而多光子吸收光谱则是通过选择光子来提高光谱分辨率的。

多光子吸收原理在 6.1.3 节提到过。通常而言粒子只能吸收一个光子,然后跃迁到某个合适的能级;当激光强度足够高时就会产生多光子吸收,即粒子能同时吸收多个光子,然后跃迁到某个合适的能级上。如果粒子能够同时吸收多个光子,那么利用粒子与光子之间的相对运动速度是不是也可以达到消除多普勒效应的效果呢?

上述问题的答案是肯定的,下面以双光子吸收为例进行说明。假设系统同时吸收两个光子,从能级 1 跃迁到能级 2,光子频率分别为 ν_1 和 ν_2,能级间隔为 $h\nu_0$,那么

$$\nu_0 = \nu_1 + \nu_2 \tag{6.45}$$

如图 6-26 所示,如果粒子相对于实验室坐标系的运动速度为 v(为矢量),光子的波矢分别为 $\mathbf{k}_1$ 和 $\mathbf{k}_2$,那么在分子坐标系中,两个光子会产生多普勒频移:

$$\begin{cases} \nu_1{}' = \nu_1 - \dfrac{\mathbf{k}_1 \cdot \mathbf{v}}{2\pi} \\[2mm] \nu_2{}' = \nu_2 - \dfrac{\mathbf{k}_2 \cdot \mathbf{v}}{2\pi} \end{cases} \tag{6.46}$$

如果要此时的双光子仍能被粒子吸收,则

$$\nu_0 = \nu_1{}' + \nu_2{}' = \nu_1 + \nu_2 - \frac{(\mathbf{k}_1 + \mathbf{k}_2) \cdot \mathbf{v}}{2\pi} \tag{6.47}$$

根据(6.45)式,所以要求

$$\mathbf{k}_1 + \mathbf{k}_2 = 0 \tag{6.48}$$

在两个光子频率相同的情况下,即要求两个光子反向传播。上式容易推广到多个光子的情况,对于多个光子则要求它们的波矢总和为零。

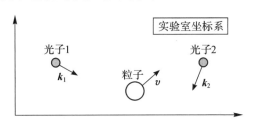

图 6-26　双光子吸收系统坐标系

图 6-27 显示了双光子荧光光谱的装置,它探测的是荧光信号,采用的激发方式为双光子吸收。激光从样品池的一端入射,从另外一端出射的光束被反射后原路返回再进入样品

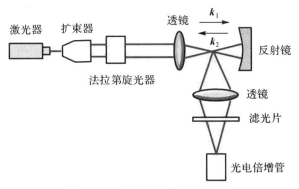

图 6-27　双光子荧光光谱的装置

池中,这样来去的两束激光的波矢方向就正好相反。

图 6-28 显示了三光子光谱的原理,在三束激光交汇点,它们的波矢之和为零。

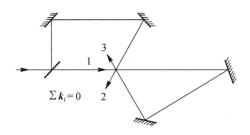

图 6-28　三光子光谱的原理

多光子吸收可用可见和近紫外光研究紫外和远紫外跃迁,从而弥补紫外和深紫外区域光源缺失的不足。如图 6-29 所示,苯分子在紫外区的吸收谱以前被认为是连续谱,而利用多光子光谱发现,是非常密集而有分立的独立谱线[67]。另外,多光子吸收与光强平方呈正比,通常聚焦之后吸收探测的灵敏度更高。

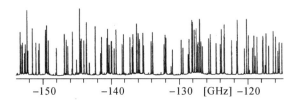

图 6-29　苯分子的双光子去多普勒光谱[67]

6.4　时间分辨光谱技术

时间分辨光谱(time-resolved spectroscopy)是一种用于研究物理或化学的瞬态过程的光谱技术。激发态的辐射和碰撞衰变、激发态分子异构化、激发态粒子的动力学、化学反应过程、能量在分子内的传递、液相反应等,都是非常快的物理或化学过程,通常在 10^{-8} s 的时间内就能够完成,因此用一般的光谱技术无法研究这些现象的变化过程,只有当光谱的分辨时间小于上述的物理或化学过程时才有可能对其过程进行研究。

究竟什么样的光谱形式为时间分辨光谱呢? 如果我们定义一个以时间和波长为变量的光强函数 $I(t,\lambda)$,如图 6-30 所示,那么固定 $\lambda = \lambda_0$,$I(t,\lambda_0)$ 是波长 λ_0 处的衰减曲线;而固定取样时间 $t = t_0$,$I(t_0,\lambda)$ 则是时间分辨光谱。可以看出时间分辨光谱适用于动力学研究或者过程研究。比如:粒子从激发态向基态跃迁,处于激发态的粒子数以指数形式衰减,如果能够记录该过程的时间分辨光谱,那么利用图中所示的衰减曲线就可以描绘激发态粒子的衰减过程。

许多物理化学过程的时间常数非常小,所以在时间分辨光谱中引入了更小的时间单位,如表 6-3 所示。比如:电子绕核运动的周期为阿秒量级,振动能级的跃迁过程约几十个飞秒。

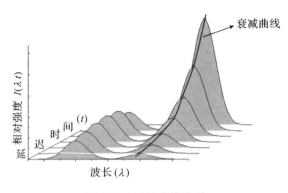

图 6-30　时间分辨光谱

表 6-3　时间单位

中文名称	英文名称	单位符号	数量级大小/s
秒	second	s	1
毫秒	millisecond	ms	10^{-3}
微秒	microsecond	μs	10^{-6}
纳秒	nanosecond	ns	10^{-9}
皮秒	picosecond	ps	10^{-12}
飞秒	femtosecond	fs	10^{-15}
阿秒	attosecond	as	10^{-18}

下面将首先讨论超短激光脉冲的产生和测量方法,然后介绍有关时间分辨光谱的应用。

6.4.1　超短激光脉冲的产生

获得超短脉冲是进行时间分辨光谱测量的前提。非相干脉冲光源(如闪光灯或火花放电)的脉冲时间取决于放电过程,其脉宽一般也就毫秒(10^{-3}s)量级,最近采用特殊的放电电路才能达到纳秒(10^{-9}s)量级,而激光能够获得更短的脉冲。

激光超短脉冲的产生主要采用锁模技术(mode-locking),包括主动锁模、被动锁模、自锁模、同步泵浦、碰撞锁模(CPM)等方式。

图 6-31 描绘了激光超短脉冲的发展过程。20 世纪 80 年代出现了碰撞锁模技术,激光脉宽达到约 10^{-13}s;到 20 世纪 90 年代出现了自锁模技术,在掺钛蓝宝石自锁模激光器中得到了 8.5fs 的超短光脉冲序列。

下面首先阐述多模激光的输出特性,然后介绍几种锁模方法。

(1)多模激光的输出特性

激光中的"模"指在谐振腔内获得振荡的波长不同的波形,如图 6-32 所示。它包括横模和纵模两种形式。在此我们仅讨论纵模。

由于腔长 L 与光波波长 λ 的比是一个很大的数值,所以在两反射镜间沿光轴传播的光

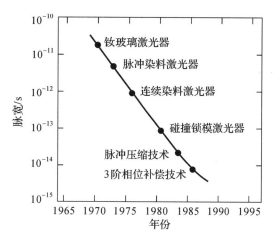

图 6-31　激光超短脉冲的发展过程

束,有很多不同波长的光波能符合反射加强的条件:

$$2nL = k\lambda_k \tag{6.49}$$

其中,n 为折射率,k 为正整数(即纵模模数)。所以,根据上式容易得到相邻纵模之间的间隔为

$$\Delta\nu = \nu_{k+1} - \nu_k = \frac{c}{\lambda_{k+1}} - \frac{c}{\lambda_k} = \frac{c}{2nL} \tag{6.50}$$

式中,c 为光速。

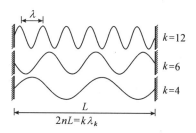

图 6-32　激光中的模

自由运转的激光器一般包括若干个超过阈值的纵模,如图 6-33 所示。由于这些模的振幅和相位都不固定,所以激光输出随时间的变化是它们无规则的叠加:

$$E(t) = \sum_{q=-N}^{N} E_q \exp[i(\omega_q t + \varphi_q)] \tag{6.51}$$

式中,$q = 0, \pm 1, \pm 2, \cdots, \pm N$ 是激光器内$(2N+1)$个振荡模中第 q 个纵模的序数;E_q 是纵模序数为 q 的场强;$\omega_q = \omega_0 + q\Delta\omega$ 和 φ_q 是纵模序数为 q 的模的角频率和相位,其中 $\Delta\omega = \frac{\pi c}{L}$。因此某一瞬间的输出光强为

$$I(t) = |E(t)|^2 = \sum_{q=-N}^{N} E_q \exp[i(\omega_q t + \varphi_q)] \cdot \sum_{q'=-N}^{N} E_{q'} \exp[-i(\omega_{q'} t + \varphi_{q'})]$$

$$= \sum_{q=-N}^{N} E_q^2 + 2\sum_{q\neq q'} E_q E_{q'} \exp[i(\omega_q t + \varphi_q)] \exp[-i(\omega_{q'} t + \varphi_{q'})] \tag{6.52}$$

所以,在时间 t_1 内测得的平均光强为

$$\bar{I}(t) = \frac{1}{t_1} \sum_q \int_0^{t_1} E^2(t) \, \mathrm{d}t \tag{6.53}$$

式(6.52)中的第二项的时间积分值为 0,所以平均光强最终为

$$\bar{I}(t) = \sum_q E_q^2 \tag{6.54}$$

也就是说,平均光强等于各个纵模的光强之和。

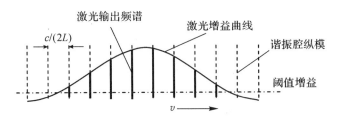

图 6-33   激光增益曲线与谐振腔纵模的相互作用

对于激光中的各个纵模,如果把它们的相位联系起来,使相位之间存在一个确定的关系:

$$\varphi_{q+1} - \varphi_q = \alpha = 常数 \tag{6.55}$$

这个过程就是所谓的"锁模",这时会出现一种与上述情况有本质区别的有趣现象。此时,(6.51)式可表示为

$$\begin{aligned}
E(t) &= \sum_{q=-N}^{N} E_q \exp[i(\omega_q t + \varphi_q)] = E_0 \sum_{q=-N}^{N} \exp\{i[\omega_0 t + k(\Delta\omega t + \alpha)]\} \\
&= E_0 \exp(i\omega_0 t) \sum_{q=-N}^{N} \exp\{i[k(\Delta\omega t + \alpha)]\} \\
&= E_0 \exp(i\omega_0 t) \frac{\sin[(2N+1)(\Delta\omega t + \alpha)/2]}{\sin[(\Delta\omega t + \alpha)/2]}
\end{aligned} \tag{6.56}$$

所以光强为

$$I(t) = |E(t)|^2 = E_0^2 \frac{\sin^2[(2N+1)(\Delta\omega t + \alpha)/2]}{\sin^2[(\Delta\omega t + \alpha)/2]} \tag{6.57}$$

从上式可以看出,此时光强随时间的变化形成了如图 6-34 所示的一系列脉冲形式。

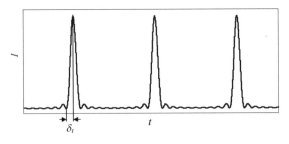

图 6-34   相位差恒定时光强输出随时间的变化

根据公式(6.57)容易推算脉冲的宽度为

$$\delta t = \frac{2\pi}{(2N+1)\Delta\omega} = \frac{1}{(2N+1)}\frac{2L}{c} \tag{6.58}$$

由此可见,腔越短,所使用的模数越多,所得到的脉宽也就越小。

另外,从式(6.57)还可以知道,此时脉冲的峰值功率为 $E_0^2 \cdot (2N+1)^2$,相比于不锁模的情况,它相当于把峰值功率提高了 $(2N+1)$ 倍。

(2)几种锁模技术

"锁模"实际上是使各相邻模之间的相位差固定,使各模变成时间相干。下面将具体介绍主动锁模和被动锁模,其他锁模方式大家可以参看有关"激光技术"的参考书[11,59]。

①主动锁模

主动锁模是一种周期性调制谐振腔参量的方法,它在谐振腔内插入一个调制器,使调制器的调制频率精确地等于纵模间隔。图 6-35 显示了主动锁模激光器的结构和调制器在谐振腔中的位置。

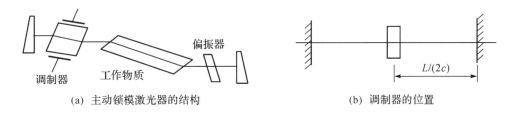

(a) 主动锁模激光器的结构　　　　　(b) 调制器的位置

图 6-35　主动锁模激光器的结构和调制器的位置

主动锁模可分为振幅调制(也称损耗调制)和相位调制(也称频率调制)。

利用声光或电光调制器均可以实现振幅调制锁模。假设调制器产生的损耗为

$$a(t) = 1 + m\cos(\omega_m t) \tag{6.59}$$

式中,$\omega_m/2$ 是调制器的调制角频率(注意:一次损耗中激光光束要两次通过调制器),通常为了保证无失真调制要求 $m < 1$。考虑模序数为 q 的纵模,得到调制后的光场为

$$\begin{aligned}
E(t) &= E_q\sin(\omega_q t + \varphi_c)[1 + m\cos(\omega_m t)] \\
&= E_q\sin(\omega_q t + \varphi_c) + \frac{mE_q}{2}\sin[(\omega_q + \omega_m)t + \varphi_c] \\
&\quad + \frac{mE_q}{2}\sin[(\omega_q - \omega_m)t + \varphi_c]
\end{aligned} \tag{6.60}$$

从上式可以看出光波频率 ω_q 与频率 $\omega_q \pm \omega_m$ 的相位差为 0,即这三个频率的光波是"锁定"的,当 $\omega_q \pm \omega_m$ 的光波被调制时,又会激发频率为 $\omega_q \pm 2\omega_m$ 的光波,同样它们也会被"锁定",以此类推。如果 $\omega_m = \pi c/L$,那么被激发的新的频率也为激光的纵模,则可以实现上面所述的锁模原理。主动锁模要求调制器调制角频率为 $\omega_m/2$,调制的结果是使各纵模相位差为 0,输出的脉冲序列的频率间隔为 $2L/c$。图 6-36 显示了损耗调制的基本原理。

相位调制锁模只能用电光调制器,该调制器介质折射率按外加调制信号周期性改变,这样光波在不同时刻通过介质时便具有不同的相位延迟。假设调制相位为

$$b(t) = n\cos(\omega_n t) \tag{6.61}$$

式中,$\omega_n/2$ 为折射率的调制频率(注意:一次损耗中激光光束要两次通过调制器)。考虑模序数为 q 的纵模,并不考虑初始相位 ϕ_c,得到调制后的光场为

$$\begin{aligned}
E(t) &= E_q\cos[\omega_q t + n\cos(\omega_n t)] \\
&= E_q\{\cos(\omega_q t)\cos[n\cos(\omega_n t)] - \sin(\omega_q t)\sin[n\cos(\omega_n t)]\}
\end{aligned} \tag{6.62}$$

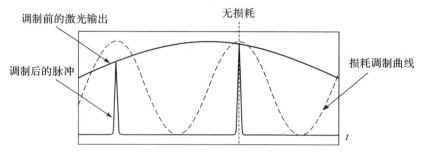

图 6-36   损耗调制原理

当 $n \ll 1$ 时,上式可简化为

$$E(t) = E_q\cos(\omega_q t) + \frac{nE_q}{2}\cos[(\omega_q + \omega_n)t] - \frac{nE_q}{2}\cos[(\omega_q - \omega_n)t] \qquad (6.63)$$

当 n 比较大时,(6.63) 式为

$$\begin{aligned}
E(t) = {} & E_q J_0(n)\cos(\omega_q t) \\
& + E_q J_1(n)\cos[(\omega_q + \omega_n)t] - E_q J_1(n)\cos[(\omega_q - \omega_n)t] \\
& + E_q J_2(n)\cos[(\omega_q + 2\omega_n)t] - E_q J_2(n)\cos[(\omega_q - 2\omega_n)t] \\
& + E_q J_3(n)\cos[(\omega_q + 3\omega_n)t] - E_q J_3(n)\cos[(\omega_q - 3\omega_n)t] + \cdots \qquad (6.64)
\end{aligned}$$

式中,$J_0, J_1, J_2 \cdots$ 为贝塞尔函数。由式(6.63)和(6.64)可以看出,相位调制与幅度调制的本质似乎是一样的。当 $\omega_n = \pi c/L$ 时,就可以锁定激光的各纵模(使各纵模的相位差为0),从而获得窄的激光脉冲。

在使用主动锁模方式时应注意:(a)要严格控制端面反射,防止标准具效应减少模数,破坏锁模效果;(b)调制器要放在腔内靠反射镜处,可得到最大的耦合效果,并且调制器在通光方向的尺寸应尽量小;(c)调制器的频率应严格调谐到 $\dfrac{c}{2L}$,否则会使激光器工作超过锁模区而破坏锁模。

②被动锁模

被动锁模是基于饱和吸收效应的一种锁模方式,它在谐振腔内插入饱和吸收染料盒,染料盒紧挨反射镜,如图 6-37 所示。被动锁模要求,染料的吸收波长与激光波长重合或接近,染料吸收线宽大于或等于激光线宽,弛豫时间要短于脉冲在腔内往返一周的时间。

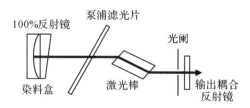

图 6-37   被动锁模激光器谐振腔

染料具有可饱和吸收的特性,其吸收系数随着光强的增加而下降。假设没有发生锁模时腔内光子分布只是稍有起伏,由于染料的可饱和吸收性,弱信号受染料的损耗大,而强信号受染料的损耗小,并且可通过工作物质得到补偿,这样就会造成弱信号更弱,而强信号更

强。激光不断通过染料盒,就会使极大值和极小值之间的差距越来越大,形成一个个尖的脉冲。

图 6-38 显示了被动锁模的基本物理过程。它一般包括三个阶段:线性放大阶段、非线性吸收阶段和非线性放大阶段。图 6-38(a)是线性放大阶段,这时染料对强脉冲吸收少,对弱脉冲吸收大,在激光介质中产生线性放大,实际上就是自然选模。图 6-38(b)为非线性吸收阶段,在该阶段强脉冲"漂白"了染料,使脉冲强度得到很快增长,而大量弱脉冲受染料吸收而被抑制,使发射脉冲变窄。图 6-38(c)和(d)为非线性放大阶段,此时工作物质放大作用呈现非线性,小脉冲几乎全被抑制,脉冲进一步变窄,最终输出一个高强度窄脉宽的脉冲序列。

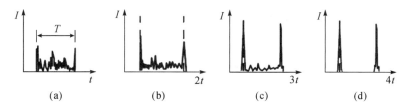

图 6-38　被动锁模的物理过程

③其他锁模

还有一些其他锁模方式,比如:自锁模,它是直接利用激光介质的非线性效应保持各个振荡纵模频率的等间隔分布;同步泵浦,它是采用一台主动锁模激光器的脉冲序列泵浦另一台激光器来获得窄脉冲。

6.4.2　超短激光脉冲的测量

超短激光脉冲的测量方法有光电管与示波器测量技术、条纹相机和相关测量。

(1)光电管与示波器测量技术

目前较好的 Tektronix 示波器的带宽为 6GHz,大约可测 200ps 脉冲宽度;而响应速度较快的 PIN 二极管的响应时间约 20ps,所以光电管与示波器测量技术可以测量几百皮秒的脉冲光,还无法达到亚皮秒量级。而激光锁模输出的脉宽一般为 ps~fs,所以用光电管与示波器测量技术是无法测量的。

(2)条纹相机

条纹相机直接测量脉冲的实际宽度,图 6-39 显示了其测量激光脉冲宽度的基本原理。

待测激光脉冲被聚焦在条纹管的阴极上并激发出光电子,电子被网状电极加速,入射到偏转电场中,在此瞬间由偏电压发生器产生如图 6-39 所示的扫描电压,并加载在偏转电极上,这样偏转电场使电子能够从上到下高速扫描,扫描电子到达微通道倍增后,再射到荧光屏上,最后呈现出"条纹相"。从图 6-39 中可以看出电子的偏转与它通过偏转电极的瞬间加在电极上的电压成正比,因此通过电极的时间差就可以作为荧光屏上条纹成像的位置差被记录下来,换句话说,条纹相机将光脉冲的时间轴转化为了荧光屏的空间轴。

条纹相机的测量精度可达到皮秒量级,但是对于飞秒量级的脉冲无能为力。它需要取激光脉冲进行测量,所以不适用连续锁模激光器的脉宽测量。另外,条纹相机结构复杂、价格昂贵。

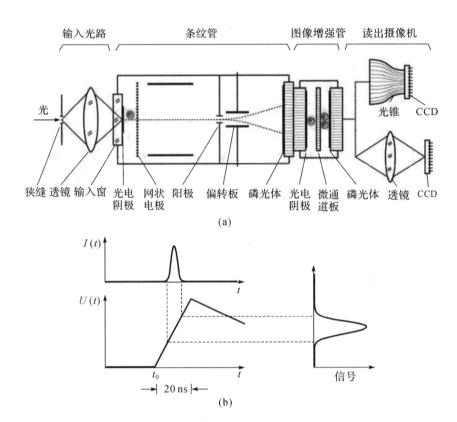

图 6-39 条纹相机的基本原理

（3）相关测量

相关测量把对脉冲的瞬时测量变成测量具有相对延迟的两个脉冲乘积的时间积分。图 6-40 显示了信号延迟的基本原理。

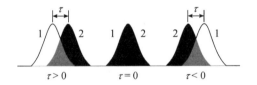

图 6-40 信号延迟的基本原理

首先将待测的光脉冲分为两个，并且采取一定措施使两个光脉冲具有一定相位延迟，然后再让它们叠加，得到光强为

$$I(t,\tau) \propto |E_1(t) + E_2(t-\tau)|^2 \tag{6.65}$$

对光脉冲采用线性探测器检测得到输出信号为

$$S_L(\tau) = a\langle I(t,\tau)\rangle = \frac{a}{T}\int_{-T/2}^{+T/2} I(t,\tau)\,\mathrm{d}t \tag{6.66}$$

式中，a 为归一化系数。在实际测量中，通常检测它们的二次谐波信号：

$$\langle S_{NL}(2\omega,\tau)\rangle = \frac{a}{T}\int_{-\frac{T}{2}}^{\frac{T}{2}} I(2\omega,t,\tau)\,\mathrm{d}t = a\left[\langle I_1^2\rangle + \langle I_2^2\rangle + \langle 2I_1(t)I_2(t+\tau)\rangle\right] \tag{6.67}$$

这就是相关测量的基本原理。（注：上面的叙述仅针对二阶相关，高阶相关在某些情况

下也是可以使用的)

图 6-41 显示了二次谐波相关测量仪的基本结构,它通过一个可动的反射棱镜改变其中一束光的光程,以实现两个光子之间的时间延迟。

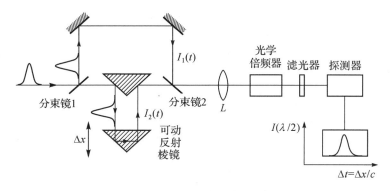

图 6-41　二次谐波相关测量仪

还有一种常用的相关测量方法——双光子荧光法[68],如图 6-42 所示。将光束分成两束从相反的方向进入荧光染料样品池,得到的荧光强度与两束光重合的程度有关。重合少,荧光弱;光全重合,荧光最强。通过 CCD 或胶片上的荧光影像测量脉冲宽度。

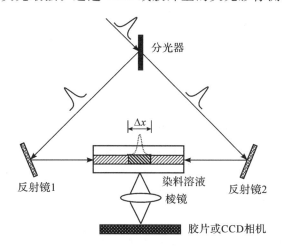

图 6-42　双光子荧光法

6.4.3　寿命测量

寿命测量是时间分辨光谱的一个重要应用,通过测量寿命可以获得许多非常有用的信息,比如:跃迁概率、吸收截面、碰撞截面等。

测量寿命的方法很多,包括频域测量法、相移法、单脉冲激发法、延迟符合技术、快离子束法、泵浦-探测技术和条纹相机等。其中前 5 种测量技术能达到微秒、纳秒量级的测量精度,而后 2 种测量技术能达到皮秒、飞秒量级的测量精度。

(1)频域测量法

在时间分辨光谱学发展以前就可以用频域分析方法准确估计出相干弛豫时间。比如,德拜在 21 世纪初就估计到液体分子的弛豫时间在皮秒量级。实验结果表明,在均匀增宽

体系中,频域与时域满足傅里叶变换关系:

$$\begin{cases} S(t) = \dfrac{1}{\sqrt{2\pi}} \displaystyle\int S(\omega) e^{i\omega t} \, d\omega \\[3mm] S(\omega) = \dfrac{1}{\sqrt{2\pi}} \displaystyle\int S(t) e^{-i\omega t} \, dt \end{cases} \tag{6.68}$$

这样通过检测谱线宽度就可以估计寿命。所有可以用谐振子描述的微观体系均可以用频域时域变换方法估算退相时间。

（2）相移法

相移法适合于指数衰减过程的寿命估计。下面以激光荧光光谱的探测为例进行说明（注：在此没有给出详细的推导,只给出一些关键性的结论）。

假设激光激发粒子的能级跃迁为 $i \to k$,发生荧光的能级跃迁为 $k \to m$,以频率 Ω 调制入射光 I_{exc}:

$$I_{\text{exc}} = I_0 (1 + a \sin \Omega t) \cos^2 \omega_{ik} t \tag{6.69}$$

那么探测到的荧光 I_{fl} 为

$$I_{fl} = b I_0 \left[1 + \frac{a}{\sqrt{1 + \Omega^2 \tau_{\text{eff}}^2}} \sin(\Omega t + \varphi) \right] \cos^2 \omega_{km} t \tag{6.70}$$

式中,$b \propto N_0 \sigma_{0k} I_{\text{exc}}$,$\tau_{\text{eff}} = \dfrac{1}{\sqrt{\rho B_{ik} + A_{ik}}}$。上式表明,荧光强度与激发光一样也以频率 Ω 调制,但是调制幅度减小,并且位相也发生了移动,相移与调制频率的关系为

$$\tan \varphi = \Omega \tau_{\text{eff}} \tag{6.71}$$

（3）单脉冲激发法

用光脉冲激发粒子,光脉冲的后沿比受激能级的平均寿命短,然后用荧光强度的衰变监测能级粒子数的衰变,衰变的荧光强度可以在示波器上直接看或者使用取样积分器监察。这种方法特别适合于以脉冲激光或锁模激光为光源的实验系统。另外,由于观察荧光时激发光已经关闭,所以它不受感生发射的影响。

（4）延迟符合技术

延迟符合技术的基本原理是,用一重复率高的短脉冲激光激发待测物质,然后探测激发脉冲后 $t \sim t + dt$ 间隔 dt 内发射一个荧光光子概率的时间分布。它要求荧光发射概率保持在 1 个荧光光子 / 脉冲以下,并且要求激光的脉冲重复率尽可能高。

延迟符合技术在实验上可以这样来实现,如图 6-43 所示。光电倍增管 A 检测到的激发脉冲启动斜线上升电压 $U(t) = (t - t_0) U_0$;在这激发脉冲后,光电倍增管 B 探测到第一个荧光光子时,斜线上升电压被中止;然后,多道分析仪将在与此时电压 U 对应的通道上进行脉冲数加 1 的操作。多道分析仪上得到的随电压的脉冲计数分布曲线即为荧光衰减曲线。

（5）快离子束法

它是一种将时间转化为位置的测量方式。如图 6-44 所示,激光在 $x = 0$ 处激发离子发射荧光,然后在 x 方向上的不同位置探测荧光强度 $I_{fl}(x)$,假设离子受加速电场加速后运动速度为 v,那么时间 t 和位置 x 之间存在关系 $x = vt$,于是可以很方便地把不同位置探测到的荧光强度 $I_{fl}(x)$ 转化为随时间变化的荧光强度 $I_{fl}(t)$,由此就得到了荧光衰减曲线,根据

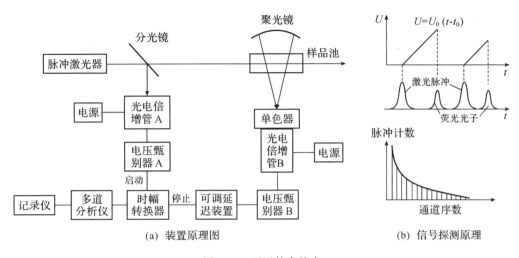

图 6-43　延迟符合技术

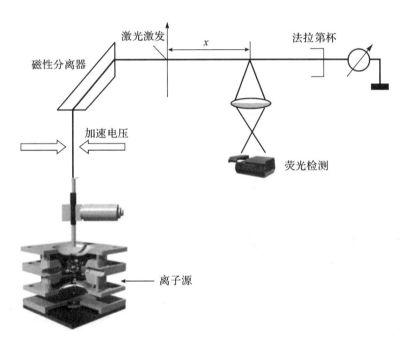

图 6-44　快离子束中的寿命测量

它就可以计算出荧光寿命。

(6)泵浦-探测技术[69]

它是目前使用最广泛的寿命探测技术,它用超短激光脉冲作为激发光源,记录探测光功率的改变量随延迟时间改变而变化的规律。

泵浦-探测的基本原理如图 6-45 所示,泵浦光激发粒子从能级 0 跃迁到能级 1,然后在泵浦后的不同延迟时间 τ 用探测光进行探测,以监测能级 1 上粒子数的变化,从而得到粒子数随时间的衰减曲线,根据衰减曲线就能计算出能级寿命。图 6-46 显示了一种泵浦-探测的实验装置,泵浦光波长为 360nm,探测光波长为 720nm,通过移动反射棱镜改变时间延迟 τ。

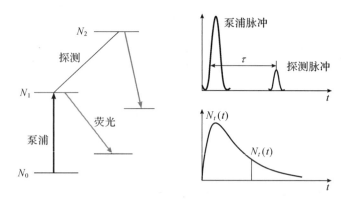

图 6-45　泵浦-探测的基本原理

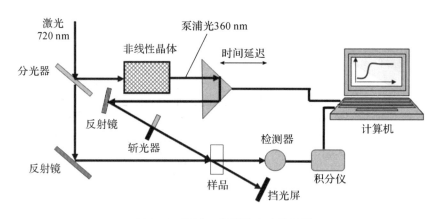

图 6-46　泵浦-探测的实验装置图

6.5　激光光谱技术的新进展

在本节中将介绍激光光谱技术的新进展,包括光梳技术(optical frequency comb)、激光冷却和陷俘(laser cooling and trapping)原子技术、压缩态光场(squeezed light field)、微纳激光器等。

6.5.1　光梳技术

光学频率的直接测量一直是光学领域研究的一个重点内容,这项技术对于原子钟、精密测量等技术均有重大意义。光学频率一般远高于 GHz 频段,所以即使是目前速度最快的电子计数器也无法对其进行直接测量。对于更高的频率则需要使用外差检测技术,具体为:将未知频率 v_x 与参考频率 v_R 的某个恰当的整数倍频率 $mv_R(m=1,2,3,\cdots)$ 进行混频,使得混频器输出端上的差频位于可以直接计数的频率范围内。但是常用的铯原子频率标准与可见光区光学频率相差很大,导致构建频率链需要大量非线性混频原件、激光器和谐波发生器,整套系统非常难搭建。

在这样的大背景下,光学频率梳这种可以直接比较差别很大的参考频率的技术逐渐发展起来,它极大地简化了频率链,仅需一步就可以将铯原子钟联系到光学频率,从而实现对覆盖范围内的任意激光频率进行精确测量。

假设锁模激光器连续等时间间隔地发射一系列短脉冲,脉冲宽度为几飞秒到几十飞秒,重复频率为几百兆赫兹到几吉赫兹,那么其时域傅里叶变换频谱为梳状等间距频率分量,间距等于脉冲的重复频率,频谱宽度则依赖于脉冲的时间宽度。光梳在全谱范围内保持着谱模式的等间距分隔,这是我们进行光学频率测量的一个重要依据。

飞秒脉冲的电场如图 6-47 所示,其输出的脉冲可以看作是能量高度集中的波包,激光器锁定的纵模越多,则输出的脉冲宽度越窄。

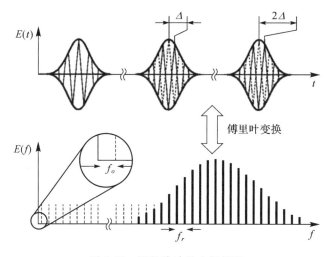

图 6-47　飞秒脉冲的电场情况

如果不考虑载波与包络的相对相位变化问题,每一个脉冲都精确地复制了前一个脉冲:

$$E(t) = E(t - T) \tag{6.72}$$

式中,T 表示脉冲周期。第 n 个梳尺的频率 f_n 为重复频率 f_r 的整数倍,即

$$f_n = n \times f_r \tag{6.73}$$

但是激光共振腔的腔内色散使得群速度可以不同于相速度,从而载波相对于脉冲包络发生相移 $\Delta\varphi$,再加上激光在谐振腔内往返一周就要回复到原来的状态,所以载波的频率需满足

$$2\pi f_c T + \Delta\varphi = 2n\pi \tag{6.74}$$

式中,f_c 为载波频率。所以实际上满足这样条件的载波频率为

$$f_n = n \times f_r + f_o \tag{6.75}$$

式中,f_o 为偏置频率,$f_o = \dfrac{\Delta\varphi}{2\pi} f_r$。载波和包络之间存在的相差使得各梳齿的频率不能恰好等于激光脉冲重复频率的整数倍,而是存在偏置频率 f_o,且重复频率 f_r 和偏置频率 f_o 均在微波范围内,因此使用一台飞秒锁模激光器就能将微波和光频直接建立联系。

在用光学频率梳直接测量光频时,首先保证光梳齿的高精度及高稳定性,即确保 f_r 和 f_o 的高精度。现在国际秒的定义为铯原子基态的两个超精细能级间跃迁辐射震荡 9192631770 周所持续的时间,基于光梳的频率测量仍然需要以铯原子钟作为标准,实验中

需要将 f_r 和 f_o 均锁定到铯原子钟,这样才能达到理想的测量精度。

激光的重复频率 f_r 可由光电探测器直接测量,再将这个 f_r 信号的 89 次谐波与频率基准鉴相,将差频信号通过闭环控制回路调节飞秒锁模激光器腔体上的压电陶瓷来调节腔长,然后通过控制腔长使得 f_r 锁定至频率标准。f_o 的测量与锁定可以参考图 6-48 所示方法:在频率梳左端,用频率为 $f_1 = n_1 \times f_r + f_o$ 的模式锁定一束激光,用非线性晶体将频率 f_1 倍频至 $2f_1$,将此频率与频率梳右端的频率 $f_1 = n_2 \times f_r + f_o$ 进行比较,在 $n_2 = 2n_1$ 的位置将出现最小的拍频频率 Δf,它就是偏移频率:

$$\Delta f = 2f_1 - f_2 = (2n_1 - n_2)f_r + f_o = f_o \tag{6.76}$$

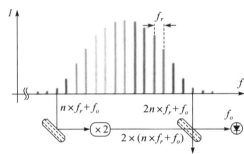

图 6-48　光频梳偏置频率 f_o 的测量原理[70]

下面具体阐述激光光学频率的绝对测量。待测的光学频率 f_x 不一定与频率梳的一个模式重合,有可能产生拍频 Δf,所以 f_x 可以表示成:

$$f_x = nf_r \pm f_o \pm \Delta f \tag{6.77}$$

当光频梳锁定到频率基准后,f_r 和 f_o 均可精确测量,为了确定级次 n 以及 f_r 和 f_o 的符号,待测激光的初值应精确到 $\frac{f_r}{4}$,目前商用的波长计可以满足这一要求。或者不使用波长计,只依赖光学频率梳本身也可以实现对激光频率的精确测量,这时 f_r 和 f_o 的符号确定可通过改变激光共振腔的长度,从而实现对 f_r 和 f_o 的微调,同时测量光频梳与待测激光之间最小拍频的变化。调谐脉冲重复频率 f_r 相当于改变频率间隔,但高阶频率间隔的改变量小于低阶频率间隔,调节偏置频率 f_o 相当于不改变频率间隔整体同时增大梳齿的频率。当固定 f_o 而增大 f_r 时,若拍频信号增强,则 f_r 为负,反之为正;若 f_r 为正,增大 f_o 拍频信号增强,则 f_o 为负,反之为正;若 f_r 为负,增大 f_o 拍频信号增强,则 f_o 为正,反之为负。整数级次的测量与多波长干涉法中的小数重合测量方法原理类似,通过微调激光重频 f_r,可以得到待测激光与多个频率齿的拍频信号,计算可得 n。

飞秒光频梳不仅可以作为一把频率尺对激光频率进行精确计量,考虑到时间、速度和距离的相互关系,它还可以作为一把空间尺对长度进行测量。2000 年,Minoshima 等[71]首次直接利用飞秒锁模激光进行绝对距离测量,通过测量飞秒锁模激光多纵间拍频分量的相移来获得待测距离,其使用的飞秒锁模激光的脉冲重复频率为 50MHz,长期频率稳定度仅为 10^{-7},但在 240m 的测量范围内仍得到了 $50\mu m$ 的分辨率。在此基础上,随着飞秒光频梳系统性能的提升,直接利用飞秒光频梳作为光源进行绝对距离测量的研究不断发展。

近年来,飞秒光频梳的性能不断提升[72],利用非线性效应其光谱可覆盖紫外至中红外区,它目前在精密光谱测量方面也得到了广泛的应用。一方面,可以利用光频梳作为频率标尺标定连续激光器并将其应用于光谱测量,光频梳标定过的连续激光光源相比于传统的基于连续激光器的吸收光谱测量实现了激光器频率的可控和溯源,提高了光谱分辨率;另一方面,也可以将待测样品放入高精细度的 F-P 腔直接利用光梳进行光谱测量,它相当于无数个频率和相位稳定的窄线宽激光,光谱分辨率受限于单个梳齿的线宽,通常在千赫兹到亚赫兹量级,并且高精密 F-P 腔增加了入射光的吸收光程,使得在频域上只有满足自由光谱区的梳齿才能透射,而在时域上飞秒脉冲在往返 n 次后可与新入射的脉冲重合。光梳齿被腔内样品吸收后,透射电场强度 E_t 与入射电场强度 E_i 之比为

$$\frac{E_t}{E_i} = \sum_{i=1}^{\infty} (R-1)R^{n-1} \exp\left[-\frac{(2n-1)\alpha L}{2}\right] \exp\left[i\varphi_n(t)\right] \tag{6.78}$$

式中,L 为 F-P 腔腔长,R 为腔镜反射率,α 为吸收系数,$\varphi_n(t)$ 为在腔内传播的相位延迟,它可表示为

$$\varphi_n(t) = 2\pi(2n-1)\left[L\frac{\nu(t)}{c} - (n-1)\beta\frac{L^2}{c^2}\right] \tag{6.79}$$

式中,$\nu(t)$ 为入射光频梳齿的频率,β 为入射光频相对 F-P 腔透射峰的扫描频率。

将飞秒光频梳直接应用于腔衰荡光谱测量,并利用衍射光栅和可旋转的反射镜提高光谱分辨率,其测量光谱在可见光到近红外波段,在 100nm 的光谱范围内实现了 0.8cm^{-1} 的光谱分辨率;利用掺 Yb 光线飞秒激光和光学参量振荡获得光谱范围在 $2.8\sim4.8\mu\text{m}$ 的光频梳,对待测气体进行基于迈克尔逊干涉仪的快速傅里叶变换(FFT)光谱进行测量,光谱分辨率可达 0.0056cm^{-1}。

飞秒光梳的研制成功被认为是精密激光光谱学和计量学上的一场革命,它不仅为高精密的计量研究提供了精确的时间频率标准和光学频率测量技术,建立了光学频率和微波频率的直接链接,解决了光钟研究的关键技术之一,而且为其他有关的研究课题和应用领域提供了关键技术支持。

(1)光学频率梳作为高精度的光尺提供精密测量光学频率和长度的标准。这样可以对任意光学频率进行直接精密测量,从而能够推广到涉及频率的大量科学研究和技术应用领域,比如:超精细光谱学、全球定位系统、精密制导、光通信等。

(2)光梳对频率的精密测量也推动了对时间的精确计量。目前,最精确的计时装置是激光冷却铯原子喷泉钟,其准确度达 10^{-15},但是利用光学频率合成器可以将超高精度稳频激光器提供的光学频率标准准确无误地传递到微波波段,提供高精度时间频率标准光钟。新一代的光钟其精确度有望达到 10^{-18},这将极大提高诸如 GPS 卫星导航定位系统、太空望远镜等有赖于时间基准的系统的精度。此外,超高精度的时间基准也可能用于研究物质和反物质的关系及检测某些自然界常数可能产生的变化。

6.5.2　激光冷却和陷俘原子技术

原子的激光冷却和陷俘无疑是 20 世纪末物理学发展最迅速、成果最辉煌的一个领域,从 1997 年起每隔 3 年诺贝尔物理学奖就被授予该领域就是一个佐证。为什么原子冷却和陷俘原子技术会引起人们这么广泛的兴趣呢?

物理学的基本任务是研究物质运动和变化的最一般规律以及物质的基本结构,而原子

和分子则是构成物质的基本粒子,但是要在一般温度下对原子和分子进行精细研究是不可能的,因为它们一直在高速运动。以空气中的氢气为例,根据气体动力学理论可以计算得到室温下它们在以约 2km/s 的速率运动,即使把它们冷却到 3K(即－270℃),它们仍在以200m/s 的速率运动,这样高速运动的粒子肯定是不可捉摸,难以观察,很难测量的。但是,要使原子基本静止不动,只有在温度 $T \rightarrow 0K$ 的气态物质中才有可能。激光冷却原子的目的就是把原子冷却到 μK 甚至是 nK 量级,且仍维持气态,这样在稀薄气体情况下原子会处于孤立状态,这就是一种研究分子或原子的特别理想的状态。绝大多数原子的结构参数均来自光谱学实验,在"冷却"状态下测量分子或原子的光谱,可以极大地减弱由于原子运动产生的多普勒效应、碰撞效应等,从而更细致地了解分子或原子。此外,激光冷却和陷俘原子所产生的力作用,还可以用于自由操纵原子的外部运动,比如:两束对射的激光束会形成驻波,在其波腹或波节处,低速原子会被陷俘在里面难以逃逸,这就是激光阱,它是进行超冷原子实验的很好工具。下面我们将对激光冷却和陷俘原子技术的基本原理做一个简单介绍。

很早就有人认为光具有力的作用,比如:开普勒在 1619—1620 年发表的《彗星论》中推想"彗星尾巴总是背向太阳"就是太阳压力的结果,但早期结论都是一种推测,缺乏理论和实验依据。麦克斯韦最早从理论上预言了"电磁场具有辐射压力(即光压)",但是光压非常小,很难测量,直到 1900 年俄国科学家列别捷夫利用一个巧妙的实验才成功观察到光压的存在,如图 6-49 所示。

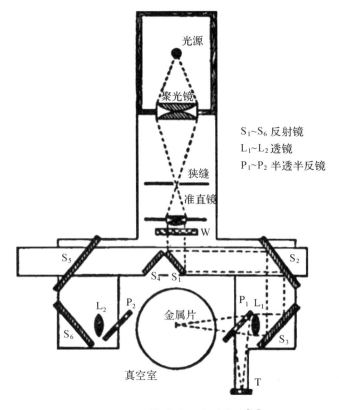

图 6-49　列别捷夫光压实验装置[73]

列别捷夫通过一系列的透镜和反射镜把光照射到真空室的金属片上,金属片像两只翅膀,装在一条可以扭转的细丝上,扭丝上又装有反射镜,可以通过望远系统观察细丝扭转状态,移动反射镜可以使光照在"翅膀"的正面或反面,这样如果光有压力就会引起"翅膀"显著的扭转效应。这个实验需要克服辐射效应和气流效应,为了减弱这些效应需要对金属片所在空间抽真空,并且金属片要尽量薄以减小温差。列别捷夫成功观察到了光压引起的金属片扭转,并且验证了全反射情况下的光压是全吸收情况下的两倍。

根据麦克斯韦理论可以推导出,在光照射下,物体表面单位面积上受到的光压为

$$f = \frac{P}{c}(1+r) \tag{6.80}$$

式中,c 为光速;r 为反射率;P 为光功率,$P = \rho c$,其中 ρ 为辐射场的能量密度。从上述公式不难理解为什么全反射($r=1$)时的光压是无反射($r=0$)时的两倍。假设一个功率 $P = 100\text{W}$ 的灯泡从距离 $d = 0.5\text{m}$ 处照射一块面积为 $S = 1\text{cm}^2$ 的金属片,在全吸收的情况下所受光压大小约为

$$f = \frac{P}{c}(1+r) \cdot \frac{S}{4\pi d^2} \approx 1 \times 10^{-11}\text{N} \tag{6.81}$$

如果单位时间内有 N 个光子作用在单位面积的物体表面上,因光子被吸收后动量为 0,所以物体所受光压为

$$f = \frac{Nh\nu}{c} \tag{6.82}$$

从上面可以看出,一般光源产生的光压非常微弱,而用激光对原子则可以产生显著的机械作用,这与光子和原子之间的共振相互作用的性质有关。

假设一个两能级的原子,它只吸收频率为 ω_a 的光,如果把激光频率调到 ω_a 附近,那么有部分存在多普勒频移的原子的吸收频率将恰好与光子频率形成共振,那么光子会被这些原子吸收,光子所具有的能量和动量也将转移到原子上,使原子处于高能级的激发态;而激发态原子又会产生自发辐射,发射出具有一定能量和动量的光子,如图 6-50 所示。

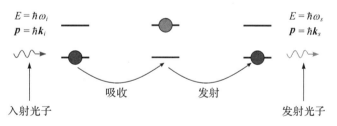

图 6-50 原子的吸收与自发辐射

光子与原子之间的动量交换将使原子受到力的作用:

$$\boldsymbol{F} = \frac{\mathrm{d}\boldsymbol{p}}{\mathrm{d}t} \tag{6.83}$$

自发辐射的光子是各向等概率的,所以可以认为自发辐射原子产生的原子动量变化平均为 0,这时原子作用力主要与入射光子相关:

$$\boldsymbol{F}_1 = \hbar\boldsymbol{k}_i W_{12} \tag{6.84}$$

式中,W_{12} 为两能级的跃迁概率。因此,当激光方向与原子运动方向相反时,所受的力就会使

原子的运动速度变慢。式(6.84)中的力作用也称为散射力,经过量子力学求解后其具体形式为

$$F_1 = \frac{\hbar k_i \Gamma}{4} \cdot \frac{\Omega^2}{(\omega - k_i \cdot v_0 - \omega_a)^2 + \Gamma^2/4 + \Omega^2/2} \tag{6.85}$$

式中,Γ 为原子自发辐射寿命的倒数,Ω 为拉比频率(当原子被一束相干光照射时,它将周期性地吸收光子并通过受激发射重新将光子发射出来,这样一个周期称为拉比周期,它的倒数称为拉比频率),v_0 为原子的运动速度(由于运动将使激光产生多普勒频移)。除了散射力外,由于偶极矩和不均匀电磁场作用,还会产生一个偶极力:

$$F_2 = -\frac{\hbar(\omega - k_i \cdot v_0 - \omega_a)}{4} \cdot \frac{\Omega^2}{(\omega - k_i \cdot v_0 - \omega_a)^2 + \Gamma^2/4 + \Omega^2/2} \frac{\nabla I}{I} \tag{6.86}$$

式中,$\dfrac{\nabla I}{I}$ 为光强的相对梯度。散射力和偶极力的大小随激光频率的变化如图 6-51 所示,偶极力是产生光学陷俘的主要原因,而散射力是产生光学冷却的主要原因。

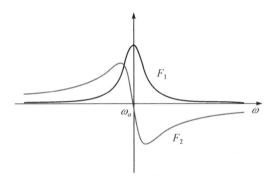

图 6-51 散射力和偶极力随激光频率的变化

如果原子受到传播方向相反的两束激光作用,并且原子运动方向与其中一束激光传播方向相同,如图 6-52 所示,由于多普勒效应运动速度为 v 的原子的激光频率分别为 $\omega - kv$ 和 $\omega + kv$,那么原子受到的光压作用是两束激光对原子散射力之和。在 $kv \ll \Gamma$ 和 $\Omega \ll \Gamma$ 的情况下,原子作用力为

$$F = F_+ + F_- \approx -\alpha v = \hbar k^2 \Omega^2 \frac{(\omega - \omega_a)\Gamma}{[(\omega - \omega_a)^2 + \Gamma^2/4]^2} v \tag{6.87}$$

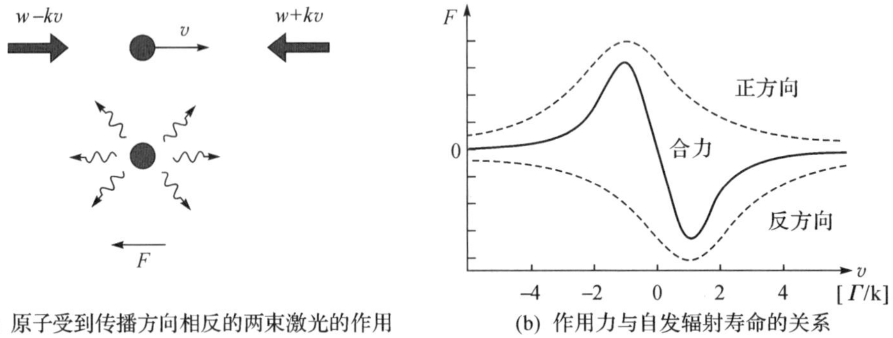

(a) 原子受到传播方向相反的两束激光的作用   (b) 作用力与自发辐射寿命的关系

图 6-52 原子受方向相反的两束激光作用示意

作用力与原子运动速度的具体关系如图 6-52(b)所示,这是气体原子激光冷却的基础。由于多普勒频移,在负失谐激光场中,运动原子受到反方向的激光束作用发生共振吸收,感受散射力而减速概率较大;而同方向的激光束则不能使原子减速。这样,无论原子运动方向如何,总可以与某一方向的激光束优先发生共振吸收而减速,达到冷却效果。

如果从更多的方向上设置上述的激光束对,那么就可以做到无论原子往哪个方向运动,都会因为吸收迎面而来的激光而降速,这样这些原子就好像处在黏稠的糖浆中,它的运动一直受到阻挠直至几乎完全停止,它们就称为“光学黏团”,如图 6-53 所示。朱棣文研究小组就是利用 6 束激光束对钠原子进行冷却[74]。黏团温度如何测量呢? 我们可以采用飞行时间法进行测量,在距黏团一定距离处设置一束探测光,当获得黏团的激光关闭一段时间后,自由扩散的原子就能飞到探测区,原子速度不同所以被探测到的时间有先有后,探测光在不同时间内就会探测到不同的原子数,它所激发的原子的荧光强度与到达时间的函数就代表原子的速度分布,根据该速度分布可以求得温度。

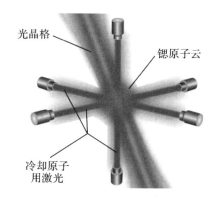

光晶格

锶原子云

冷却原子
用激光

图 6-53　利用激光冷却技术形成光学黏团[74]

那么激光冷却技术能否使原子达到绝对零度呢? 答案是否定的。因为样品原子吸收光子后会跃迁到高能级,它不稳定,会再次释放光子跃迁到稳定的低能级,释放光子时其动量会改变,虽然释放光子方向是随机的,从统计角度来看动量改变之和为零,但是它毕竟会对原子产生瞬间加速,这本身也是一种热运动。所以不可能达到绝对零度,比如钠原子能冷却到的极限温度约为 $100 \sim 200\mu K$,这是多普勒冷却极限。但是,后来的实验表明,光学黏团实验可以突破多普勒冷却极限,比如:NIST 的 Phillips 小组获得钠原子的冷却温度为 $43 \pm 20\mu K$;巴黎高师的 Cohen-Tannoudji 小组获得铯原子的冷却温度为 $70 \pm 40\mu K$,远低于铯原子的冷却极限温度 $124\mu K$。这就是所谓的亚多普勒冷却,在此我们不对亚多普勒冷却的基本原理进行介绍,如果有兴趣可以参阅文献[75]。

目前,激光冷却技术在许多方面均有应用,比如:原子喷泉频率标准、冷原子钟、原子干涉仪、原子光学与原子导引(包括原子反射镜、透镜、刻蚀等)、光镊等。

6.5.3　压缩态光场

众所周知,光具有波粒二象性,当光非常弱的时候,光的量子特性就显示出来,表现为探测到的光子数统计涨落,对应于探测到的光电子速率的涨落。即使是完全相干的光场,依然存在这种噪声,这种噪声是由光本身的发射过程所决定的,被称作为散粒噪声,是光粒子性的表现。尽管现代通信在迅猛发展,但在许多领域散粒噪声仍是一道难以逾越的障碍,而且随着探测信号的减小,散粒噪声在入射光中所占的比重也会增加,从而使微弱信号的测量受到一定的限制。为了突破量子噪声的限制,一个行之有效的方法就是最大限度地减少光源的量子噪声,受量子论海森伯测不准原理的限制,某一分量的量子噪声低于散粒噪声极限,其共轭分量的量子噪声必然大于散粒噪声极限,这种某一分量噪声低于散粒噪声的光场就是压缩态光场。

利用压缩态光场,可以有效地测量淹没在相干态光场真空起伏之中的微弱光谱信号,使其测量灵敏度突破量子极限,而这是许多经典光不可能完成的任务。因此,压缩态光场已经成为量子光学研究中最热门的方向之一,并且在量子光学的众多研究领域中(如:光学精细测量、超微弱信息的量子传输、纠缠态光场的产生、量子通信等)得到了应用。下面我们就一起来了解一下压缩态光场的基本概念及其发展现状。

单模激光的电场可以表示为

$$E(t) = E_0(t)\cos[\omega t + kr + \varphi(t)]$$
$$= E_1(t)\cos(\omega t + kr) + E_2(t)\sin(\omega t + kr) \tag{6.88}$$

式中,$\tan\varphi = \dfrac{E_2}{E_1}$。即使是稳频做得非常好的激光器,也已经消除了所有的技术噪声,但是由于量子涨落,其振幅和相位还是会有微小的起伏 ΔE_0 和 $\Delta\varphi$。量子噪声的存在意味着物理量的测量将不具有完全的决定性或精确性,起伏的幅度遵守海森伯不确定关系。海森伯不确定关系规定了,两个不对易观测量算符 $\hat{O}_-$ 和 $\hat{O}_+$ 不能同时精确测量,即若 $[\hat{O}_-, \hat{O}_+] = \delta$(对易关系),则 $\Delta\hat{O}_- \Delta\hat{O}_+ \geqslant 0.5|\delta|$(不确定性关系)。

定义关于模 $\hat{a}$ 和 $\hat{a}^+$ 的正交分量为:$\hat{Y}1(\theta) = \dfrac{(\hat{a}e^{-i\theta} + \hat{a}^+ e^{i\theta})}{2}$,$\theta$ 是压缩角。当 $\theta = 0$ 时,定义 $\hat{X}1(\theta) = \dfrac{(\hat{a} + \hat{a}^+)}{2}$ 为标准正交振幅;当 $\theta = \dfrac{\pi}{2}$ 时,定义 $\hat{X}2(\theta) = \dfrac{(\hat{a} - \hat{a}^+)}{2i}$ 为正交位相分量。图 6-54 和图 6-55 为光场压缩的物理图像。相干光可视为泊松分布的光子流,光子间的序列是随机的;而压缩态光场的序列是随机的。压缩态光场的正交分量 X1 和 X2 空间分布不对称,不确定域不再是一个圆,在一个特定的 Y1 方向上的分布函数比标准量子极限宽度窄,Y1 方向相对于 X1 和 X2 可以是任意角,一般的相干光理论不再适用于描述压缩光,故称之为非经典光。如果用 Q 函数描述光场所处的不同态,对于相干态来说它在任意方向上都是高斯分布,等高线为一个圆,即在所有的探测频率内有 $V(\Omega, 0) = V(\Omega, 90)$。对于压缩态用二维高斯分布函数描述,它们满足最小不确定性原理 $V(\Omega, 0) \cdot V(\Omega, 90 + \theta) = 1$,其中一个分量小于 1 而另一个分量大于 1,等高线是一个椭圆,它用两个参数描述 Y1 方位角和椭圆度。

为了更加深入地理解这些量子涨落的性质,我们用格劳伯态来描述非常稳定的单模激光电磁场:

$$\langle \alpha_k | = \exp\left(-\frac{|\alpha_k|^2}{2}\right) \cdot \sum_{N=0}^{\infty} \frac{\alpha_k^N}{\sqrt{N!}} | N_k \rangle \tag{6.89}$$

它是光子占据数态的线性聚合。在这个态中发现 N_k 个光子的概率为泊松分布,平均值为 $N = \langle N_k \rangle = \alpha_k^2$,宽度为 $\langle \Delta N_k \rangle = \sqrt{\langle N_k \rangle} = |\alpha_k|$。虽然激光场都集中在单独一个模式中,

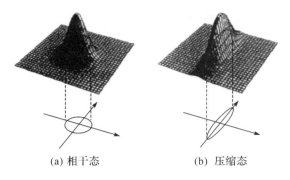

(a) 相干态　　　　　　　　　　　(b) 压缩态

图 6-54　相干态和压缩态的 Q 函数

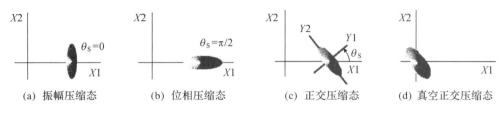

(a) 振幅压缩态　　　　　(b) 位相压缩态　　　　(c) 正交压缩态　　　　(d) 真空正交压缩态

图 6-55　不同类型压缩态

但是真空中具有不同频率 ω 和波矢 k 的所有其他模式依然具有平均占据数 $N = \dfrac{1}{2}$,对应于一个谐振子的零点能 $\dfrac{\hbar\omega}{2}$,当激光照射到光探测器上的时候,由于真空零场涨落其他模式依然存在,这些真空涨落与激光叠加起来,产生了不同频率的拍频信号,它们的振幅正比于两个干涉波振幅的乘积。因为激光模式的振幅正比于 $\sqrt{N}$,真空模式的振幅正比于 $\sqrt{\dfrac{1}{2}}$,所以拍频信号的强度正比于 $\sqrt{\dfrac{N}{2}}$。对探测器带宽的频率范围 f 内的所有拍频信号求和,就可得出散粒噪声。在这种模型中,散粒噪声被看作是激光模式和其他真空模式之间的拍频信号。

利用常用的马赫-曾德尔干涉仪即可以实现对相干光的压缩,如图 6-56 所示。将非常稳定、频率为 ω 的激光分束为泵浦光 b_1 和参考光 b_2,泵浦光与非线性介质作用后产生了新的频率 $\omega \pm f$,参考光的相位利用干涉臂上的光楔进行控制以产生相对于泵浦光的相位差 $\Delta\varphi$,参考光作为局部振荡器与新出现的频率为 $\omega \pm f$ 的光叠加后会产生频率为 f 的拍频,然后利用光探测器 D_1 和 D_2 检测拍频随相位差 $\Delta\varphi$ 的变化关系。在某些特定的位相 φ 处,噪声功率密度 $\rho(f, \varphi)$ 小于非压缩光测量的光子噪声极限 $\rho_0 = \sqrt{\dfrac{nh\upsilon}{\eta\Delta f}}$。此时 n 个光子照射在带宽 Δf 和量子效率 η 的探测器上,信噪比远大于没有压缩时的信噪比 SNR_0:

$$SNR_{sq} = SNR_0 \frac{\rho_0}{\rho_n} \tag{6.90}$$

获得光场压缩态后,原则上允许进行灵敏度突破标准量子极限的亚散粒噪声光学测量。1987 年,H. J. Kimble 研究小组和 R. E. Slusher 研究小组率先将正交压缩的真空态光场用于填补干涉仪的"暗"通道,使相移、偏振及光谱测量灵敏度突破散粒噪声水平,信噪比

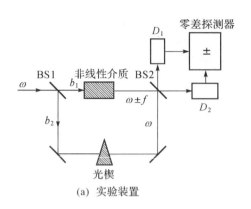
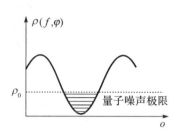

(a) 实验装置　　　　　　　　　(b) 噪声功率谱和量子噪声极限与相位的关系

图 6-56　压缩态的实现

改善 3dB[76-77]。1988 年，P. R. Tapster 使用氩离子激光器泵浦 KDP 晶体产生 60pW 的孪生光子束，随后他们实现了压散粒噪声基准的调制吸收测量，测得信噪比散粒噪声极限提高 4dB[78]。1992 年，E. S. Plozik 将频率可调的正交压缩态用于铯原子光谱测量，测量水平较散粒噪声基准提高 3.1dB[79]。

　　下面以铯原子吸收光谱的测量为例来具体说明压缩光在光谱应用中的优势。压缩光通过对半导体激光器的注入锁定获得，并通过控制注入电流实现在铯原子的 D_2 线处实现压缩光频率的连续调谐。铯原子吸收光谱的测量采用频率调制光谱技术，可以避免探测光场在低频段较大的噪声对光谱测量带来的影响。采用频率可调谐的压缩光场进行频率调制光谱测量，可在频率调制光谱高灵敏度的基础上进一步提高信噪比，原则上测量信噪比可突破相应的散粒噪声极限。测量系统如图 6-57 所示，射频调制的振幅压缩光分出功率约 1% 的弱光束通过待测铯原子蒸气，与透射的强光非相干叠加后再入射到平衡零差探测系统前。当控制入射压缩光频率扫过铯原子 $6^2S_{1/2}(F=4)\leftrightarrow 6P_{1/2}(F'=3,4,5)$ 对应的多普勒吸收线时，平衡探测系统中采用与入射光同步的射频频谱分析仪对信号进行分析。图 6-58 为实验中记录的典型"M"形频率调制谱线，对应于铯原子的 $6^2S_{1/2}(F=4)\leftrightarrow 6P_{1/2}(F'=3,4,5)$ 吸收线，中间的凹陷即对应于入射光频率与铯原子共振时发生的吸收。图中曲线 b 对应散粒噪声极限，在远离共振频率的低频区和高频区，信号低于散粒噪声 0.7dB，即当微弱信号的幅度仅有 0.7dB 时，上述压缩光可以检测出信号，但对超出散粒噪声极限的经典相干光却无能为力。

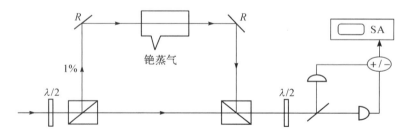

图 6-57　铯原子蒸汽的频率调制光谱测量

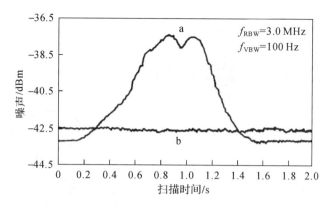

a—铯原子 D_2 线的多普勒展宽 $6^2S_{1/2}(F=4)\leftrightarrow 6P_{1/2}(F'=3,4,5)$；b—散粒噪声极限。

图 6-58　压缩光分析频率为 15MHz 时饱和蒸气的调制频率谱

6.5.4　微纳激光器及其在光谱学中的应用

激光器自 20 世纪 60 年代发明以来，不仅极大地推动了光学、物理学和生物学等众多科学与技术领域的发展，而且在国民经济、国防建设乃至人类生活等诸多方面也扮演着至关重要的角色，今后还将发挥更加重要作用，产生更大的影响。有报道指出今后激光器可能的突破点，包括纳米级激光器、超短脉冲激光器、超高强度激光器、超精密激光钟等，其中纳米级激光器可使我们突破分子尺度下研究光与物质相互作用和光子器件的小型化与集成化瓶颈。纳米激光器在分子级别精密测量、拍字节海量存储、DNA 和 RNA 直接测序等方面具有广泛而重要的应用前景，而光子晶体、表面等离子体微纳结构和半导体纳米线是用来制备纳米级激光器的主要材料。下面将对半导体纳米线激光器的发展及其在光谱学方面的应用前景进行介绍。

半导体纳米线具有较强的激子-光子相互作用能，同时具有增益介质、谐振腔和光波导等多种功能，是实现纳米级激光器的一种优异材料。基于半导体纳米线的 F-P 腔、环型腔、纳米线-微光纤复合结构、回音壁模式、金属-半导体纳米线复合结构表面等离子体激光器、低阈值极化激元激光器和基于游标效应的单模激光器等已被研制出来，并显示了独特的优异性能，其中最简单的结构是利用半导体纳米线两个端面形成 F-P 谐振腔。

半导体纳米线激光器的泵浦方法有两种[80]：一种是物镜聚焦的方法，如图 6-59(a)所示，这种方法非常简单，易于对偏振态等参数进行控制和测量，但是泵浦效率低，受衬底影响比较大，难以将纳米线激光器和现有的光纤系统集成；为了提高泵浦效率和易于集成，可采用倏逝波耦合的方法。如图 6-59(b)所示，将普通单模光纤或石英光纤通过高温下机械拉伸的方法拉到微米或纳米量级的光纤锥，将光纤锥与纳米线靠近，由于微纳结构强的倏逝场的存在，光可从光纤锥中高效耦合进半导体纳米线，理论计算耦合效率可大于 90%。

图 6-60 显示的是物镜聚焦泵浦的 ZnO 纳米线激光器的光谱和光学显微镜照片[81]。可以看出，随着泵浦功率增加，光谱由宽带的背底辐射荧光光谱变为窄线宽的尖锐的激光光谱，CCD 照片上也由方向性不好的整根线发光到端部占主导的方向性出射。研究表明，对于 ZnO 纳米线，直径小于 150nm，无论长度多少，都无法获得激光出射。原因可能是半导体纳米线 FP 腔的端面反射与直径相关，当直径小于 150nm 时，反射率很低，无法提供足够的

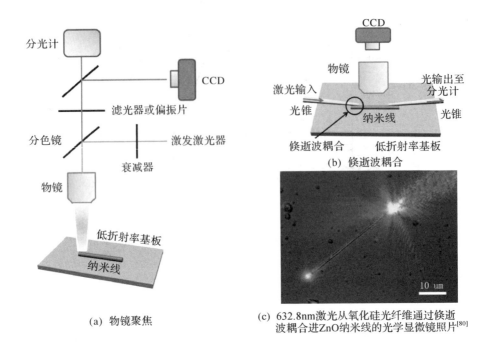

(a) 物镜聚焦

(c) 632.8nm激光从氧化硅光纤维通过倏逝
波耦合进ZnO纳米线的光学显微镜照片[80]

图 6-59   半导体纳米线激光器的两种激发方式

限域效应使激光腔的增益大于损耗。当纳米线直径变小时,对光的约束能力变弱,将有更多的光泄露到衬底,从而更大地影响激光出射。

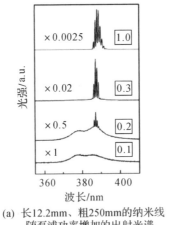

(a) 长12.2mm、粗250mm的纳米线
随泵浦功率增加的出射光谱

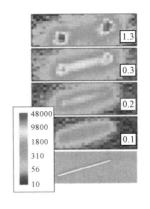

(b) 随泵浦功率变化纳米线的
光学显微镜照片[81]

图 6-60   ZnO 纳米线激光器

如何减小衬底对纳米线激光器的影响也是一个研究热点,可利用类似图 6-61(d)所示的纳米线-微光纤复合结构[82]。使用火焰加热和步进电机拉伸法来自动制备两端连接商用单模光纤的微光纤,然后将半导体纳米线通过在显微镜下微操纵和微光纤接近,两者由于范德华力而紧密连接。泵浦光从单模光纤进入微光纤,微光纤表面附近的倏逝波可有效激发纳米线,获得纳米线激光。输出的激光再次通过倏逝波耦合进微光纤后从单模光纤端头输出,用光谱仪和功率计进行探测。进一步的,浙江大学杨青等人在实验中将不同半导体

纳米线依次贴在同一根微纳光纤上[82]，可以实现多波长同时输出。图 6-61(a)～(c)是一根直径 $3.3\mu m$ 微光纤和直径 977nm、长 $153\mu m$ 的 CdSe 纳米线，直径 370nm、长 $66.7\mu m$ 的 CdS 纳米线，直径 306nm、长 $72.6\mu m$ 的 ZnO 纳米线三种半导体纳米线的复合结构的 SEM 图。随着泵浦功率的增大，可以在输出端依次探测到单色、双色、三色激光，图 6-61(e)和(f)分别为 CCD 拍摄的纳米线荧光图像和三种颜色激光的光谱图。这种多波长同时输出的激光器在未来的光电子技术如全色激光显示、高分辨激光打印、医学、生物学等方面都具有广泛的应用前景，同时也可将这种方法扩展到其他材料如 GaN、InP、ZnS、$CdS_{1-x}Se_x$ 和其他半导体纳米线，从而获得在微纳光子学器件中广泛使用的光谱可覆盖从自外到近红外的多波长激光器。

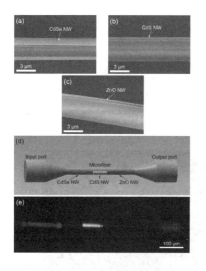
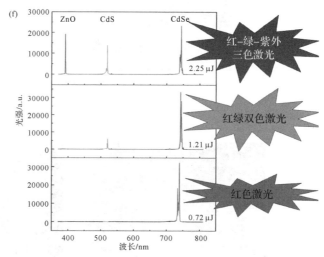

图 6-61　CdSe,CdS,ZnO 贴线区的扫描电镜照片(a,b,c)，结构原理(d)，
用 CCD 取到的荧光照片(e)和不同泵浦功率下三种颜色激光的光谱[82]

将纳米线和微光纤复合，可提高输入输出耦合效率，降低衬底的影响。但是这种耦合结构并不能有效提高 FP 腔的反射和激光谐振腔的品质因子(Q 值)。以纳米线两个端面为谐振腔的激光器 Q 值一般小于 10^3。为了提高 Q 值，可将微光纤在显微镜下构造成环形腔，再将纳米线与这种微腔结合，如图 6-62 所示[83]。这种复合结构微激光器 Q 值可达 10^4。如果将纳米线和光刻制备的微盘腔复合，可进一步提高 Q 值，降低阈值，使 Q 值达到 10^5，如图 6-63 所示[84]。

为了促进纳米线激光器在光谱学、环境监测、医学和传感等领域的应用，对诸如波长、偏振、模式等参数进行控制是必不可少的。以波长为例，为了实现纳米线激光器的波长可控变化，最近的研究工作已经成功地找到了两条路径：设计新型腔和采用新增益介质。

在设计新型谐振腔方面，Y. Xiao 等[85]通过微操作调整腔的几何形状已经实现了激光波长的调节，他们采用光纤探针来调节硒化镉纳米线环形反射镜的大小和形状，使其不但具有选模的作用，还能控制激光波长，如图 6-64 所示，对于一根直径为 240nm、长度为 $84\mu m$ 的 CdSe 纳米线，当它的形状由右下图改变到左上图时，它的激光波长由 733.7nm 改变到 726.9nm。遗憾的是，依靠这种调节方式，波长调节范围小于 10nm，而且需要比较精确的微操作。

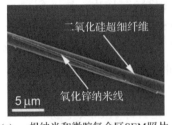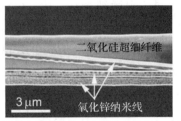

(a) 一根纳米和微腔复合区SEM照片   (b) 三根纳米线同时和一个微腔复合区SEM照片

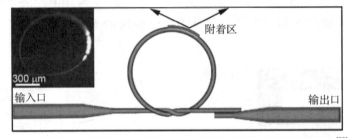

(c) 复合结构，内图为355光激发下复合结构激光器的光学显微镜照片[83]

图 6-62　ZnO 纳米线和氧化硅微光纤环形结腔复合结构

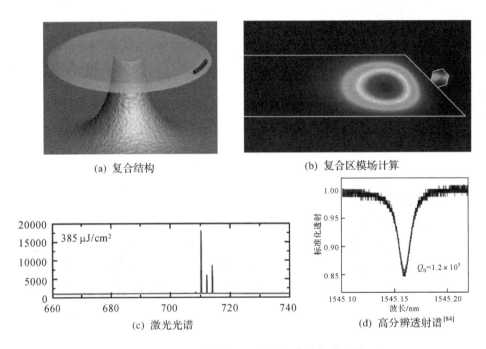

图 6-63　CdSe 纳米线和微盘腔复合结构激光器

在合成新型增益介质方面，近年来已经取得很多进展，一些特殊材料已经被合成出来，比如：均相三元合金纳米线或纳米带、多量子阱纳米线异质结结构等。2008 年，M. C. Lieber 研究组合成了基于纳米线的多量子阱异质结结构［multi-quantum-well（MQW）nanowire heterostructures］[86]，在这种结构中，处于中间的氮化镓纳米线主要起着光学谐振腔的作用，而在它的外面则是金属有机物化学气象沉积法生长的多层铟镓氮/氮化镓（InGaN/GaN）量子阱壳层，作为组分可调的增益介质。如图 6-65 所示，当改变铟镓氮中铟

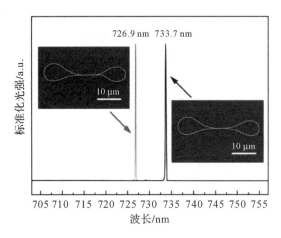

图 6-64　通过调节腔的几何形状改变输出波长[85]

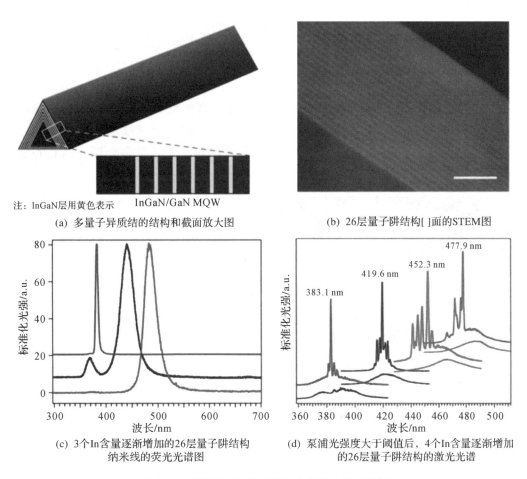

(a) 多量子异质结的结构和截面放大图

注：InGaN层用黄色表示　InGaN/GaN MQW

(b) 26层量子阱结构[ ]面的STEM图

(c) 3个In含量逐渐增加的26层量子阱结构
纳米线的荧光光谱图

(d) 泵浦光强度大于阈值后，4个In含量逐渐增加
的26层量子阱结构的激光光谱

图 6-65　多量子阱异质结结构中的激光波长控制

的比例（In0.05Ga0.95N、In0.16Ga0.84N、In0.23Ga0.77N），它的荧光峰值也会随之改变
（382nm、440nm、484nm）。实验中他们观察到的最大激光波长变化范围是 365~494nm，通
过仔细地控制壳层中铟的比例，理论上可以得到这个区间内任意的波长，而且这种结构可

以看成是一种增益介质与谐振腔分离的结构,可以在选择激光波长的同时不影响谐振腔的优化,但是制备这种结构需要的生长设备和工艺很复杂。

以上介绍的控制纳米线激光器波长的方法极大地丰富了激光的出射波长。但是,这些方式所实现的波长调节均是通过应用多种不同带隙的纳米线实现的,而不是只利用单根特定的纳米线。利用单根均质纳米线的本征吸收来调控激射波长已经在硫化镉和硒化镉纳米线中实现[87-88],由于存在激子-声子相互作用,半导体的吸收区一般会延伸到禁带中去,存留一个拖尾(urbach tail),而在不同长度的半导体纳米线中,激子-声子作用长度不一样,所引起的激子能量耗散也不一样,因此可以通过控制单根纳米线的长度来控制其出射波长。但是,这种方法所能达到的波长调节范围非常有限(仅几十纳米)。

最近,基于单根渐变带隙纳米线提出了一种有效的方法,它在宽范围内相当精确地实现了对纳米线激光器的出射波长以及模式的控制[89]。这种带隙渐变纳米线可以通过移动衬底和(或)移动源的方法,精确控制生长条件制备得到,比如:从 CdS 渐变到 CdSe,相应的荧光波长从 500nm 渐变到 740nm 左右。在这种特殊的纳米线中,激光波长与窄带隙端的荧光中心波长基本相等,而宽带隙部分对于激光来说可认为是透明的,因此可以通过正向截断过程来控制激光波长,通过反向截断过程来控制激光的频谱范围和模式。最终获得的波长变化范围为 517~636nm(宽度 119nm),远高于单根单质纳米线,并且出射激光波长与截断处荧光中心波长一一对应,如图 6-66 所示。对于微纳光源在光谱检测的实际应用来说,研究者还需要进一步实现双向可逆的波长调节,这是目前纳米线激光器需要克服的一个关键难题。哈佛大学、新加坡南洋理工、浙江大学和湖南大学等多个课题组正在这个方面进行深入系统的研究。

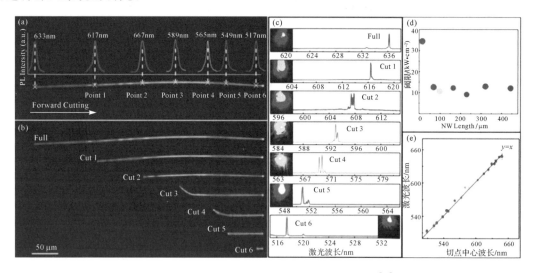

图 6-66 CdSSe 渐变纳米线激光器的波长变化[89]

对集成光谱检测来说,除了微纳光源是关键元件外,微纳的分光系统也是必不可少的关键元件。已有阵列化的波导光栅、阶梯衍射光栅、超棱镜光子晶体和微谐振腔阵列等结构被设计出来,使制作芯片级的光谱检测系统成为可能。图 6-67 为阶梯型片上光栅和阵列 MSM 光探测器构成的微纳分光系统。

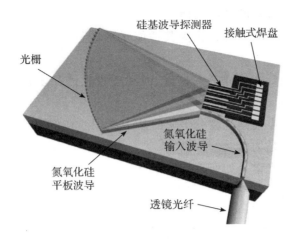

图 6-67　阶梯光栅分光器设计原理[90]

小　结

本章主要介绍了激光光谱技术。首先阐述了激光光谱探测的基本原理,根据激光的特点分析了它与常规光谱技术的差异,总结了激光光谱的优点。其次,分别从光谱的灵敏度和分辨率两个方面讨论了一些实用的激光光谱方法。提高光谱灵敏度的方法主要包括频率调制、腔内吸收和各种激发光谱,而提高光谱分辨率的方法主要有分子束光谱、饱和吸收光谱和多光子光谱。然后,介绍了时间分辨光谱,包括超短脉冲的产生和探测以及它在寿命探测中的应用。最后,介绍了激光光谱方面的新技术,包括光梳技术、激光冷却和陷俘原子技术、压缩态光场、微纳激光器等。

思考题和习题

6.1　证明公式(6.1)$\dfrac{N_2}{N_1 + N_2} = \dfrac{1}{2 + \dfrac{A}{B\rho(v)}}$,并说明饱和吸收的情况下上下能级的粒子数之间的关系。

6.2　证明公式(6.4)中$\dfrac{A}{B} = 16\pi^2 \dfrac{\hbar \nu^3}{c^3}$ 的关系。

(提示:利用玻尔兹曼定律和普朗克辐射定律,上下能级粒子数比为$\dfrac{N_2}{N_1} = e^{-\frac{\hbar}{2T}}$,辐射能量密度为 $\rho(\nu) = \dfrac{16\pi^2 \hbar \nu^3}{c^3} \dfrac{1}{e^{\frac{\hbar}{2T}} - 1}$)

6.3　说明标准具在激光光谱测量中的作用是什么。

6.4　列举 3 种以上提高光谱探测灵敏的方法,并简要说明其原理。

6.5　说明腔内回旋衰减的基本原理。

6.6　列举 3 种以上将光吸收转化为其他能量形式进行探测的光谱技术,并简要说明其原理。

6.7　什么是多普勒效应? 分子束光谱、饱和吸收光谱和多光子光谱的去多普勒效应的实现原理分别是什么?

6.8　请阐述快离子束提高光谱分辨率的基本原理。在使用快离子束时需要特别注意加速电压的稳定,请问这是为什么?

6.9　说明饱和吸收光谱是如何选择粒子以达到消除多普勒效应的目的。

6.10　解释饱和吸收光谱的交叉共振效应。

6.11　下图为某原子的饱和吸收光谱,纵坐标为透过光强,试问在当前波段范围内,该原子有几个吸收峰? 在图中标记吸收峰的位置。

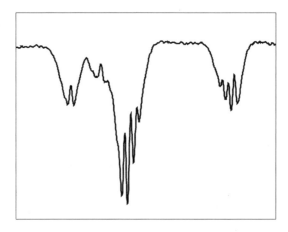

6.12　多光子吸收光谱的基本原理是什么? 请设计一个四光子吸收光谱光路。

6.13　试估计电子绕原子核运动的周期,并阐述大致思路和理由。

6.14　锁模的本质是什么? 锁模技术可用于什么地方?

6.15　分别说明主动锁模中振幅调制和相位调制方法的基本原理。

6.16　被动锁模过程中经历了哪三个阶段? 说明每个阶段光强序列的具体变化。

6.17　说明超短脉冲测量技术中条纹相机的基本工作原理。

6.18　假设两个脉冲为高斯线型,那么相关测量的结果是什么形式?

6.19　列举五种以上寿命测量方法,简单说明其原理。

第7章

成像光谱技术

学习目标

1 掌握成像光谱技术的基本概念；

2 掌握成像光谱系统的基本结构；

3 掌握成像光谱技术的数据处理方法；

4 了解成像光谱技术的应用。

成像光谱是成像技术与光谱技术结合的产物，它是在紫外、可见、近红外和红外光区域所获得的多个窄带或光谱连续的图像数据。成像光谱技术首先用于遥感领域中[91-93]，随着成像光谱技术的成熟，它也已被应用到其他一些领域，比如：生物医学领域[94-95]。

本章首先介绍成像光谱技术的基本概念和它在遥感领域的发展历史，接下来阐述成像光谱技术的系统结构和成像光谱技术的数据处理方法，最后给出成像光谱技术的几个应用实例。

7.1 概述

成像光谱（imaging spectroscopy）技术也称光谱成像技术，它是成像技术与光谱技术相结合的产物。成像光谱是多个窄波段或者光谱连续的图像数据，因此从成像光谱中一方面能够获得二维图像，另一方面能够获得图像中任一位置的光谱。正如 3.5.1 节提到的，成像光谱是一种三维形式的光谱，它包括一维的光谱坐标和二维的空间坐标，可以用符号 $I(x,y,\lambda)$ 表示，其数据结构形式如图 7-1 所示。提取每个波长下的二维空间数据，得到的是特定波长下的图像 $I(x,y)$；提取每个空间位置 (x,y) 上的波长数据得到的就是该位置的光谱 $I(\lambda)$。所以，从成像光谱中可以观察到对象的形貌，同时又能从分子水平对不同目标进行区分。

7.1.1 成像光谱系统的基本参数

成像光谱是图像与光谱的结合，因此描述成像光谱系统的基本参数也就涉及成像和光

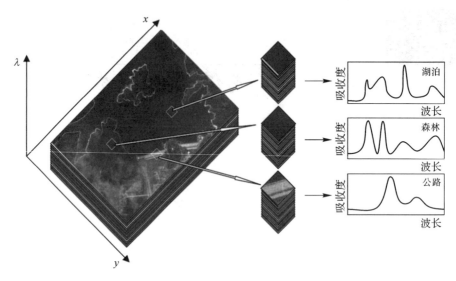

图 7-1　成像光谱数据的基本结构

谱两个方面,其基本参数包括光谱分辨率、光谱范围、空间分辨率、视场、信噪比和最小可探测信号等。

(1)光谱分辨率:能分辨的最小波长间隔,或者用光谱分辨本领($R = \frac{\lambda}{\Delta\lambda}$)表示。光谱分辨率越高,区分目标的能力越强,如图 7-2 所示,随着光谱分辨率降低,水铝矿反射光谱的特征峰也逐渐消失了。在遥感领域中,光谱成像技术分为多光谱(multi-spectral)、高光谱(hyper-spectral)和超光谱(ultral-spectral)成像,它们就是按光谱分辨率进行划分的。如表 7-1 所示,多光谱成像的光谱分辨率最低,在可见光-近红外区域其光谱通道数仅有几个至十几个,所以光谱通道通常不连续;而高光谱和超光谱成像的光谱分辨率为 10nm 和 1nm 量级,光谱通道具有连续性。

表 7-1　遥感领域光谱成像技术分类(可见光-近红外区域)

名　　称	多光谱成像	高光谱成像	超光谱成像
光谱分辨率	100nm 量级	10nm 量级	1nm 量级
光谱分辨本领	10 左右	100 左右	1000 左右
光谱通道数	数个至十几个	几十个至数百个	数千个

(2)光谱范围:能够测量的波长范围。目前的光谱成像技术一般可以覆盖紫外-可见-近红外波段范围,甚至到中红外波段。

(3)空间分辨率:能分辨的物方最小单元尺寸。它与光学系统和探测器本身的性质相关,比如:数值孔径(NA)、放大率、探测器像元尺寸等。因测量对象不同,空间分辨率有较大的差异。比如:遥感成像光谱仪的空间分辨率一般为几米到几十米,而显微成像光谱系统的空间分辨率则需要达到微米量级。在遥感领域,空间分辨率也常用瞬时视场角(intantaneous field of view,IFOV)来描述,它指某一瞬间探测器单元对应的视场角,与空间分辨率(δ)的关系为

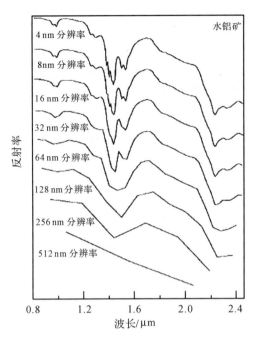

图 7-2　光谱分辨率对水铝矿反射光谱的影响[96]

$$\delta = 2h\tan\left(\frac{IFOV}{2}\right) \tag{7.1}$$

式中，h 为飞行器到地面的距离。遥感成像光谱仪的 $IFOV$ 通常为 10^{-2} mrad 量级。

（4）视场：能够成像的最大空间范围，通常用视场角（field of view，FOV）表示，它与空间分辨率往往相互制约。

（5）信噪比和最小可探测信号：主要由系统的探测器性能决定，它们会制约系统的光谱分辨率、空间分辨率等指标。信噪比是信号与噪声的比值（也常用比值的对数表示），信噪比越高，表明探测结果的噪声越小，探测质量越高；最小可探测信号与探测器的量子效率、系统的噪声水平有关，对于弱信号成像这个指标非常重要。

表 7-2 给出了一些国外遥感成像光谱仪的基本参数。

表 7-2　国外遥感成像光谱仪的基本参数

国家及 仪器参数	ARIES	PRISM	HIS	HYPERION	COIS/PIC
国家（地区）	澳大利亚	欧洲	美国	美国	美国
光谱范围/nm	400～1100(A)	450～950(A)	400～1000(A)	400～1000(A)	400～1000(A)
	2000～2500(B)	900～2500(B)	1000～2500(B)	900～2500(B)	1000～2500(B)
光谱通道数	32	60(A),140(B)	128(A),256(B)	220	60(A),150(B)
光谱分辨率/nm	21.9(A),15.7(B)	10	5.6(A),5.8(B)	10	10
空间分辨率/m	30	50	30	30	30
瞬时视场/mrad	0.06	0.065	0.057	0.043	0.05

续表

国家及仪器参数	ARIES	PRISM	HIS	HYPERION	COIS/PIC
信噪比	≥600@600nm(A) ≥400@2100nm(B)	≥30@947nm(A) ≥19@1322nm(B)	≥600@600nm(A) ≥600@1250nm(B)	≥600@600nm(A) ≥600@1255nm(B)	≥200

注:A 表示可见-短波近红外波段,B 表示长波近红外波段。

7.1.2 遥感领域成像光谱技术的发展历史

成像光谱技术起源于遥感领域,起初的想法是如果能够在获得地物形貌的同时获取对应的光谱信号,那么有可能对地面的物态进行直接识别、分析和应用,比如:森林植被、农业作物、矿物等。下面简单回顾一下成像光谱技术在遥感领域的发展历史。

(1)遥感光谱成像技术的雏形出现于 20 世纪 70 年代末(1978 年),它的正式出现以第一代高光谱分辨率传感器的面世为标志,这类成像光谱仪是推扫方式的二维面阵成像。

(2)1987 年,第二代高光谱成像仪问世,美国宇航局(NASA)喷气推进实验室从 1983 年开始研制的航空可见光/红外光成像光谱仪(AVIRIS)是这代成像光谱仪的代表,它采用的是扫描式的线阵列成像。

(3)1996 年,由美国研制的高光谱数字图像实验仪(HYDICE)开始使用,它的波长探测范围为 400～2500nm,采用的是 CCD 推扫技术成像,它有 210 个波段,光谱宽度为3～20nm 不等,为地质学、植被等的研究与应用提供了大量有价值的数据。

(4)此后,高光谱成像技术在图像空间分辨率上越来越高。在此,美国是世界军民两用成像卫星市场的主导者。2008 年,美国在加利福尼亚州范登堡空军基地发射的 GeoEye-1 卫星上的成像光谱仪的全色空间分辨率为 0.41m,这意味着它能够从太空中拍摄地面棒球场上本垒板的清晰图片。除美国外,以色列、法国、俄罗斯、印度、韩国等国家和地区均成功研制了成像光谱仪,在空间分辨率上也达到了与美国媲美的程度。表 7-3 显示了美国等国家及中国台湾地区研制和发射的一些高光谱成像仪的空间分辨率情况。

表 7-3 一些高光谱成像仪的空间分辨率

成像仪名称	产地或公司名称	开始使用年份	空间分辨率/m
IKONOS	美国 Space Imaging	1999	1
Quickbird	美国 Digital Global	2001	0.61～0.72(全色),2.44～2.88(多光谱)
Orbview-3	美国 ORGIMAGE	2003	1(全色),4(多光谱)
Worldview-1	美国	2007	0.5
GeoEye-1	美国	2008	0.41(全色),1.65(多光谱)
EROS-A/B	以色列		1.8(A),0.82(A)
SPOT	法国		2.5
资源-DK	俄罗斯		1
制图星-2	印度		1
Kompsat-2	韩国		1
华卫 2 号	中国台湾地区		2

(5)我国成像光谱技术相比国外发展稍晚,但进步很快。1999 年,我国发射了中巴资源卫星,其空间分辨率为 19.5m;2005 年,发射了北京 1 号小卫星,空间分辨率达到了 4m。2007 年 12 月,我国发射的 RADARSAT-2 卫星,属于民用高分辨率合成孔径雷达卫星,分辨率达到 3m,并在 2008 年成功接收了该卫星向我国发送的第一轨图像数据。2015 年 10 月,由我国长春光机所研制的"吉林一号"商用遥感卫星组发射成功,其 A 星的地面像元分辨率为全色 0.72m,视频星的地面像元分辨率为 1.12m。

随着成像光谱技术的发展成熟,它在其他领域(比如生物医学等)也开始受到人们的关注,被引入到更多领域的科学研究和生产应用中。

7.2　成像光谱系统

成像光谱仪是成像仪与光谱仪相结合的产物,它能够同时获取二维的图像信息和图像上每个点的光谱信息,如图 7-3 所示。所以,在成像光谱系统中最重要的在于图像(空间)扫描和波长扫描的实现。下面将分别介绍相关的图像扫描方法和波长扫描方法,并给出一些典型的成像光谱系统。

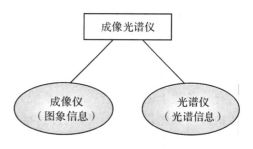

图 7-3　成像光谱仪的基本构成

7.2.1　成像光谱系统的图像(空间)扫描方法

成像光谱系统的图像扫描方式包括点扫描、线扫描和非扫描三种方式。

(1)点扫描

每次获取物体上一点的光谱信息 $I(\lambda)$,再通过 x-y 方向的逐点扫描得到成像光谱。其 x-y 方向扫描可以由探测平台移动、机械扫描或者两者组合实现。点扫描的优点是仅使用线阵探测器就可以了,所以容易通过延长积分时间来提高信号的信噪比;但缺点是获取成像光谱较慢。

共焦成像光谱系统多采用点扫描方式,比如:共聚焦拉曼成像显微镜和共聚焦荧光成像显微镜;遥感领域早期使用的掸扫式成像(whiskbroom imaging)光谱系统。

掸扫式成像光谱系统的基本原理如图 7-4 所示,每个时刻仅有单个物元进入色散系统,经色散元件分光后被线阵探测器接收。它的图像扫描由飞行器的 y 方向推进和扫描器的 x 方向

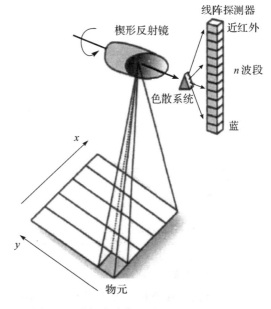

图 7-4　掸扫式成像光谱系统的基本原理

扫描共同完成。扫描器可以使用图中所示的楔形反射镜,旋转反射镜就实现了空间的 x 方向扫描。飞行器的 y 方向移动可以视为不受限制,所以掸扫式成像系统的扫描范围主要由扫描器的扫描范围决定。扫描器的扫描速度必须与飞行器的移动速度相匹配,即扫描器的一个扫描周期与飞行器在 y 方向前进一个单元的时间相当,否则物元的位置记录会错乱;扫描器的扫描速度还需要与探测器的响应速度相匹配,否则会造成物元之间信号串扰。

(2)线扫描

每次获取物体上一条线上每点的光谱信息 $I(x,\lambda)$,然后通过在 y 方向逐线扫描得到成像光谱。其 y 方向扫描可以由探测平台移动或者机械扫描实现。线扫描成像光谱系统通常需要使用面阵探测器,探测器的二维方向分别为光谱方向和 x 方向。线扫描获取成像光谱比点扫描更快,但是它对光学系统及探测器性能的要求更高。

线扫描方式特别适合于被测物与成像光谱探测系统的相对移动就是线性的,因为其 y 方向上的扫描不需要增加额外的部件。遥感领域常用的推扫式成像(pushbroom imaging)光谱系统就属于线扫描方式。

推扫式成像光谱系统的基本原理如图 7-5 所示。与掸扫式成像光谱系统不同,每个时刻有一条线上的物元进入色散系统,分光后被探测器检测到,所以仅依靠飞行器在 y 方向的推进完成图像扫描。可以看出,推扫式成像光谱系统的光谱分辨率和空间分辨率除了与相应的光学系统有关外,还与探测器的像素尺寸和像素分辨率相关。

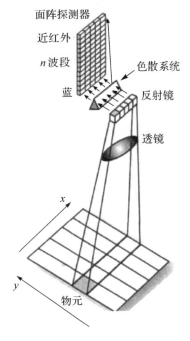

图 7-5　推扫式成像光谱系统的基本原理

(3)非扫描

这种方式在空间 x-y 方向上不扫描,每次获取特定波长 λ 下的物体图像 $I(x,y)$,然后通过波长扫描得到成像光谱。它也需要使用面阵探测器,只是探测器的二维方向分别为空

间的 x 和 y 方向。

　　遥感领域中的凝视成像(staring imaging)光谱系统就属于非扫描方式,其基本原理如图 7-6 所示。它在一定时段内所探测的区域固定不变,通过波长调谐器选择探测特定波长或者窄波段下的二维图像。

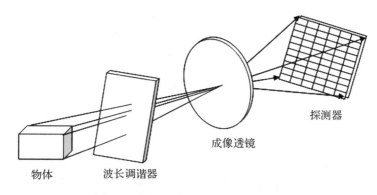

图 7-6　凝视成像光谱系统的基本原理

　　凝视成像光谱系统中的波长调谐器可以是离散的滤光片或者可调滤光器;此外,也可以采用傅里叶变换干涉方式获取光谱[97],这种情况下探测器每次得到的是特定光程差下的干涉强度图像,再对每个像素的干涉强度序列进行傅里叶变换得到相应光谱。

7.2.2　成像光谱系统的波长扫描方法

　　成像光谱系统的波长扫描方法有滤光片、棱镜色散、光栅色散、可调谐滤光器、傅里叶变换干涉仪等,其中棱镜色散、光栅色散和时间调制傅里叶变换干涉仪的详细原理可参看本书 3.3 节,下面不再赘述。

　　(1)滤光片

　　滤光片用于波长选择,能够使系统结构更为紧凑,但是其光谱分辨率不高。选择若干个带通滤光片,把它们依次安装在旋转轮上,通过旋转轮切换滤光片实现波长扫描,如图 7-7(a)所示。还可以通过镀膜控制形成如图 7-7(b)所示的线性渐变滤光片(linear various filter, LVF),其带通中心波长与位置呈线性变换,带宽约 10~20nm,可以更连续地扫描波长,但是光谱混叠会较严重。

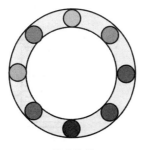

(a) 滤光片轮　　　　　　　　　　　(b) 线性渐变滤光片

图 7-7　滤光片

（2）可调谐滤光器

可调谐滤光器能够控制输出波长，常用于成像光谱系统中。典型的可调谐滤光器有液晶可调谐滤光器（liquid crystal tunable filter，LCTF）、声光可调滤光器（acousto-optic tunable filter，AOTF）和布拉格光栅可调滤光器（bragg grating tunable filter，BGTF），它们的调谐方式分别属于电光调谐、声光调谐和机械调谐。

LCTF 由多个波片组构成，每个波片组的结构是两个平行的偏振片间夹石英晶体和液晶，如图 7-8(a)所示。当线偏振光通过石英晶体和液晶时，由于双折射效应会分成 o 光和 e 光，它们在晶体中的传播速度不一样，最终使出射的 o 光和 e 光产生一定的相位差 δ，再利用偏正片使它们干涉，得到透射率 T 为

$$T = \cos^2\left(\frac{\delta}{2}\right) = \cos^2\left[\frac{\pi(d_q \Delta n_q + d_l \Delta n_l)}{\lambda}\right] \tag{7.2}$$

式中，d_q 和 d_l 分别为石英晶体和液晶的厚度，Δn_q 和 Δn_l 分别为石英晶体和液晶对波长 λ 的双折射率。不同波片组的晶体厚度不一样，这样它们对应的波长-透射率曲线也不一样，如图 7-8(a)所示，波片组 7 的晶体厚度是波片组 6 的两倍，波片组 6 的晶体厚度是波片组 5 的两倍，依次类推。如果将多个波片组级联使用，则总的透射率为单个波片组透射率的乘积，由此可获得窄带光输出。石英晶体的双折射率固定不变，它仅提供固定的相位延迟；但是，液晶的双折射率随加载的电压而变化，由此改变 o 光和 e 光的相位延迟，进而实现对输出窄带光的波长调谐。LCTF 的波长调谐范围一般可覆盖可见-近红外波段，其带宽通常大于 10nm。以 Thorlabs 公司的 Kurios-WB1 液晶可调谐滤光器为例，其波长范围为 420～730nm，550nm 的带宽为 35nm，波长调谐时间小于 50ms；透射率在不同波长位置不一样，425nm 处只有 10％，725nm 处超过 60％。

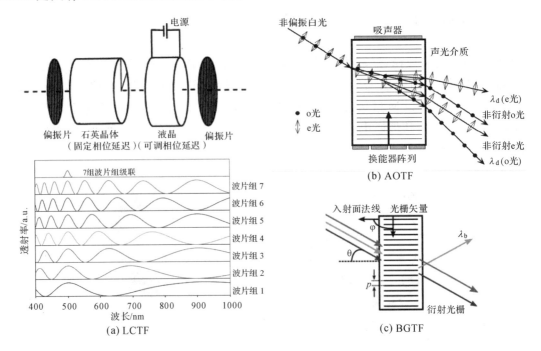

图 7-8   三种可调滤光器的基本原理[98-99]

AOTF 基于各向异性双折射晶体的声光衍射原理,由双折射晶体(如石英、TeO_2、TI_3AsSe_3 等)、压电换能器阵列和吸声器构成,如图 7-8(b)所示。压电换能器紧贴在双折射晶体上,将射频($10\sim100$MHz 量级)的驱动电信号转化为晶体内的声波振动;吸声器用于吸收通过晶体后的声波,防止声波在晶体内多次反射。入射光与换能器产生的声波相互作用,发生反常布拉格衍射,从而输出特定波长处的衍射窄带光,此时根据动量守恒得到入射光波矢 $\boldsymbol{K}_i$、衍射光波矢 $\boldsymbol{K}_d$ 和声波波矢 $\boldsymbol{K}_a$,它们满足如下条件:

$$\boldsymbol{K}_d = \boldsymbol{K}_i \pm \boldsymbol{K}_a \tag{7.3}$$

假设入射光为 o 光,衍射光为 e 光,则各矢量的模为 $|\boldsymbol{K}_i| = \dfrac{2\pi n_o}{\lambda}$、$|\boldsymbol{K}_d| = \dfrac{2\pi n_e}{\lambda}$ 和 $|\boldsymbol{K}_a| = \dfrac{2\pi f}{v}$。其中,$n_o$ 和 n_e 分别为双折射晶体的 o 光和 e 光的折射率,f 为声波频率,v 为声波速度。在入射光与声波波面夹角为 θ_i 的情况下,可以得到

$$\lambda = \frac{v\Delta n}{f}\sqrt{\sin^4(\theta_i) + \sin^2(2\theta_i)} \tag{7.4}$$

式中,Δn 为晶体的双折射率。从上式中可以看出,改变声波频率就能起到调谐波长的作用。值得注意的是:AOTF 中衍射光的偏振方向与入射光的偏振方向垂直,所以利用偏振片就可以方便地滤出衍射光。AOTF 的波长调谐范围可覆盖紫外-可见-近红外波段,其波长调谐响应时间在微秒量级,它在带宽、调谐速度、透射效率等方面均要优于 LCTF。以 Crystal Technology 公司的 97-01776-01 声光可调滤光器为例,其波长范围为 $405\sim700$nm;400nm 处的带宽为 1.15nm,700nm 处的带宽为 7.0nm;衍射效率为 85%。

BGTF 基于体布拉格光栅(volume Bragg grating),是一种折射率周期变化的衍射光栅,如图 7-8(c)所示。如果不满足布拉格衍射条件,则光束正常通过滤光器;如果满足布拉格条件则会发生衍射,衍射光的中心波长由下式决定:

$$\lambda = 2p\cos(\theta + \varphi) \tag{7.5}$$

式中,p 为光栅栅距,θ 为入射光与入射面法线的夹角,φ 为入射面法线与光栅矢量的夹角。在透射的情况下,$\varphi = \dfrac{\pi}{2}$,上式可以简化为

$$\lambda = 2p\sin\theta \tag{7.6}$$

可以看出,改变入射角 θ 即可实现对波长的调谐,依靠机械旋转即可连续改变入射角。BGTF 的波长调谐范围可覆盖 $350\sim2500$nm,与 LCTF 和 AOTF 不同,它不要求入射光是线偏振光。以加拿大 Photon etc 公司的产品为例,其 $430\sim755$nm 的透射效率高于 60%,550nm 处的带宽为 2.8nm。

(3)空间调制傅里叶变换干涉仪

3.3 节中介绍的傅里叶变换干涉仪为时间调制型,它需要移动动镜测量不同光程差下的干涉光强,缺点是测量慢、实时性差,为此人们提出了一种空间调制傅里叶变换干涉仪。它也要使用面阵探测器,但与前面不同的是,面阵探测器每次记录的是一条线上每个物元的干涉强度序列。

空间调制傅里叶变换干涉仪的基本光路如图 7-9(a)所示。通过前置光学系统将目标成像在傅氏透镜的前焦面上,在此焦面处放置一个狭缝,它经过由 1 个分束镜和 2 个反射

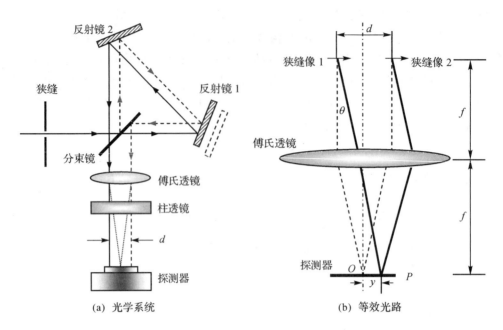

图 7-9　空间调制傅里叶变换干涉仪

镜组成的成像系统后形成两个分离的狭缝虚像。由于两个狭缝像位于傅氏透镜的前焦面上,因此通过傅氏透镜后会形成两束具有一定夹角的平行光束,经柱面镜后在狭缝方向上会聚。面阵探测器位于傅氏透镜和柱面镜共同焦面上,探测器的一维方向为狭缝方向,另一维方向为随光程差变化的干涉强度序列。

　　为什么探测器的另一维方向即为干涉强度序列?通过图 7-9(b)所示的等效光路(略去了柱面镜)可以很容易地理解。图中,探测器 O 点的光程差为零,而任意点 P 的光程差为

$$x = d\sin\theta = \frac{yd}{f} \tag{7.7}$$

式中,θ 为当前光束与零光程差光束的夹角,d 为两个狭缝像的间距,y 为探测器上离开 O 点的距离,f 为傅氏透镜焦距。从上式可以看出,不同光程差 x 下的干涉结果记录在探测器的不同位置 y 上,也就是说,不需要动镜扫描一次性记录了干涉强度序列。

　　空间调制傅里叶变换干涉仪的干涉图的调制度不受狭缝形状、大小等因素影响,因此在空间分辨率允许的情况下,可以通过增加狭缝高度、增大视场角和增加狭缝宽度提高辐射通量;它的光谱分辨率主要受探测器性能的影响,主要因为干涉强度序列的光程差范围和光程差最小间隔分别与探测器的像素数和像素尺寸有关;它的优点在于,不需要精密扫描动镜和适合于光谱的快速测量。

7.2.3　典型的成像光谱系统

　　图 7-10 给出了三种典型的成像光谱系统。

　　图 7-10(a)为我国"嫦娥一号"卫星上搭载的干涉成像光谱仪的光学系统[100],其获取光谱的方式为空间调制型傅里叶变换。经前置望远系统获得的目标被 Sagnac 棱镜横向剪切成两个相干虚像,两个虚像经傅氏透镜干涉和柱面镜投影到面阵 CCD 上。每个时刻 CCD

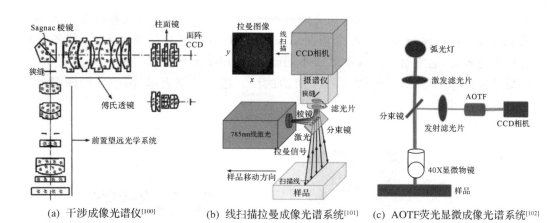

(a) 干涉成像光谱仪[100]　　(b) 线扫描拉曼成像光谱系统[101]　(c) AOTF荧光显微成像光谱系统[102]

图 7-10　典型成像光谱系统

获取狭缝上每个物元的干涉序列,利用卫星推扫在空间另一维方向上扫描。

图 7-10(b)为一个用于食品质量检测的拉曼成像光谱系统[101],它用 785nm 的线激光激发样品的拉曼信号,经滤光片滤除激发光后,拉曼信号被棱镜/光栅/棱镜系统色散,色散后的光谱信号被 CCD 检测到。每个时刻 CCD 获取样品一条线上每个物元的光谱,通过沿扫描线的垂直方向移动样品获得样品的拉曼成像光谱。

图 7-10(c)为一个高光谱荧光显微镜[102],它用氙灯和 360nm 的激发滤光片组合作为激发光源,经 40 倍的显微物镜后激发样品荧光,用发射滤光片滤除激发光后,荧光信号经 AOTF 调制选择波长,成像在 CCD 相机上。CCD 获取的是特定波长下的荧光图像,光谱分辨率为 6nm。

7.3　成像光谱的数据处理

成像光谱是空间和光谱连续的三维数据集,通常成像光谱的数据处理是对图像中的每个像元进行分类。成像光谱相比于普通图像,多出了波长维度,导致其数据量急剧增加(高 1~2 个数量级)。这使得成像光谱一方面能够提供目标的详细信息,对于目标的识别和分类十分有利;但是另一方面会导致信息冗余,增加数据处理难度以及无法获取足够样本训练分类模型而导致分类精度下降。所以,如何有效地利用成像光谱数据对目标进行快速、准确分类成为一个难题。

在展开本节之前有两点需要说明:第一,单一波长图像的处理等同于一般的数字图像处理,如果感兴趣,可参阅有关数字图像处理方面的文献[103];第二,受空间分辨率的影响,成像光谱中每个像元的光谱可能来自几个不同类的目标,称为混合像元,需要采用线性或非线性混合模型对光谱进行分离后再分类,对此后面不做细分讨论。

7.3.1　成像光谱数据的表达和处理流程

成像光谱一般用如图 7-11 所示的图像立方体表示,立方体有 1 个正面和两个切面。正面与常规图像类似,它可以用某个波长下的灰度图像或者三个波长合成彩色图像表示。图中采用了合成彩色图像的方式。两个切面沿波长方向,按理它只是强度大小,但考虑到人眼一般对彩色敏感,通常给不同强度赋予不同颜色,即用伪彩色方式表示。

对图像进行分类后,结果用如图 7-11 所示的伪彩色分类图表示,图中不同的颜色区域表示不同类别的目标。

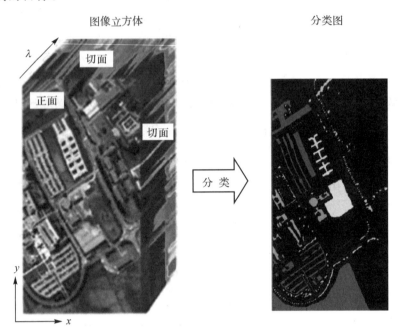

图 7-11　成像光谱数据的表示方式

成像光谱数据的一般处理流程如图 7-12 所示,首先进行波长压缩以减少数据量,然后从压缩后的数据中提取能够准确描述目标的特征向量,最后利用得到的特征向量对图像目标进行分类。

图 7-12　成像光谱数据的一般处理流程

7.3.2　波长压缩

当成像光谱的光谱分辨率较高时,必然存在光谱数据冗余,这时可以对其中一些波长下的图像进行舍弃,这就是波长压缩或者波长选择。波长压缩可基于信息量、类间可分性等原则展开。

（1）基于信息量的波长压缩

信息量的大小用熵来表示,一幅图像的熵为(假设灰度值范围为 $0 \sim 255$):

$$H(x) = -\sum_{i=0}^{255} P_i \log_2 P_i \tag{7.8}$$

式中,x 为输入图像,P_i 为图像中灰度值为 i 的概率。成像光谱为多个波长下的图像,可以选择若干个波长计算其联合熵:

$$H(x_1,x_2,\cdots,x_n)=-\sum_{x_1}\sum_{x_2}\cdots\sum_{x_n}P(x_1,x_2,\cdots,x_n)\log_2 P(x_1,x_2,\cdots,x_n) \quad (7.9)$$

式中，P 为联合概率分布。联合熵最大的波长组合即为待选择的波长。这种方法原理简单，但是计算复杂度很高，不实用。

实际中考虑到相邻波长的图像往往具有较大的相关性，所以先将波长划分为几个子区域，再在每个子区域中选择熵值最大的波长，这样可以更高效地删减冗余信息。首先计算相邻波长的相关系数：

$$R_{xy}=\frac{\sum_k(x_k-\bar{x})(y_k-\bar{y})}{\sqrt{\sum_k(x_k-\bar{x})^2\sum_k(y_k-\bar{y})^2}} \quad (7.10)$$

式中，x 和 y 分别为两个相邻波长下的输入图像，k 为图像中的像元序号，$\bar{x}$ 和 $\bar{y}$ 为图像的平均值。相邻波长图像的相关系数按波长由小到大的顺序排列可得到如图 7-13 所示曲线，按曲线中极小值所在位置把波长划分为若干个子区域，如图所示情况可把波长划分为 4 个子区域。接下来在每个子区域中选择如式(7.8)所示的熵值最大波长作为该子区域的代表；如果波长数需要更少，可在选出的每个子区域的波长中计算相应的联合熵，选择联合熵最大的波长组合。

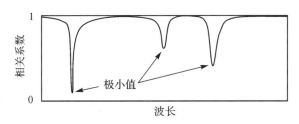

图 7-13　相邻波长图像的相关系数曲线

(2)基于类间可分性的波长压缩

波长压缩后也要适合于后续的目标分类，所以对于目标分类作用不大的波长图像也是可以舍弃的。以两类目标为例，假设它们的光谱如图 7-14 所示，如果以区分目标 1 和目标 2 为出发点，那么除点线框标记的波长区域外，其余区域都无法区分它们。换句话说，除点线框内的其余波长均可以舍弃。

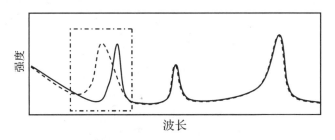

图 7-14　目标 1(虚线)和目标 2(实线)的光谱差别

实际情况不会如图 7-14 所示那么简单，因为即使是同类目标其光谱也存在差别。这时选择两类目标的样本区域，分别计算光谱均值 μ 和方差 σ，然后按下式计算两类样本在波长 λ 的可分性：

$$d(\lambda) = \frac{|\mu_1(\lambda) - \mu_2(\lambda)|}{\sigma_1(\lambda) + \sigma_2(\lambda)} \tag{7.11}$$

其中，d 越大表明该波长下两类目标越容易区分。由此可以选择 d 值较大波长，而舍弃 d 值较小的波长。这样选择得到的结果可能存在一些相邻波长，可以与前面类似，按照图像间的相关性和熵值大小做进一步筛选。

（3）基于数学变换的波长压缩

成像光谱可以视为不同波长下的图像集，在数学上可以通过正交变换将它转化为另一个坐标下的图像集，而在新的坐标下它舍弃一部分数据也能较大程度地保留数据中的信息。可用的正交变换有：主成分分析（principal component analysis，PCA）、小波变换（wavelet transform，WT）、独立成分分析（independent compnent analysis，ICA）等。以主成分分析为例，变换后的新图像 y 为原波长下图像 x 的线性组合：

$$\begin{bmatrix} y_1 \\ y_2 \\ \vdots \\ y_n \end{bmatrix} = \begin{bmatrix} u_{11} & u_{12} & \cdots & u_{1n} \\ u_{21} & u_{22} & \cdots & u_{2n} \\ \vdots & \vdots & \ddots & \vdots \\ u_{n1} & u_{n2} & \cdots & u_{nm} \end{bmatrix} \begin{bmatrix} x_1 \\ x_2 \\ \vdots \\ x_n \end{bmatrix} \tag{7.12}$$

并且图像 y 按照特征值（或者所包含的信息量）由大到小的顺序排列，这样选择前面若干个图像 y 就能较好地表达原始的成像光谱，从而达到波长压缩的目的。

图 7-15 显示了某一显微成像光谱进行主成分分析后得到的前 20 个主成分的二维图像，其中主成分 PC1～PC20 的特征值依次减小。从图像中可以看出，图像细节随着特征值减小而减少，前几个主成分图像包含了较丰富的细节，而 PC19 和 PC20 基本上只是噪声

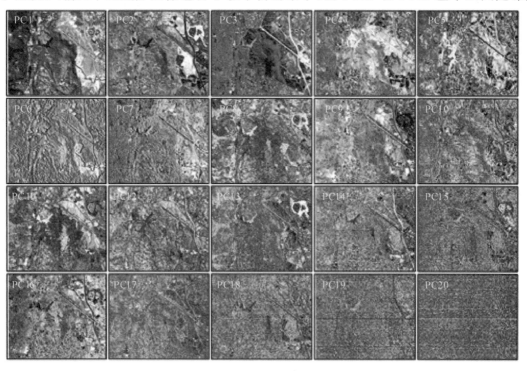

图 7-15　成像光谱的主成分变换图像

了,所以后面特征值更小的主成分图像完全可以舍弃。

7.3.3 特征提取

这里所谓的特征指目标的光谱特征,需要利用目标样本的光谱训练得到。它可以是连续光谱,也可以是前面波长压缩后的波长组合,或者是进一步编码或计算后的结果。

(1)光谱二值编码

为了对成像光谱中的特定目标进行快速查找和匹配,可以对得到的特征光谱曲线 I 进行二值编码:

$$b(\lambda) = \begin{cases} 1 & I(\lambda) > T \\ 0 & I(\lambda) \leqslant T \end{cases} \tag{7.13}$$

式中,T 为阈值,可以选择为光谱曲线的平均值或者中值。但是,这种简单的编码一般不实用,实际中往往要采用更复杂的编码方式,比如:分段编码或多阈值编码。

(2)光谱吸收峰特征

吸收峰是光谱的重要特征,也是在进行目标分类时需要重点考虑的对象。如图 7-16 所示的一些光谱吸收特征参数可以简化光谱曲线,以用于目标快速分类。

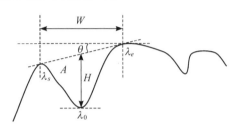

图 7-16 光谱吸收特征参数

这些吸收特征参数包括:吸收峰位置 λ_0,它对应光谱曲线中吸收极大位置;吸收峰宽度 W,它为吸收峰起点 λ_s 和终点 λ_e 的间距;吸收峰斜率 $k = \tan\theta = \dfrac{A_e - A_s}{\lambda_e - \lambda_s}$,其中 A_e 和 A_s 分别为吸收峰起点和终点处的吸收大小;吸收峰深度 H 和吸收峰面积 A。此外,还可以利用如下定义的吸收指数 SAI 来描述光谱吸收特征:

$$SAI = \frac{\left(\dfrac{\lambda_e - \lambda_0}{\lambda_e - \lambda_s}\right)A_s + \left(\dfrac{\lambda_0 - \lambda_s}{\lambda_e - \lambda_s}\right)A_e}{A_0} \tag{7.14}$$

式中,A_0 为吸收峰位置 λ_0 的吸收大小。

(3)其他

在遥感成像光谱领域,标准化植被指数($NDVI$)用于描述植被的组分、叶面积、植土比等特性,它通常用近红外波段和可见光红光波段的反射率的差别来表示:

$$NDVI = \frac{R(\lambda_0 + \Delta\lambda) - R(\lambda_0 - \Delta\lambda)}{R(\lambda_0 + \Delta\lambda) + R(\lambda_0 - \Delta\lambda)} \tag{7.15}$$

式中,R 为反射率,λ_0 通常取 700nm。

在特征提取时也可以采用导数光谱,它可以更好地减小系统误差和背景噪声的影响、分辨重叠的光谱吸收峰,但是对原始光谱的信噪比要求较高,否则容易引入假的吸收特征。

7.3.4 分类

将图像中每个像素的光谱特征与训练得到的不同目标的光谱特征进行比较,按照相似性原理将每个像素划分为特定目标。光谱特征总可以表示成一个 n 维向量，n 为特征数目，下面的讨论基于此。接下来讨论几种向量相似性的判断方法。

（1）可以用两个向量的绝对差别来表示它们的相似性。假设两个向量分别为 A 和 B，则用 $|A-B|$ 表示其相似性，越相似该模值越小。当两个向量平行但相距较远时，这种方法往往会把它们判定为不同类。

（2）可以用两个向量的夹角来表示它们的相似性，即

$$\cos\alpha = \frac{A \cdot B}{|A||B|} \tag{7.16}$$

式中，$\cdot$ 表示向量点乘。两个向量越相似，其夹角余弦值越大，等于 1 表示两个向量平行。这是一种较好的衡量光谱特征相似性的方法。

（3）还可以用类似于公式（7.10）的相关系数来表示两个光谱特征的相似性。

此外，还有更为复杂但有效的分类方法，它们需要利用目标参考成像光谱数据训练得到分类器，比如：基于深度学习的支持向量机器（support vector machine，SVM），如果有兴趣可参阅文献[104]；还有在分类中既利用光谱特征又利用空间特征，使得分类结果准确性更高，可参阅相关文献[105]。

7.4　成像光谱技术的应用

成像光谱技术最早用于遥感领域，比如地质勘探、植被研究、环境监测、农业调查等，现在在生物、医学、材料等领域也得到应用。下面给出几个成像光谱技术的应用实例，抛砖引玉，如果需要更全面的了解可自行搜索查阅相关文献。

（1）矿物识别[106]

利用飞机搭载的成像光谱仪获取了新疆东天山哈密市东南方向的某矿区的成像光谱数据，光谱范围为 400～2500nm，带宽为 15～20nm，所使用的波段数为 128 个。具体结果如图 7-17 所示。

图 7-17(a)为由成像光谱数据反演后的地物光谱反射率图像，图像合成的三个波段为：19 波段（红）、9 波段（绿）和 3 波段（蓝），从该图中可以看出该地区的大致形貌。

图 7-17(d)显示了几种单矿物的光谱，从图中可以看出它们各自的特征吸收。比如：绿帘石在短波近红外区有 2255nm 和 2335nm 两个显著的特征吸收峰，后者位于 114 波段，吸收较深、宽度大且对称，前者附加在后者上，中等吸收且非对称。根据绿帘石的特征吸收提取了绿帘石矿物的分布情况，如图 7-17(b)所示。绿帘石的特征吸收与其他矿物（如：绢云母、绿泥石）的特征吸收有重合，所以事实上图 7-17(b)并不仅仅反映绿帘石的分布。根据光谱特征用不同颜色在同一图上标记不同矿物的分布情况，如图 7-17(c)所示，比如：白色表示绢云母，红色代表绿泥石，浅粉红色代表石膏等。

（2）农作物识别[107]

已获取北京顺义区某局部的 32 通道的成像光谱图，其形貌如图 7-18(a)所示。首先利用归一化植被指数（它由近红外波段 14 和红外波段 11 构成）对植被和非植被区进行划分，

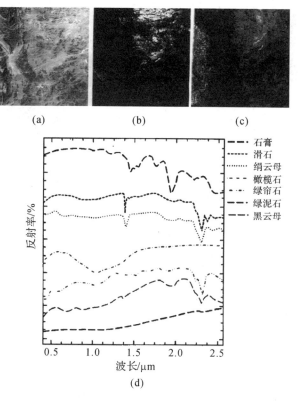

图 7-17　遥感成像光谱用于矿物识别

其划分结果如图 7-18(b)所示,基本准确地区分了植被和非植被区。

　　然后对植被区进行进一步区分。植被区包括小麦地、果园和林地,其中小麦地与果园和林地差别较大,首先将小麦地提取出来,结果如图 7-18(c)所示;然后对果园和林地进行区分,结果如图 7-18(d)所示,可以看出果园和林地分布均较分散。

　　还需要对非植被区进行进一步区分。非植被区包括水体、水稻地、菜地、玉米地和居民点等,水体与其他地型光谱差异最大的波段为 19、20 和 21,这样可以采用最小距离法提取水体。最终对该地区地型自动分类的结果如图 7-18(e)所示。

　　(3)中医舌诊[108]

　　图 7-19(a)为高光谱舌像采集系统,它使用推扫方式实现舌苔图像的扫描,探测器为面阵探测器,其水平方向为空间方向,垂直方向为光谱方向。采集系统的光谱范围为 400～800nm,所用波段数为 120 个。

　　利用高光谱舌像采集系统获得舌苔的成像光谱数据后,不仅可以在不同的单波段图像中提取舌形态、舌裂纹、紫斑数目、齿痕等二维图像,还可以提取反映舌体性质的光谱特征,这样就可以对舌苔颜色进行更精细化的定量描述,而不仅是用颜色"淡红""淡白""红""绛""紫"等定性描述。图 7-19(b)给出了不同波段的舌体图像,从图中可以看出不同波段图像有不同的表征,比如:403.7～448.8nm 波段的图像突出了舌体的轮廓特征,535.6～632.8nm 波段的图像突出了舌苔特征,而 674.8～799.3nm 波段的图像突出了舌裂纹特征,这些结果能够更好地辅助医生诊断。

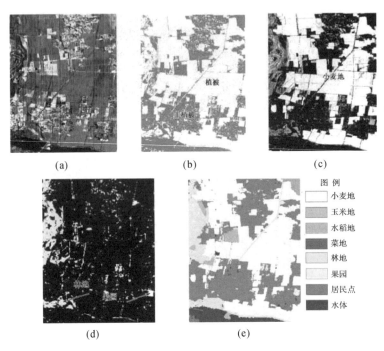

图 7-18　遥感成像光谱用于农作物识别[107]

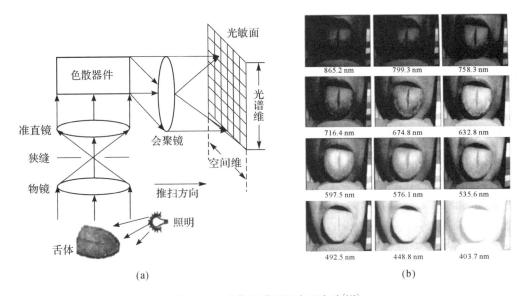

图 7-19　成像光谱用于中医舌诊[108]

（4）手术导航[109]

在内窥镜胆囊切除手术中存在损伤胆管的风险，为此有人提出了一种近红外高光谱成像方法用于手术导航，使得医生能够看清楚被组织覆盖的胆道系统。

图 7-20（a）为所设计的近红外腹腔高光谱成像系统，它是在普通腹腔镜的基础上加上光谱成像器件构成的。系统用 250W 的卤素灯照明，经组织的反射光通过 LCTF，LCTF 的波长调谐范围为 650～1100nm，带宽为 3.4～11.4nm，调谐响应时间为 150ms。LCTF 过滤

后的光信号被镜头成像于 CCD 上,CCD 的光谱响应范围为 200～1100nm。获得成像光谱数据后,采用主成分分析(PCA)计算得到主成分图像(为灰度图像),根据经验每个主成分图像会使解剖结构显著区分于周围组织,能够帮助医生更好地实施手术。

图 7-20(b)为用普通腹腔镜获得的活体猪的肝十二指肠韧带图,由于血管、胆道等被脂肪或相连组织覆盖,在图中无法看清楚;而图 7-20(c)为高光谱成像系统获得的相同部位的主成分图像,它清晰地呈现了血管、胆道等结构。

图 7-20(c)中的区域 B 为动脉,提取该位置的光谱可以进一步确认它是动脉,它在800nm 处有一个很宽的吸收峰 1,来自氧合血红蛋白;在970nm 处有一个小的吸收峰 2,来自水。类似的,区域 C 为静脉,其 760nm 的肩峰 1 来自去氧血红蛋白,800nm 的峰 2 和970nm 的峰 3 与前面类似,分别来自氧合血红蛋白和水。区域 D 为胆管,其 930nm 的肩峰 1 来自脂肪,而 970nm 的峰 2 来自水。

为了进一步确认图 7-20(c)中所标记的区域,在麻醉活体猪的情况下对其肝十二指肠韧带进行了解剖,并用内窥镜观察,与标记结果一致。

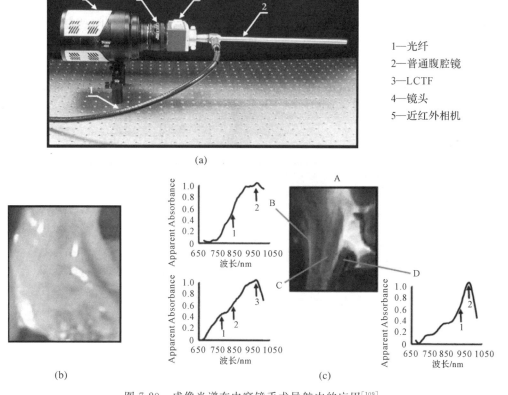

1—光纤
2—普通腹腔镜
3—LCTF
4—镜头
5—近红外相机

图 7-20　成像光谱在内窥镜手术导航中的应用[109]

小　结

本章介绍了成像光谱技术,它是成像技术与光谱技术相结合的产物,能够同时获取目标的形貌和光谱,利用成像光谱能够更好地对图像中的目标进行识别或分类。首先简单阐述了成像光谱技术的基本原理;其次介绍了成像光谱系统的图像扫描方式和波长扫描方式;再次介绍了成像光谱数据的处理方法,包括波长压缩、特征提取、分类等方法;最后给出了几个成像光谱技术的应用实例。

思考题和习题

7.1 说明成像光谱的数据结构形式以及基本的数据处理方法。对比一般的光谱形式,说明成像光谱的特点。

7.2 列举成像光谱系统的基本参数。说明遥感成像光谱仪中的空间分辨率与瞬时视场之间存在何种关系。如果已知一个遥感成像光谱仪的空间分辨率为 30m,瞬时视场为 0.06mrad,试问搭载该成像光谱仪的飞行器的飞行高度为多少?

7.3 说明成像光谱仪的三种图像扫描方式,比较它们各自的优缺点,并分析它们的光谱分辨率取决于什么因素。

7.4 比较时间调制型和空间调制型傅里叶变换干涉仪。说明空间调制型傅里叶变换干涉仪的工作原理。

7.5 一个空间调制型傅里叶变换干涉仪,通过成像系统产生的两个狭缝虚像的间距为 10mm,傅氏透镜焦距为 50mm,CCD 像素尺寸为 $5.6\mu m$,像素数为 1000×1000,请问其光谱分辨本领为多少?

参考文献

[1] 雷仕湛. 漫话光谱[M]. 北京:科学出版社,1985.

[2] (加)赫兹堡 G. 原子光谱与原子结构[M]. 北京:科学出版社,1959.

[3] 陈宏芳. 原子物理学[M]. 北京:科学出版社,2006.

[4] (加)赫兹堡 G. 分子光谱与分子结构 I :双原子分子光谱[M]. 北京:科学出版社,1983.

[5] (加)赫兹堡 G. 分子光谱与分子结构 II :多原子分子的红外光谱和拉曼光谱[M]. 北京:科学出版社,1986.

[6] (美)小威尔逊 E B,德修斯 J C,克罗斯 P C. 分子振动:红外和拉曼振动光谱理论[M]. 北京:科学出版社,1985.

[7] 曾谨言. 量子力学 I [M]. 北京:科学出版社,2007.

[8] 曾谨言. 量子力学 II [M]. 北京:科学出版社,2007.

[9] 鲁崇贤,赵长惠. 分子点群及其应用[M]. 北京:高等教育出版社,1995.

[10] Ryde N. Atoms and molecules in electric fields[M]. Stockholm:Almquist & Wiksell International,1976.

[11] 陈钰清,王静环. 激光原理[M]. 杭州:浙江大学出版社,1992.

[12] (日)栖原敏明. 半导体激光器基础 [M]. 北京:科学出版社,2002.

[13] 杜宝勋. 半导体激光器理论基础 [M]. 北京:科学出版社,2011.

[14] (美) Donald A. Neamen. 半导体物理与器件[M]. 3 版. 北京:电子工业出版社,2010.

[15] 刘恩科. 半导体物理学[M]. 北京:电子工业出版社,2008.

[16] Chang I C. Noncollinear acousto-optic filter with large angular aperture[J]. Applied Physics Letters,1974,25(7):370-372.

[17] 梁逸曾,易伦朝. 化学计量学基础[M]. 上海:华东理工大学出版社,2010.

[18] Noda I,Ozaki Y. Two-dimensional correlation spectroscopy-Applications in vibrational and optical spectroscopy[M]. Weinheim:John Wiley & Sons,2004.

[19] Dou X,Yuan B,Zhao H,et al. Generalized two-dimensional correlation spectroscopy-Theory and applications in analytical field[J]. Science in China Series B (Chemistry),2004,47(3):257-266.

[20] 李昌厚. 紫外可见分光光度计及其应用[M]. 北京:化学工业出版社,2010.

[21] Allen D W. Holmium oxide glass wavelength standards[J]. Journal of Research of

the National Institute of Standards and Technology，2007，112(6)：303-306.

[22] Woodward R B. Structure and the absorption spectra of α,β-unsaturated ketones[J]. Journal of the American Chemical Society，1941，63(4)：1123-1126.

[23] Fieser L F，Fieser M，Rajagopalan S. Absorption spectroscopy and structures of the diosterols[J]. Journal of Organic Chemistry，1948，13(6)：800-806.

[24] 余怀之. 红外光学材料[M]. 北京：国防工业出版社，2007.

[25] 王义玉. 红外探测器[M]. 北京：兵器工业出版社，1993.

[26] Goormaghtigh E，Raussens V，Ruysschaert J-M. Attenuated total reflection infrared spectroscopy of proteins and lipids in biological membranes［J］. Biochimica et Biophysica Acta，1999，1422：105-185.

[27] (美) 中西香尔，索罗曼 P H. 红外光谱分析 100 例[M]. 北京：科学出版社，1984.

[28] 孙素琴，周群，秦竹. 中药二维相关红外光谱鉴定图集[M]. 北京：化学工业出版社，2003.

[29] 陆婉珍. 近红外光谱仪器[M]. 北京：化学工业出版社，2010.

[30] 陆婉珍. 现代近红外光谱技术[M]. 北京：中国石化出版社，2007.

[31] Siesler H W，Ozaki Y，Kawata S，et al. Near-infrared spectroscopy：Principles，instruments and applications. Wiley：Wiley-VCH，2007.

[32] Norris K H，Barnes R F，Moore J E. Predicting forage quality by infrared reflectance spectroscopy[J]. Journal of Animal Science，1976，43：889-897.

[33] Maeda H，Ozaki Y，Tanaka M，et al. Near infrared spectroscopy and chemometrics studies of temperature-dependent spectral variations of water：relationship between spectral changes and hydrogen bonds[J]. Journal of Near Infrared Spectroscopy，1995，3(1)：191-197.

[34] 严衍禄. 近红外光谱分析基础及应用[M]. 北京：中国轻工业出版社，2005.

[35] 李民赞. 光谱分析技术及应用[M]. 2 版. 北京：科学出版社，2008.

[36] Workman J，Weyer L. 近红外光谱解析实用指南[M]. 北京：化学工业出版社，2009.

[37] 瞿海斌，刘晓宣，程翼宇. 中药材三七提取液近红外光谱的支持向量机回归校正方法[J]. 高等学校化学学报，2004，25(1)：39-43.

[38] 李庆波，汪曣，徐可欣，等. 牛奶主要成分含量近红外光谱快速测量法[J]. 食品科学，2002，23(6)：121-124.

[39] 郑国经，计子华，余兴. 原子发射光谱分析技术及应用[M]. 北京：化学工业出版社，2010.

[40] 阮桂色. 电感耦合等离子体原子发射光谱(ICP-AES)技术的应用进展[J]. 中国无机分析化学，2011，1(4)：15-18.

[41] 陈浩，梁沛，胡斌，等. 电感耦合等离子体原子发射光谱/质谱法在中药微量元素及形态分析中的应用[J]. 光谱学与光谱分析，2002，22(6)：1019-1024.

[42] Zimmer M. Green fluorescent protein (GFP)：Applications，structure，and related photophysical behavior[J]. Chemical Review，2002，102(3)：759-782.

[43] 王立强,石岩,汪洁,等. 生物技术中的荧光技术[M]. 北京:机械工业出版社,2010.

[44] 黄晓峰,张远强,张英起. 荧光探针技术[M]. 北京:人民军医出版社,2004.

[45] Patra D,Mishra A K. Recent developments in multi-component synchronous fluorescence scan analysis[J]. TrAC Trends in Analytical Chemistry,2002,21(12): 787-798.

[46] 张悦,马睿,赵冠超,等. 同步荧光法对三种芳香族氨基酸的测定[J]. 食品科学,2010, 31(16):204-207.

[47] 吴英松,李明. 时间分辨荧光免疫技术[M]. 北京:军事医学科学出版社,2009.

[48] Matsumi Y,Shigemori H,Takahashi K. Laser-induced fluorescence instrument for measuring atmospheric SO_2[J]. Atmospheric Enviroment,2005,39:3177-3185.

[49] Ramasubramanian M K,Venditti R A,Ammineni C. Optical sensor for noncontact measurement of lignin content in high-speed moving paper surfaces[J]. IEEE Sensors Journal,5(5):1132-1139.

[50] 程光煦. 拉曼-布里渊散射:原理及应用[M]. 北京:科学出版社,2001.

[51] Parker F S. Applications of infrared,raman,and resonance raman spectroscopy in biochemistry[M]. New York:Plenum Press,1983.

[52] Fleischmann M,Hendra P J,McQuillan A J. Raman spectra of pyridine adsorbed at a silver electrode[J]. Chemical Physics Letters,1974,26(2):163-166.

[53] 王健,朱涛,张续,等. 表面增强拉曼散射强度与金纳米粒子粒径关系[J]. 物理化学学报,1999,15(5):476-480.

[54] Robert B. Resonance Raman spectroscopy[J]. Photosynth Research,2009,101: 147-155.

[55] Dudovich N,Oron D,Silberberg Y. Single-pulse coherently controlled nonlinear Raman spectroscopy and microscopy[J]. Nature,2002,418:512-514.

[56] 祖恩东,陈大鹏,张鹏翔. 翡翠B货的拉曼光谱鉴别[J]. 光谱学与光谱分析,2003,23 (1):64-66.

[57] Kim A,Barcelo S J,Williams R S,et al. Melamine sensing in milk products by using surface enhanced raman scattering[J]. Analytical Chemistry,2012,84(21): 9303-9309.

[58] 何惟中,衡航. 显微拉曼光谱技术在司法文书鉴定中的一些应用[J]. 光散射学报, 2008,20(2):136-141.

[59] 阎吉祥. 激光原理与技术[M]. 北京:高等教育出版社,2011.

[60] Svanberg S. Atomic and molecular spectroscopy:Basic aspects and practical applications(Fourth Edition)[M]. Germany:Springer,2006.

[61] Demtroder W. Laser spectroscopy:Basic concepts and instrumentation[M]. Germany:Springer,2003.

[62] 陆同兴,路轶群. 激光光谱技术原理及应用[M]. 合肥:中国科技大学出版社,2009.

[63] Zalicki P,Zare R N. Cavity ringdown spectroscopy for quantitative absorption

measurements[J]. Journal of Chemical Physics, 1995, 102: 2708-2717.

[64] Platz T, Demtroder W. Sub-Doppler optothermal overtone spectroscopy of ethylene and dichloroethylene. Chemical Physics Letters, 1998, 294: 397-405.

[65] Kullmer R, Demtroder W. Sub-Doppler laser spectroscopy of SO_2 in a supersonic beam[J]. Journal of Chemical Physics, 1984, 81: 2919-2924.

[66] Preston D W. Doppler-free saturated absorption: Laser spectroscopy[J]. American Journal of Physics, 1996, 64: 1432-1436.

[67] Sieber H, Riedle E, Neusser H J. Intensity distribution in rotational line spectra . 1. experimental results for doppler-free S-1[-S-0] Transitions in Benzene[J]. Journal of Chemical Physics, 1988, 89: 4620-4632.

[68] Glenn W H. Theory of the two-photon absorption-fluorescence method of pulsewidth measurement[J]. IEEE Journal, 1970, QE-6: 510-515.

[69] Fushitani M. Applications of pump-probe spectroscopy[J]. Annual Reports on the Progress of Chemical Section C: Physical Chemistry, 2008, 104: 272-297.

[70] Udem T, Holzwarth R, Hansch T W. Optical frequency metrology[J]. Nature, 2002, 416: 233-237.

[71] Minoshima K, Matsumoto H. High-accuracy measurement of 240-m distance in an optical tunnel by use of a compact femtosecond laser[J]. Applied Optics, 2000, 39 (30): 5512-5517.

[72] Cundiff S T, Ye J. Colloquium: Femtosecond optical frequency combs[J]. Reviews of Modern Physics, 2003, 75: 325-342.

[73] Lebedev P N. Experimental examination of light pressure[J]. Annalen der Physik, 1901, 6, 433.

[74] Raab E L, Prentiss M, Cable A, et al. Trapping of neutral sodium atoms with radiation pressure[J]. Physical Review Letters, 1987, 59(23): 2631-2634.

[75] 王义遒. 原子的激光冷却与陷俘[M]. 北京:北京大学出版社,2007.

[76] Kimble H J, Walls D F. Squeezed states of the electromagnetic field: Introduction to feature issue[J]. Journal of Optical Society of America B, 1987, 4(10): 1450.

[77] Grangier P, Slusher R E, Yurke B, et al. Squeezed-light-enhanced polarization interferometer[J]. Physical Review Letters, 1987, 59(19): 2153-2156.

[78] Tapster P R, Rarity J G, Satchell J S. Use of parametric down-conversion to generate sub-Poissonian light[J]. Physical Review A, 1988, 37(8): 2963-2967.

[79] Polzik E S, Carri J, Kimble H J. Spectroscopy with squeezed light[J]. Physical Review Letters, 1992, 68(20): 3020-3023.

[80] Zhou W, Wang Z L. Three-dimensional nanoarchitectures [M]. London: Springer, 2011.

[81] Zimmler M A, Bao J M, Capasso F, et al. Laser action in nanowires: Observation of the transition from amplified spontaneous emission to laser oscillation[J]. Applied

Physics Letters，2008，93：051101.

[82] Ding Y，Yang Q，Guo X，et al. Nanowires/microfiber hybrid structure multicolor laser[J]. Optical Express，2009，17(24)：21813-21818.

[83] Yang Q，Jiang X，Guo X，et al. Hybrid structure laser based on semiconductor nanowires and a silica microfiber knot cavity[J]. Applied Physics Letters，2009，94：101108.

[84] Wang G Z，Jiang X，Zhao M，et al. Microlaser based on a hybrid structure of a semiconductor nanowire and a silica microdisk cavity[J]. Optical Express，2012，20(28)：29472-29478.

[85] Xao Y，Meng C，Wang P，et al. Single-nanowire single-mode laser[J]. Nano Letters，2011，11(3)：1122-1126.

[86] Qian F，Li Y，Gradecak S，et al. Multi-quantum-well nanowire heterostructures for wavelength-controlled lasers[J]. Nature Materials，2008，7：701-706.

[87] Li J，Meng C，Liu Y，et al. Wavelength tunable CdSe nanowire lasers based on the absorption-emission-absorption process [J]. Advanced Material，2013，25(6)：833-837.

[88] Liu X F，Zhang Q，Xiong Q H，et al. Tailoring the lasing modes in semiconductor nanowire cavities using intrinsic self-absorption[J]. Nano Letters，2013，13(3)：1080-1085.

[89] Yang Z，Wang D，Meng C，et al. Broadly defining lasing wavelengths in single bandgap-gaded semiconductor nanowires[J]. Nano Letters，2014，14(6)：3153-3159.

[90] Ma X，Li M，He J J. CMOS-compatible integrated spectrometer based on echelle diffraction grating and MSM photodector array[J]. IEEE Photonics Journal，2013，5(2)：6600807.

[91] 童庆禧. 高光谱遥感：原理、技术与应用[M]. 北京：电子工业出版社，2006.

[92] 童庆禧，张兵，郑兰芬. 高光谱遥感的多学科应用[M]. 北京：电子工业出版社，2006.

[93] 刘银年，舒嵘，王建宇. 成像光谱技术导论[M]. 北京：科学出版社，2011.

[94] Garini Y，Young I T，McNamara G. Spectral imaging：principles and applications [J]. International Society for Analytical Cytology，2006，69A：735-747.

[95] 李庆利. 医学成像光谱技术研究进展[J]. 影像科学与光化学，2008，26(6)：507-515.

[96] Cloutis E A. Hyperspectral geological remote sensing：evaluation of analytical techniques[J]. International Journal of Remote Sensing，1996，17(12)：2215-2242.

[97] Holbert1 E，Rafert J B，Ryan T L. Verification of the spectral performance model of an imaging Fourier Transform spectrometer[J]. Proceeding of SPIE，1995，2480：398-409.

[98] Kaur P，Kaur S. Acousto optic turnable filters [J]. International Journal of Electronics & Communication Technology，2015，6(3)：64-67.

[99] Blais-Ouellette S，Daiglea O，Taylor K. The imaging Bragg Tunable Filter：a new

path to integral field spectroscopy and narrow band imaging[J]. Proceedings of SPIE, 2006, 6269 62695H.

[100] 赵葆常,杨建峰,常凌颖,等. 嫦娥一号卫星成像光谱仪光学系统设计与在轨评估[J]. 光子学报,2009,38(3):480-483.

[101] Qin J, Kim M S, Chao K, et al. Line-scan Raman imaging and spectroscopy platform for surface and subsurface evaluation of food safety and quality[J]. Journal of Food Engineering, 2017, 198: 17-27.

[102] Annamdevula N S, Sweat B, Favreau P, et al. An approach for characterizing and comparing hyperspectral microscopy systems [J]. Sensors, 2013, 13 (7): 9267-9293.

[103] 朱虹. 数字图像技术与应用[M]. 北京:机械工业出版社,2011.

[104] Chen Y, Lin Z, Zhao X, et al. Deep learning-based classification of hyperspectral data[J]. IEEE Journal of Selected Topics in Applied Earth Observations and Remote Sensing, 2014, 7: 2094-2107.

[105] 袁林,胡少兴,张爱武,等. 基于深度学习的高光谱图像分类方法[J]. 人工智能与机器人研究,2017,6(1): 31-39.

[106] 张宗贵,王润生,郭小方,等. 基于地物光谱特征的成像光谱遥感矿物识别方法[J]. 地学前缘,2003,10(2):437-443.

[107] 刘亮,姜小光,李显彬,等. 利用高光谱遥感数据进行农作物分类方法研究[J]. 中国科学院研究生院学报,2006,23(4):484-488.

[108] 李庆利,薛永祺,刘治. 基于高光谱成像技术的中医舌象辅助诊断系统[J]. 生物医学工程学杂志,2008,25(2):368-371.

[109] Zuzak K J, Naik S C, Alexandrakis G, et al. Intraoperative bile duct visualization using near-infrared hyperspectral video imaging[J]. American Journal of Surgery, 2008, 195: 491-497.

附录 1

光谱学领域的诺贝尔奖

年　份	奖　项	获奖者	国　家	成　　就
1902	物理学奖	Lorentz H A Zeeman P	荷兰	磁场对电磁辐射的影响（塞曼效应）
1907	物理学奖	Michelson A A	美国	精密光学仪器、光谱仪及度量学
1919	物理学奖	Stark J	德国	电场作用下谱线分裂（斯塔克效应）
1922	物理学奖	Bohr N	丹麦	研究原子结构和原子辐射
1924	物理学奖	Siegbahn K M G	瑞典	X-射线光谱学
1930	物理学奖	Raman S C V	印度	研究光散射发现拉曼效应
1952	物理学奖	Bloch F Purcell E M	美国	核磁精密测量新方法的发展及有关发现
1955	物理学奖	Kusch P	美国	精密测定电子磁矩
		Lamb W E Jr		发现氢原子谱的精细结构（拉姆位移）
1961	物理学奖	Hofstadter R	美国	高能粒子与原子核散射及对原子核结构的发现
		Mössbauer R L	德国	对 γ-射线共振吸收研究及穆斯堡尔效应
1971	化学奖	Herzberg G	德国	分子光谱
1981	物理学奖	Bloembergen N	美国	激光光谱学
		Schawlow A L		
		Siegbahn K M	瑞典	高分辨电子光谱
1991	化学奖	Ernst R R	瑞典	高分辨核磁共振谱的计量技术
1994	物理学奖	Brockhouse B N	加拿大	中子谱和中子散射技术
		Shull C G	美国	
1997	物理学奖	Chu S	美国	激光冷却和陷俘原子
		Cohen-Tannoudji C	法国	
		Phillips W D	美国	
1999	化学奖	Zewail A H	美国	利用飞秒光谱研究化学反应的迁移状态
2001	物理学奖	Cornell E A	美国	对碱金属原子稀薄气体的玻色-爱因斯坦冷却态的研究和对冷凝物性质的早期基础研究工作
		Ketterle W	德国	
		Wieman C E	美国	
2005	物理学奖	Glauber R J	美国	光学相干性的量子理论
		Hall J L		
		Hänsch T W	德国	精密激光光谱学

续表

年　份	奖　项	获奖者	国　家	成　　就
2008	化学奖	Shimomura O	美国	GFP 绿色荧光蛋白
		Chalfie M		
		Tsien R Y		
2014	物理学奖	Akasaki I	日本	蓝光 LED
		Amano H		
		Nakamura S	美国	

物理常数

物理量	符 号	数 值
普朗克常数	h	$6.62607 \times 10^{-34}\,\text{J} \cdot \text{s}$
约化普朗克常数	$\hbar \equiv h/2\pi$	$1.05457 \times 10^{-34}\,\text{J} \cdot \text{s}$
光速	c	$2.99792 \times 10^{8}\,\text{m} \cdot \text{s}^{-1}$
电子的电荷量	e	$1.60218 \times 10^{-19}\,\text{C}$
真空介电常数	ε_0	$8.85419 \times 10^{-12}\,\text{F/m}$
电子质量	m_e	$9.10953 \times 10^{-31}\,\text{kg}$
质子质量	$m_p \approx 1836 m_e$	$1.67262 \times 10^{-27}\,\text{kg}$
里德堡常数	Ry	$1.09737 \times 10^{7}\,\text{m}^{-1}$
玻尔磁子	$\mu_B \equiv \dfrac{e}{2m}\hbar$	$9.27408 \times 10^{-24}\,\text{J} \cdot \text{T}^{-1}$
精细结构参数	$\alpha \equiv \dfrac{e^2}{4\pi\varepsilon_0\,\hbar c}$	$1/137$
玻尔兹曼常量	k	$1.38065 \times 10^{-23}\,\text{J} \cdot \text{K}^{-1}$

元素周期表

元 素 周 期 表

| 金属元素 |
| 非金属元素 |

图例（说明）：

92 U —— 原子序号
铀 —— 元素名称（注*的是）
$5f^36d^17s^2$ —— 外围电子
238.0 —— 相对原子质量

族 周期	IA 1	IIA 2	IIIB 3	IVB 4	VB 5	VIB 6	VIIB 7		VIII 8 9 10			IB 11	IIB 12	IIIA 13	IVA 14	VA 15	VIA 16	VIIA 17	O 18	电子层	0族电子数
1	1 H 氢 $1s^1$ 1.008																		2 He 氦 $1s^2$ 4.003	K	2
2	3 Li 锂 $2s^1$ 6.941	4 Be 铍 $2s^2$ 9.012												5 B 硼 $2s^22p^1$ 10.81	6 C 碳 $2s^22p^2$ 12.01	7 N 氮 $2s^22p^3$ 14.01	8 O 氧 $2s^22p^4$ 16.00	9 F 氟 $2s^22p^5$ 19.00	10 Ne 氖 $2s^22p^6$ 20.18	L K	8 2
3	11 Na 钠 $3s^1$ 22.99	12 Mg 镁 $3s^2$ 24.31												13 Al 铝 $3s^23p^1$ 26.98	14 Si 硅 $3s^23p^2$ 28.09	15 P 磷 $3s^23p^3$ 30.97	16 S 硫 $3s^23p^4$ 32.06	17 Cl 氯 $3s^23p^5$ 35.45	18 Ar 氩 $3s^23p^6$ 39.95	M L K	8 8 2
4	19 K 钾 $4s^1$ 39.10	20 Ca 钙 $4s^2$ 40.08	21 Sc 钪 $3d^14s^2$ 44.96	22 Ti 钛 $3d^24s^2$ 47.87	23 V 钒 $3d^34s^2$ 50.94	24 Cr 铬 $3d^54s^1$ 52.00	25 Mn 锰 $3d^54s^2$ 54.94	26 Fe 铁 $3d^64s^2$ 55.85	27 Co 钴 $3d^74s^2$ 58.93	28 Ni 镍 $3d^84s^2$ 58.69	29 Cu 铜 $3d^{10}4s^1$ 63.55	30 Zn 锌 $3d^{10}4s^2$ 65.41	31 Ga 镓 $4s^24p^1$ 69.72	32 Ge 锗 $4s^24p^2$ 72.64	33 As 砷 $4s^24p^3$ 74.92	34 Se 硒 $4s^24p^4$ 78.96	35 Br 溴 $4s^24p^5$ 79.90	36 Kr 氪 $4s^24p^6$ 83.80	N M L K	8 18 8 2
5	37 Rb 铷 $5s^1$ 85.47	38 Sr 锶 $5s^2$ 87.62	39 Y 钇 $4d^15s^2$ 88.91	40 Zr 锆 $4d^25s^2$ 91.22	41 Nb 铌 $4d^45s^1$ 92.91	42 Mo 钼 $4d^55s^1$ 95.94	43 Tc 锝 $4d^55s^2$ (98)	44 Ru 钌 $4d^75s^1$ 101.1	45 Rh 铑 $4d^85s^1$ 102.9	46 Pd 钯 $4d^{10}$ 106.4	47 Ag 银 $4d^{10}5s^1$ 107.9	48 Cd 镉 $4d^{10}5s^2$ 112.4	49 In 铟 $5s^25p^1$ 114.8	50 Sn 锡 $5s^25p^2$ 118.7	51 Sb 锑 $5s^25p^3$ 121.8	52 Te 碲 $5s^25p^4$ 127.6	53 I 碘 $5s^25p^5$ 126.9	54 Xe 氙 $5s^25p^6$ 131.3	O N M L K	8 18 18 8 2
6	55 Cs 铯 $6s^1$ 132.9	56 Ba 钡 $6s^2$ 137.3	57-71 La-Lu 镧系	72 Hf 铪 $5d^26s^2$ 178.5	73 Ta 钽 $5d^36s^2$ 180.9	74 W 钨 $5d^46s^2$ 183.8	75 Re 铼 $5d^56s^2$ 186.2	76 Os 锇 $5d^66s^2$ 190.2	77 Ir 铱 $5d^76s^2$ 192.2	78 Pt 铂 $5d^96s^1$ 195.1	79 Au 金 $5d^{10}6s^1$ 197.0	80 Hg 汞 $5d^{10}6s^2$ 200.6	81 Tl 铊 $6s^26p^1$ 204.4	82 Pb 铅 $6s^26p^2$ 207.2	83 Bi 铋 $6s^26p^3$ 209.0	84 Po 钋 $6s^26p^4$ (209)	85 At 砹 $6s^26p^5$ (210)	86 Rn 氡 $6s^26p^6$ (222)	P O N M L K	8 18 32 18 8 2
7	87 Fr 钫 $7s^1$ (223)	88 Ra 镭 $7s^2$ (226)	89-103 Ac-Lr 锕系	104 Rf 𬬻* $6d^27s^2$ (261)	105 Db 𬭊* $6d^37s^2$ (262)	106 Sg 𬭳* $6d^47s^2$ (266)	107 Bh 𬭛* $6d^57s^2$ (264)	108 Hs 𬭶* $6d^67s^2$ (277)	109 Mt 鿏* $6d^77s^2$ (268)	110 Ds 𫟼* $6d^97s^1$ (281)	111 Rg 𬬭* $6d^{10}7s^1$ (272)	112 Cn 鎶* $6d^{10}7s^2$ (285)								

镧系

57 La 镧 $5d^16s^2$ 138.9	58 Ce 铈 $4f^15d^16s^2$ 140.1	59 Pr 镨 $4f^36s^2$ 140.9	60 Nd 钕 $4f^46s^2$ 144.2	61 Pm 钷 $4f^56s^2$ (145)	62 Sm 钐 $4f^66s^2$ 150.4	63 Eu 铕 $4f^76s^2$ 152.0	64 Gd 钆 $4f^75d^16s^2$ 157.3	65 Tb 铽 $4f^96s^2$ 158.9	66 Dy 镝 $4f^{10}6s^2$ 162.5	67 Ho 钬 $4f^{11}6s^2$ 164.9	68 Er 铒 $4f^{12}6s^2$ 167.3	69 Tm 铥 $4f^{13}6s^2$ 168.9	70 Yb 镱 $4f^{14}6s^2$ 173.0	71 Lu 镥 $4f^{14}5d^16s^2$ 175.0

锕系

89 Ac 锕 $6d^17s^2$ (227)	90 Th 钍 $6d^27s^2$ 232.0	91 Pa 镤 $5f^26d^17s^2$ 231.0	92 U 铀 $5f^36d^17s^2$ 238.0	93 Np 镎 $5f^46d^17s^2$ (237)	94 Pu 钚 $5f^67s^2$ (244)	95 Am 镅* $5f^77s^2$ (243)	96 Cm 锔* $5f^76d^17s^2$ (247)	97 Bk 锫* $5f^97s^2$ (247)	98 Cf 锎* $5f^{10}7s^2$ (251)	99 Es 锿* $5f^{11}7s^2$ (252)	100 Fm 镄* $5f^{12}7s^2$ (257)	101 Md 钔* $5f^{13}7s^2$ (258)	102 No 锘* $5f^{14}7s^2$ (259)	103 Lr 铹* $5f^{14}6d^17s^2$ (262)

注：相对原子质量录自2001年国际取得原子量表，并全部取到4位有效数字；加括号放射性元素半衰期最长同位素的质量数。